环境 CGE 模型及应用

邓祥征 著

科学出版社

北京

内 容 简 介

　　本书在系统分析经济系统的一般均衡理论及环境与经济系统的相互作用关系的基础上，提出一类综合研究环境-经济系统协调发展关系的环境可计算一般均衡模型（环境CGE模型）；针对环境-经济系统的均衡特征和当前环境政策分析的焦点问题，探讨环境CGE模型的结构、构建、求解和实现等；通过在典型领域的应用研究，展示环境CGE模型的应用前景。

　　本书可供从事资源环境、生态、经济、管理等领域研究的科研人员，环保部门的管理者以及高等院校相关专业的师生阅读参考。

图书在版编目 (CIP) 数据

环境CGE模型及应用/邓祥征著 . —北京：科学出版社，2011.4
ISBN 978-7-03-030567-1

Ⅰ. ①环…　　Ⅱ. ①邓…　　Ⅲ. ①区域环境-环境经济-均衡模型
Ⅳ. ①X196

中国版本图书馆 CIP 数据核字（2011）第 043979 号

责任编辑：朱海燕　文　杨　赵　冰／责任校对：赵桂芬
责任印制：钱玉芬／封面设计：王　浩

科 学 出 版 社 出版
北京东黄城根北街 16 号
邮政编码：100717
http://www.sciencep.com

新 蕾 印 刷 厂 印刷
科学出版社发行　各地新华书店经销

*

2011 年 4 月第　一　版　　开本：787×1092　1/16
2011 年 4 月第一次印刷　　印张：15 1/2
印数：1—2 000　　　　　　字数：347 000

定价：**49.00 元**
（如有印装质量问题，我社负责调换）

前　言

环境可计算一般均衡模型（environmental computable general equilibrium model，环境 CGE 模型）是基于一般均衡分析思想，综合考虑环境与经济系统之间的相互联系而建立的一类环境-经济协调发展定量分析模型。环境 CGE 模型通过对传统 CGE 模型进行结构调整，纳入资源、环境核算账户，主要应用于环境政策分析、环境经济影响综合评估等环境经济领域的研究及辅助决策。

目前环境 CGE 模型已经成为区域可持续发展研究较为理想的模型方法。众所周知，环境与经济系统是区域可持续发展的重要组成部分。经济发展决定了人类的生活水平，环境状况决定了人们的生存条件。然而，伴随着世界经济的高速发展，环境问题日渐凸显，如何在经济发展与环境保育之间寻求一条协调发展道路逐渐成为世界各国普遍关注并亟待解决的重大科学命题。环境 CGE 模型的形成、发展与推广应用为解决这一命题提供了有效方法。

环境 CGE 模型秉承了 CGE 模型的可计算性与一般均衡特点，将环境与经济系统作为研究对象。模型同时吸纳了经济系统关于资本、劳动力等初级要素的描述以及环境系统关于土地、林木或水等资源环境要素的核算，并将与环境有关的行为成本作为生产成本纳入生产方程，从而能够探讨自然资源和环境政策变化对生产部门活动乃至区域整体经济的影响，揭示区域环境、经济结构或部门产出水平变动的自然资源和环境状况响应规律。基于环境 CGE 模型的一般均衡分析，探索环境保育与经济发展之间的均衡关系，能够实现环境-经济系统的协调、可持续发展。

早期的环境 CGE 模型研究主要集中于一般均衡经济学理论与模型均衡解存在性问题的探讨。随后，人类对自然资源开发强度和环境扰动强度的不断增强，带来了一系列诸如全球气候变暖、酸雨沉降、臭氧层破坏、水土流失、生物多样性减少等全球性环境问题，环境 CGE 模型作为一种既能保持经济增长、又能缓解环境恶化的区域政策调控工具随之不断发展完善起来。20 世纪 80 年代，环境、经济领域的专家和学者开始尝试建立一系列基于不同尺度、包含环境与（或）资源账户的 CGE 模型，对不同地区的经济发展与环境保育关系进行综合分析。90 年代以后，随着可持续发展战略的逐步推进，环境 CGE 模型的理论探索与应用研究得以更广泛、深入地展开。这一时期所建立的模型数量明显增多，质量也有实质性提高，模型结构更为优化，所考虑的环境-经济系统也更为复杂。同时，由于计算机技术的飞速发展，针对环境 CGE 模型建模求解的新计算理论与程序不断涌现，进一步活跃了环境 CGE 模型的发展。

尽管当前环境 CGE 模型的研究已呈方兴未艾之势，但遗憾的是，尚无学者对模型的原理及应用进行系统总结与阐述。为弥补这方面缺憾，本书从一般均衡的理论溯源出发，对环境 CGE 模型的基本理论进行准确描述，并基于典型案例研究，总结分析模型在环境经济学领域的应用。

环境 CGE 模型是通过继承 CGE 模型的一般均衡理论,综合考虑交易、生产以及交易与生产之间的一般均衡过程,并结合环境、经济系统相互作用过程以及生产者和消费者的环境政策反映分析发展起来的。一般来说,环境 CGE 模型的结构包括功能模块和数据结构两部分。根据市场主体行为的差别,环境 CGE 模型的功能模块可以划分为生产、收入、贸易与价格、支付、污染处理(或环境政策分析)、市场均衡与宏观闭合六大模块。各模块中包含大量需要确定的参量(如税率、份额参数、分配系数和弹性等),参量值的标定是模型建立、求解的基础,可以通过环境社会经济核算矩阵(environment social accounting matrix,ESAM)来实现。ESAM 是环境 CGE 模型的基本数据结构,是通过在传统 SAM 的基础上添加与自然资源和环境保育相关的投入产出数据扩展而成的,环境 CGE 模型的构建方法主要有三种:自下而上法、自上而下法和混合型模型构建方法。完整的环境 CGE 模型的核心方程通常包括生产方程、收入方程、贸易与价格方程、支付方程、污染处理方程、宏观闭合方程和社会福利方程等。模型参数的估计可采用校准法和计量经济学方法。大部分参数(如比率和份额参数等)可以根据 ESAM 数据结合模型方程,通过校准法计算得到;其他参数(如要素、商品的替代弹性等)则需要借助其他文献的研究成果外生给定,或通过计量经济学方法计算得到。在确定了模型方程和所有参数后,即要展开对模型的求解。模型的求解实现包括求解策略、求解算法及求解技术三个方面。伴随着 GAMS、GEMPACK 和 MPSGE 等软件的出现,环境 CGE 模型的定量求解得以顺利实现。

本书共分为 10 章,第 1~5 章为理论探索部分,重点论述环境 CGE 模型的形成、发展以及模型的原理、结构、构建估计和求解实现等;第 6~9 章为应用研究部分,主要介绍环境 CGE 模型在 4 个代表性领域(包括流域氮磷排放调控与经济增长的权衡分析、面源污染控制策略研究、气候变化影响研究以及水资源研究)的具体应用;第 10 章是对本书内容和主要结论的总结展望,为环境 CGE 模型的进一步研究奠定基础。阅读本书有助于读者在了解环境 CGE 模型建模方法之余,能对环境经济数据的收集、整理与核算有一个清晰认识,并对模型求解与应用有一个直观印象和大致思路。

本书力图涵盖环境 CGE 模型研究的各个方面,在编写过程中参阅了大量国内外学者的文献资料,大部分引述均已在书中列出,疏漏之处,在此谨致歉意。由于作者认识、水平、时间和条件所限,本书在分析、论证方面还缺乏系统性与深度,书中存在的不妥之处,还望广大读者批评指正。

作　者

2011 年 2 月 20 日

目　　录

第1章 绪 论

发展是人类社会永恒的主题，可持续发展是人类致力谋求的目标。可持续发展是涉及资源、经济、社会与环境等的综合概念，主要是指以自然资源的可持续利用和良好的生态环境为基础，在保证经济可持续发展的前提下，谋求社会的全面进步。但随着世界经济的高速发展，资源短缺、环境破坏等问题日渐凸显，经济与环境系统的协调发展逐渐成为世界各国普遍关注的重大命题。

关于环境与经济系统的协调发展研究，学术界形成了一系列观点，归纳起来主要有三种：①悲观派，认为经济增长是一切环境问题的根源，解决的唯一办法就是牺牲经济增长。②乐观派，认为经济增长是首要的，而环境问题需要等到富裕后再考虑；经济增长可以解决人类社会面临的一切问题，包括环境问题；随着科学技术的发展，将不再存在环境制约经济发展的情况。③现实派，认为人类面对环境与经济系统的正确态度，既不是落后的悲观主义，也不是盲目的乐观主义，而应是满怀信心的现实主义。

事实上，环境与经济系统是密切相关的。经济系统的再生产除了生产资料和劳动力投入外，还需要从环境系统中获取一定数量的生产要素。这些生产要素通过劳动转化为产品，经过分配、流通和消费，用以满足人类生存和社会生产发展的需要。在这一过程中，一部分废物（包括生产和消费过程中产生的废弃物）同时排入自然环境系统。当废物排放量超过自然环境系统的自净容量时，就应该采取适当的应对措施，否则自然环境系统将因无法承受外来的胁迫而失去平衡。由此可见，环境与经济系统是一个统一整体，将其联系考虑具有积极的现实意义。

长期以来，针对环境与经济系统的关系，人们已进行了积极的探索。自20世纪20年代，人们就开始尝试将环境与经济系统联合起来进行研究。但当时的研究只局限于理论探讨，尚未形成相对完备的学科体系。"环境经济学"的概念诞生于60年代。70年代末，环境经济学正式引入中国，并把如何协调环境保育与经济发展、实现两者的"双赢"作为核心研究内容之一。中国环境保护部周生贤部长曾如此诠释环境经济问题：环境问题究其本质是经济结构、生产方式和发展道路问题，离开经济发展谈环境保护必然"缘木求鱼"；自然生态环境出了问题，应当从经济发展方式上找原因；正确的环境政策，既有利于维护人民群众的身体健康，也有利于促进社会经济的可持续发展。现阶段，人类对环境与经济系统的研究主要集中于改变旧的价值观、架构新的发展战略、实现区域环境与经济的协调发展。

可计算一般均衡模型（computable general equilibrium model，CGE 模型）作为经济学领域有效的政策分析工具，能够很好地模拟政策与管理措施的实施对各经济主体行为的影响。在 CGE 模型中加入自然资源或环境政策变量（即构建环境经济一般均衡模型，简称"环境 CGE 模型"），通过对环境-经济系统复杂关系的定量化描述，能够实现对环境、经济系统的耦合分析。环境 CGE 模型尝试在环境与经济系统之间寻找一个平衡点，实现环境与经济的共同协调发展。模型假设环境与经济系统之间存在着相互制约关系。环境一方面为经济发展提供资源，另一方面环境资源的数量、质量、种类及构成状况也制约着经济发展；同样，经济发展一方面对环境起到积极的改善作用，另一方面不合理的经济发展方式、结构与规模又会使自然资源遭到破坏、环境受到污染，严重的甚至威胁到整个环境系统的平衡。此外，模型还"规定"当环境系统的污染物排放总量不超过环境容量与人类的控制治理能力之和时，环境与经济发展之间就会呈现出"和谐"关系；相反，如果环境损失大于经济效益，那么环境与经济发展之间就会产生"矛盾"。随着人们对环境问题关注程度的日益提升，环境 CGE 模型开始迅速发展起来。

1.1　概念辨识

环境 CGE 模型通常是针对区域尺度的环境或经济问题构建的，通过对区域环境-经济耦合系统展开一般均衡分析，模型主要用于实现环境与经济的协调可持续发展。目前，环境 CGE 模型较为热门的研究领域集中于水环境保育（尤其是水体富营养化调控）与经济的协调发展。因而，在展开环境 CGE 模型研究前，必须首先准确辨识区域、区域经济、环境、区域环境、水环境、水体富营养化、环境价值以及环境-经济协调发展等关键命题的概念与内在含义。

1. 区域

区域是个地域概念，主要是指地理上处于某一范围的地区。区域的划分通常以地理和经济特征为基础。例如，相对于全球，一个国家或地区（如亚太地区等）就是一个区域；相对于国家，一个省、市、流域或湖泊等都可以看作是一个区域；而相对于地市，一个乡镇也可以称为一个区域。但是，区域的划定也存在一定限制条件。一般来说，区域的面积不能无限缩小，在每个区域中都必须存在相对独立的自然生态系统。如一块地或一间房就不能称为一个区域。

2. 区域经济

区域经济是在一定区域内经济发展的内部因素与外部条件相互作用而产生的生产综合体。由于自然条件（如水分、热量、光照、土地资源和灾害发生频率等）、社会经济条件（如投入资金、技术和劳动等）、技术水平以及宏观政策等因素的限制，区域之间的经济发展水平、结构和布局必然存在一定差异。区域经济主要用于反映不同地区内经济发展的客观规律以及内涵和外延的相互关系，是大国经济发展非均衡的表现。

3. 环境

环境是在特定区域内直接（或间接）影响人类社会生存发展的所有生物和非生物要素，通过特定的生态联系形成的有机整体。环境与人们的生产生活息息相关。经济发展决定人类的生活水平，环境状况决定人们的生存条件。环境通常具有鲜明的特征，从与人类关系的角度进行概括主要包括相对稳定性、普遍联系性、消费平等性以及质量可控性等。目前全球环境质量普遍偏低，环境问题较为严重，环境保护滞后于经济发展，环境保育工作处于负重爬坡状态。

4. 区域环境

区域环境指一定地域范围内的自然和社会因素的总和。一般来说，区域环境必须落实到一定区域上，且区域环境质量与人类社会行为对环境所造成的影响以及人类自身所承受的制约因素密切相关。区域环境是一类结构复杂、功能多样的环境，根据所在区域的性质又可分为自然区域环境（如森林、草原、水等）、社会区域环境（如各级行政区、城市、工业区等）、农业区域环境（如作物区、牧区、农牧交错区等）以及旅游区域环境（如西湖、桂林、庐山、黄山等）。

5. 水环境

水环境是指自然界中水资源的形成、分布和转化所处的空间环境。通常所说的水环境不仅包括围绕人群空间，可直接或间接影响人类生产和发展的水体，还包括影响该类水体正常功能的各种自然和社会因素。水环境是区域环境的重要组成部分，内涵十分丰富。根据环境要素的不同，水环境又可以进一步划分为海洋环境、湖泊环境以及河流环境等。

水环境既是人类社会赖以生存和发展的重要场所，也是受人类干扰和破坏最严重的自然资源。近年来，伴随着水资源的枯竭，水环境日益恶化，水生态系统的健康受到极大威胁，水环境问题开始逐渐成为全球关注的环境问题之一。现阶段，水环境领域的热门研究课题主要包括河流的污染防治、水体富营养化调控以及饮用水安全防护等。

6. 水体富营养化

水体富营养化是人类活动（主要是农业退水、工业废水和生活污水的排放等）的扰动，使得水生生物生长所需的氮、磷等营养物质大量进入湖泊、河口、海湾等缓流水体，在短时间内引起藻类及其他浮游生物迅速繁殖，水体溶解氧量下降、水质恶化，造成鱼类及其他生物大量死亡。排除人类活动的干扰因素，在自然条件下，由于底泥中营养物质的释放，也有可能使湖泊从贫营养状态向富营养状态过渡，但这种自然过程十分缓慢。而人为因素引起的水体富营养化则可以在短期内出现，是水体富营养化的关键影响因素。当水体富营养化发生时，浮游藻类的大量繁殖极易形成水华，严重影响湖泊生态环境安全与流域社会经济的正常发展。目前，水体富营养化调控研究已经成为湖泊流域可持续发展研究的重要命题之一。

7. 环境价值

环境价值是伴随环境科学的发展和人类环境意识的提高而出现的一种新型价值观念。自然环境，包括未经人类劳动参与或未参与交易的天然环境，都是有价值的。环境价值是资源所有权、经济权益的具体体现，这种价值取决于自然环境对人类的有用性、稀缺性和开发利用条件。

　　环境价值至少包括四部分内容：①资源价值，指自然资源满足人类生产、生活中物质与能量需要的程度；②生态价值，指生态系统满足人类对环境状态和环境过程需要的程度，如森林具有调节气候、涵养水源、保护水土、减弱噪声、防风固沙、消灭细菌、制造氧气和洁净空气等功能；③存在价值，指环境满足人类健康生存需要的程度，如优美的环境条件可以增强人体健康，而被污染的环境则危害人体健康，使人类不能正常生存；④投入价值，指社会对自然环境进行的人、财、物投入的价值。环境价值的核算不仅要从其为社会增加的财富来计算，而且还应包括其耗竭程度来计算。

　　环境价值核算与国民经济价值核算之间存在密切联系。一般来说，环境价值会随资源稀缺度的增加而调整。尽管环境价值的这种性质会有利于强化人们对资源的珍惜，但同时也会导致市场对于资源需求的相对减少，引起供求紧张程度的变化，对市场经济产生一定的影响；同时，供求紧张程度的调整通常还会促使人们加强对替代物的开发，导致资源综合利用水平的提高；伴随资源替代物开发难易程度变化，矿藏资源的深度开发将进一步拓展，从而影响到与环境价值相关的"资源市场"变动。

8. 环境-经济协调发展

　　环境-经济协调发展是指使环境和经济系统内部各要素间按一定数量和结构所组成的有机整体配合得当、有效运转。环境-经济协调发展的目标在于提高经济发展水平、使经济发展对区域环境的影响控制在其承载力之内，以提高人们对生活的满意度。环境-经济协调发展不仅强调经济系统总体价值的增长，而且强调在经济增长的同时，环境质量得到普遍改善，环境效益有所提高。

　　环境-经济协调发展的含义可从以下几个方面进行理解：一是经济发展水平提高，环境恶化得到改善，人民生活质量有所提高，人们对生活的满意度不断攀升，此时可视环境与经济系统是协调发展的；二是经济发展水平提高，经济发展对环境造成一定程度的影响，但仍在其承载力之内，人们对生活的满意度上升，此时认为环境与经济系统是相对和谐的；三是经济发展水平提高，但经济发展对环境的影响超过其承载力，造成生活质量下降，人们对生活的满意度下降，此时则认为环境与经济系统是不协调的；四是经济没有发展，无论环境是否有所改善，均视环境与经济系统是不协调的（文兴吾和张越川，2001）。

　　国内外学者关于环境-经济协调发展的研究开展较早。早在 20 世纪 30 年代，相关领域的学者就开始展开类似的研究。到 60 年代，英国经济学家 Boulding（1966）开始倡导储备型、休养生息、福利型的经济发展。Beckman 等（1972）也认为，在可预见的将来，不可再生资源短缺和环境污染的矛盾是一个亟须关注的问题。Mishan（1977）和 Daly（1992）则分别通过提出 Satiation 论点和稳态经济发展模式认为，经济发展是受环境资源约束的，他们的论点被誉为环境-经济协调发展研究的里程碑。

1.2　研　究　进　展

1.2.1　环境-经济协调发展评价

环境-经济协调发展是一个综合的、复杂的系统工程，涉及社会、经济、环境等多个领域的内容，具有开放性、不确定性、扩散性以及混沌性等特征。这在一定程度上决定了环境-经济协调发展研究的复杂性，同时也决定了单纯地从定性、静止和思辨的角度进行研究得出的结论会缺乏可操作性。因此，欲真正了解某复杂系统在环境-经济长期协调发展过程中的演化行为，正确把握存在的风险和潜在的问题，制定科学的对策和措施，必须对系统的环境-经济协调发展程度进行评价。

近年来，国内外学者对环境-经济的协调发展展开了大规模的评价研究，构建了一系列有针对性的环境-经济协调发展评价指标体系，并形成了大量的综合评判数学模型。

1. 环境-经济协调发展评价指标体系

1992 年联合国环境与发展大会制定了《21 世纪议程》，号召各国、国际组织和非政府组织建立环境-经济协调发展评价指标体系，开启了世界范围的环境-经济协调发展评价研究。现阶段，已经建立的有代表性的环境-经济协调发展评价指标体系既有全球尺度的，也有国家、区域和地区层次的（张锦高和李忠武，2003），主要包括联合国可持续发展委员会（Commission on Sustainable Development，CSD）的可持续发展指标体系、联合国统计局（United Nations Statistical Office，UNSO）的 FISD（Framework for Indicators of Sustainable Development）、环境问题科学委员会（Scientific Committee on Problems of the Environment，SCOPE）和联合国环境规划署（United Nations Environment Programme，UNEP）高度合并的可持续发展指标体系、世界银行（World Bank Group，WBG）的"新国家财富"指标体系、美国总统可持续发展理事会（President Council for Sustainable Development，PCSD）的美国可持续发展指标体系、英国可持续发展指标体系以及系统可持续发展的能值评价指标（ememgy sustainable indices，ESI）等。

国内对环境-经济协调发展评价指标体系的研究可以追溯到 20 世纪 90 年代。牛文元（1994）提出了衡量可持续发展度（degree in sustainable development，DSD）的指标体系。赵景柱（1995）综合考虑世代的连续性、重叠性以及人类的生育年龄和工作年龄等因素，构造了时间跨度为 30 年的世代持续发展评价指标体系。毛汉英（1996）设计了针对山东省的、包含 4 个系统层共计 90 个指标的可持续发展指标体系。同时，国家科学技术委员会（简称国家科委）、中国科技促进发展研究中心也提出了包括 1 个目标层、5 个准则层和 42 个指标层的可持续发展评价指标体系。郝晓辉（1998）提出了由社会（含 23 个指标）、经济（含 18 个指标）、资源（含 6 个指标）、环境（含 20 个指标）等四部分组成的可持续发展指标体系。张世秋（1996）基于"压力-状态-响应"模式，提出了一组由环境-经济系统当前和未来协调发展程度共同决定的可持续发展指标体系。近年来，李小建（1999）、曾珍香和顾培亮（2000）等专家在保持上述指标体系框架结构的基础上进行增删修改，形成了一系列新的指标体系。

2. 环境-经济协调发展综合评判模型

1）统计学模型

（1）主成分分析模型（principal components analysis model，PCA 模型）。环境-经济协调发展评价研究涵盖的内容较为广泛。研究中为追求综合评判的完备性，通常会选取大量评价指标，通过对评价指标进行筛选确定表征环境-经济协调发展的综合指标，结合对综合指标的协调度计算，判定环境-经济协调发展程度。常用的评价指标筛选方法是 PCA 法。PCA 法的原理可以概括为：首先，对各指标的原始数据进行标准化处理；其次，通过计算不同指标之间的相关系数并对重复指标加以合并（一般定义相关系数大于 0.95 的指标为重复指标），构造相关系数矩阵；再次，结合方差贡献率和累积方差贡献率确定评价指标的主成分个数及主成分指标；最后，根据主成分指标进行协调度计算。

（2）层次分析模型（analytic hierarchy process model，AHP 模型）。AHP 模型是美国运筹学家、匹兹堡大学教授 Saaty（1980）提出的一种层次权重决策分析模型。利用该模型展开的环境-经济协调发展综合评判研究可以分为 5 个步骤：第一，通过加深对环境-经济系统的深刻认识，确定系统的总体目标（即"环境-经济协调发展程度"）；第二，建立一个多层次的递阶结构，根据目标的不同和实现功能的差异，将系统分为几个等级层次；第三，构造两两比较判断矩阵，确定对于上一层某元素而言，本层中与其相关元素的重要性排序，即相对权值；第四，计算各层元素对系统总体目标的合成权重，进行层次总排序，以确定递阶结构中最底层各元素在总体目标中的重要程度；第五，进行一致性检验。其中，指标权重的确定通常还要借助德尔斐法和频度统计法等。

2）数学模型

（1）模糊综合评判模型（fuzzy synthetic evaluation model，FSE 模型）。所谓 FSE 模型就是利用模糊数学[①]的方法将模糊安全信息定量化，从而达到对多因素进行定量评价与决策的目的。FSE 模型自提出以来发展较为迅速。Becker（2000）、Bossel（1999）、Dasgupta（1998）、陈守煜（1996，2001）、余敬和易顺林（2002）分别在农业、水利和自然资源等领域成功运用 FSE 模型进行了环境-经济协调发展模式识别、优化及综合评判研究。他们的成果同时也显示，只要指标体系合理、权重分配得当，利用 FSE 模型展开的环境-经济协调发展综合评判所得到的结论都较为科学可靠。

（2）灰色模型（grey model，GM）。环境-经济协调发展 GM 评估通常是基于灰色系统理论展开的，即假设环境-经济协调发展系统是一个信息不完全（或不确知）的灰

---

① 模糊数学的概念是由美国自动控制专家 Zadeh（1965）基于模糊集理论提出的。

色系统。模型确立的关键是建立灰类型的白化权函数（用来评估对象隶属于某个灰类程度的函数）。刘艳清（2000）、欧阳洁（2003）、郝永红和王学萌（2001）、同小军和陈绵云（2002）都分别采用 GM 开展了环境-经济协调发展综合评判的研究。

（3）其他数学模型。目前，环境-经济协调发展综合评判的理论、数学方法已经较为成熟。除了以上所述的外，比较具有代表性的研究还包括，秦耀辰等（1997）结合可持续发展思想，运用系统动力学（system dynamics，SD）模拟方法，对区域人地系统的协调发展调控进行了分析；袁旭梅和韩文秀（2000）基于小波分析理论提出了经济-资源-环境复合系统协调发展调控自适应优化控制算法；吕彤和韩文秀（2002）采用优化与混沌特性分析相结合的自学习方法，通过在系统优化目标和稳定性之间寻求平衡，从而实现了区域经济-资源-环境系统的协调混沌控制。

3）经济学模型

（1）投入产出模型。投入产出模型是美国经济学家 Leontief（1986）创立的一类基于投入产出表（input-output table，IO 表）的经济学分析方法。它采用现代数学方法分析 IO 表中涉及的国民经济各部门间的相互依存关系，预测及平衡经济系统再生产的综合比例。该方法常用于分析改善环境质量的支付费用与带来的经济效益，以及经济发展对环境质量的影响（马洪和孙尚清，1996）。Leontief（1970）通过将废物治理活动引入 IO 表，分析了经济发展对环境的影响以及环境治理的经济效益等；James 等（1978）基于部门 IO 表分析了经济结构与空气污染的关系；Pietroforte 等（2000）、Tellarini 和 Caporali（2000）利用投入产出模型分析了实行环境污染控制对某些产品价格的影响；Lin 和 Polenske（1995）、Hubacek 和 Sun（2001）基于该模型分析了环境-经济系统的相互作用关系；Yokoyama 和 Kagawa（2006）在传统投入产出模型基础上发展了动态废物投入产出模型方法，对经济增长与废物管理之间的关系进行了分析。

（2）成本收益模型。成本收益模型的核心是从成本收益角度将环境对经济的影响计入生产成本。在市场经济条件下，大部分物品的价格都能够通过市场得到反映，但对于公共物品来说，其市场机制却难以有效确定。此外，生产（或消费）行为还具有明显的外部性特征，通常会引致市场失灵，造成环境污染、生态恶化，但该部分负面影响并未计入生产成本，结果造成生产成本小于社会成本（李金华，2000），而成本收益模型则从根本上解决了传统经济学模型对该部分内容的忽略。成本收益模型将环境污染、生态恶化所带来的环境成本加入生产成本中，使污染者的生产成本增加，迫使市场主体改进生产工艺或采用先进技术提高资源利用率，减少污染排放，提高市场主体的生态环境成本意识，促进社会经济与生态环境的协调发展。姚建（2001）在其所著的《环境经济学》一书中曾采用成本收益模型计算了生态环境的成本。

（3）绿色国民收入核算模型。绿色国民收入核算模型将经济发展对生态环境的影响计入国民收入核算中，是对传统 GDP 核算体系的补充和完善，能够综合考虑环境的经济学特征以及环境与经济系统的相互作用关系，实现对环境-经济协调发展程度的综合评价。绿色国民收入核算模型对于强化生态环境意识、加强资源的优化配置具有重要的现实意义（Herman，1996）。

（4）环境 CGE 模型。20 世纪 80 年代末，Baumol 和 Oates（1988）发展了一类基于 CGE 模型的污染控制最优化途径，开创了环境-经济协调发展定量评价研究的新局面。环境 CGE 模型是基于经济学的一般均衡理论创立的，能够综合分析环境的经济效应，以及经济发展对生态环境的影响，定量揭示环境和经济系统的内在联系。模型是利用环境与经济统计数据对环境-经济系统的协调发展关系进行分析的，在建模前需要结合矩阵平衡模型构建以基本调查数据、统计年鉴数据和 IO 表数据等为核心的环境投入产出表以及环境社会核算矩阵（environmental social accounting matrix，ESAM）；同时，模型的环境-经济系统均衡过程需要借助数学最优化求解来实现，而环境保育与区域经济发展之间的均衡状态关系，则能够通过经济和环境系统的关键方程，如生产函数、贸易函数以及效用函数等，分析得到。随着人类对经济与环境系统相互作用规律认识的不断深入，环境 CGE 模型的结构及其应用、推广也必然会随之得到改善和提高。

3. 环境-经济协调发展综合评判模型的综合比较

目前，对于环境-经济协调发展综合评判的研究还处于探索阶段，存在着许多不足之处。AHP 模型由于主观性较强，在展开环境-经济协调发展综合评判时有关数据不易获取，且计算过程相当复杂，因而不易在基层推广。PCA 模型虽然能够简洁、直观反映区域环境-经济的协调发展程度，但其基本原理是假设环境与经济系统之间存在着线性关系；并且，PCA 模型在对环境-经济系统的发展指数进行协调度计算时，要求充分考虑指标的相对重要性，使得所建立的指标体系能够尽量突出本区域的特点，而现有的指标体系并不能完全满足这些要求。此外，AHP 模型和 PCA 模型都只是一种统计学分析工具，不能从根本上实现对环境-经济系统协调发展程度的综合评价。

FSE 模型和 GM 均是基于不确定理论建立的数学优化算法。基于该类型模型开展的环境-经济系统协调发展定量评价研究，结果的稳健性和准确性难以检验，缺乏说服力。

投入产出模型虽然能够清晰地反映经济发展与环境保育之间的数量关系，但忽略了二者之间的结构及质量问题，会严重影响环境-经济系统协调发展程度评价的准确性（张帆，1998）。成本收益模型主要强调微观上的经济发展与环境保育协调，未能结合宏观状态分析对经济发展与环境保育的协调发展进行更深入的研究。至于绿色国民收入核算模型，其最大的缺陷在于，目前并没有形成世界公认的绿色国民收入核算体系，模型的应用缺乏相应的数据支持。

环境 CGE 模型通过对传统投入产出模型收支平衡账户核算体系进一步拓展（加入了与资源环境有关的账户），既包含了成本收益模型对生态环境经济成本收益的核算，又涵盖了绿色国民收入核算模型中对绿色国民收入的核算。该模型是投入产出模型、成本收益模型和绿色国民收入核算模型的综合与发展，能够弥补不同模型分析方法的不足，达到对环境-经济系统的协调发展关系进行系统分析的目的。

1.2.2 CGE 模型研究

环境 CGE 模型，顾名思义为研究环境问题的 CGE 模型。要厘清环境 CGE 模型的发展历程并对其研究现状展开分析，首先要明确 CGE 模型的起源、发展历程和应用领域。

1. CGE 模型的起源

CGE 模型是在研究经济系统复杂因果关系的基础上发展起来的一类经济数学模型。所谓经济数学模型，即利用数学表达式来模拟、描述经济活动，揭示出其本质规律。计量经济学模型就是常用的一类经济数学模型。由单个方程构成的单方程计量经济学模型只能描述经济变量之间的单向因果关系，即若干解释变量的变化引起被解释变量的变化。但经济现象错综复杂，其中诸因素之间的关系在很多情况下并不是单一方程模型所描述的简单单向因果关系，而是相互依存的双向或交错多向因果关系。例如，某一农产品的价格影响着市场对该农产品的需求和供给；同时，市场对该农产品的需求和供给又影响着该农产品的价格。又如，研究消费函数时，一般认为消费是由收入决定的；但从社会再生产的动态过程来看，消费水平的改变又会导致生产规模的变化，进而影响收入，所以消费又决定收入。因此，利用单方程计量经济学模型很难完整、准确地反映经济系统内的这种复杂关系，只有将多个方程有机地组合起来才能合理地进行经济问题的机理模拟和描述。为了描述变量之间的多向因果关系，就需要建立由多个方程联立构建的方程系统。CGE 模型就是在此基础上发展起来的。CGE 模型是一种由多个方程联立形成的方程系统模型，该模型能够准确反映经济活动的相互依存关系。

2. CGE 模型的发展历程

CGE 模型是基于现代微观经济学的 Walras 一般均衡理论建立的。随着这一理论的发展和完善，CGE 模型的研究逐渐走向成熟，并且很快作为一种有效的政策分析工具，得到广泛应用。CGE 模型起源于 20 世纪 60 年代，经过 40 多年的发展，已经成为一种相当规范的模型。

从狭义的角度讲，世界上第一个 CGE 模型是由挪威经济学家 Johansen（1960）创立的。1960 年，Johansen 提出了一个多部门经济模型，称为多部门增长模型（multi-sectoral growth model，MSG 模型）。该模型包括 20 个成本最小化的产业部门和一个效用最大化的家庭部门，并运用市场均衡假设定义了部门产出的价格水平。此外，Johansen还发展了一种 CGE 模型求解算法，即首先通过线性化方法将指数方程变成对数形式，然后对对数方程取微分，最后通过简单的矩阵求逆的方法得到有关经济增长的多部门数值解。该算法的出现实现了 CGE 模型的可计算性。Johansen 的开创性研究揭开了 CGE 模型应用研究的序幕。但在随后的几年内，CGE 模型的研究并未引起足够的重视。

直至 20 世纪 70 年代，世界经济遭受诸如能源价格上涨、实际工资水平提高、环境问题日益严峻等一系列冲击。原有的计量经济模型由于缺乏严格的理论设定，不能对此类问题提供有效模拟，人们又将注意力转向 CGE 模型。Johansen（1960）的 MSG 模型也是在此时开始被挪威财政部采用，进而成为国家长期宏观经济政策计划制定和预测的主要分析框架。

20 世纪 80 年代以后，伴随电子信息技术的飞速发展，CGE 模型的细化处理能力日益提高。这主要表现在数据基础的完善和计算程序的改进上。这一时期，用于求解 CGE 模型的软件层出不穷，如一般均衡建模软件包（general equilibrium modelling package，GEMPACK）、通用代数建模系统（general algebraic modeling system，GAMS）、HUCULES 以及 CASGEN 等。这些功能强大的软件的应用，使得随后 20 年成为 CGE 模型发展的黄金时期。

近 10 年来，人们又进一步在提高 CGE 模型的模型质量、扩大模型规模、改进建模技术和求解算法以及实现模型由比较静态向跨时动态过渡等方面取得了一些新的进展。

3. CGE 模型的应用领域

CGE 模型经过近 50 年的发展，已经成为应用经济学的正式分支。目前，世界上多数发达国家和部分发展中国家已经建立了自己的 CGE 模型。这些模型在分析宏观公共政策、微观产业政策、国际贸易政策以及对国民经济进行动态预测等方面，显示出明显的优越性，特别是在能源、环境及税收政策分析方面的应用效果非常突出。在未来相当长的一段时期内，CGE 模型的应用研究将仍处于热门研究阶段（庞军和邹骥，2005）。

1）贸易政策分析

贸易政策分析是 CGE 模型应用最广泛的领域之一。在该领域的 CGE 模型研究中，国家（或地区）通过制定不同的贸易政策，出口其具有比较优势的商品；模型间的差别反映了政策制度以及比较优势嵌入模型方式的不同。通常情况下，贸易政策分析领域的 CGE 模型根据贸易主体的不同可以分为两类，即单国模型和多国模型。单国模型主要考察外贸变化如何影响一国经济，而多国模型则主要考察一些全球性问题（如自由贸易区的建立等）对各成员国经济的影响（Shoven and Whalley，1984；de Melo，1988）。对于两类模型的区别，Shoven 和 Whallery（1984）认为主要可以概括为两点：①处理贸易的方法不同。多国模型对其所包括的所有国家都有一个生产和需求上的设定；而单国模型则采用比较粗糙的处理方法，把除其本身之外其他国家和地区用一个经济主体——世界其他地区（rest of world，ROW）来代理，对 ROW 整体设定一个简单的进口供给和出口需求函数。②处理问题的范围不同。多国模型可以处理多边贸易问题，如关贸总协定框架下的贸易自由化问题，而单国模型则不适合分析此类问题。

经过近 50 年的发展，贸易政策分析领域的 CGE 模型研究已经取得了一系列研究成果。Shoven 和 Whalley（1984）综述了 1977～1983 年的 6 个多国模型和 3 个单国模型，阐明了其部门划分、供给和生产的函数类型、数据来源、主要假设以及模拟结果等。de Melo（1988）针对发展中国家的贸易 CGE 模型进行了方法上的综述，所涉及的模型由简单的单部门数值模型逐步扩展、推广到多部门模型，并用数值方法说明了模型所涉及的相关政策问题和对这些问题进行模拟的方法。王直等（1997）建立了一个动态 CGE 模型对中国劳动密集型产品市场对美国农业出口的影响进行了分析，模型包括了 12 个地区和 14 个生产部门。van Tongeren 和 van Meijl（1999）对农业国际贸易以及与其相关的资源与环境问题的模型进行了评述，其中涉及多种 CGE 模型，如 G-Cubed 模型、GTAP 模型、GREEN 模型和 RUNs 模型等。Piemartini 和 Teh（2005）综述了关于乌拉圭回合谈判的 5 个 CGE 模型以及基于 GTAP 数据库的 8 个与多哈回合谈判相关的模型。

2）财政政策分析

财政政策分析也是 CGE 模型研究的重要领域之一。该领域的研究主要侧重于税收政策的研究和应用以及对包括补贴在内的政府支出决策的分析等。税收政策 CGE 模型主要考虑税制改变、税收扭曲以及税收系统的结构特征等对社会福利的影响。税收 CGE 模型的研究源于 Harberger（1962）建立的用于分析美国公司和资本收入所得税的两部门（公司部门和非公司部门）一般均衡模型，其后发展的模型都带有 Harberger 模型的特点（Shoven and Whalley，1984）。Shoven 和 Whalley（1972，1973）发展了 Harberger 模型的建模思路，分别于 1972 年和 1973 年建立了处理一个税种和多个税种的税收 CGE 模型。Shoven（1976）在 Harberger 工作的基础上，考察了部门划分对结果的影响。

除了前面所提到的外，税收政策领域比较典型的 CGE 模型研究还包括，Whalley（1975）利用多税种 CGE 模型对英国 1973 年的税收政策变动问题进行了研究，并验证了模型的可靠性。Kehoe 和 Serra-Puche（1983）在继承 Shoven 和 Whalley 模型结构的基础上，建立了与墨西哥税收归宿有关的 MEGAMEX 模型；Ballard 等（1985）建立了美国税收分析的 GEMTAP 模型，该模型后来被广泛应用于税收政策研究；Pereira（1988）通过整合美国公司和个人所得税，建立了一个动态税收政策模型——DAGEM 模型；Kehoe 等（1988，1995）研究建立了西班牙 1986 年财税改革的 CGE 模型；Devarajan（1988）基于 CGE 模型对发展中国家的税制问题进行了研究；Ballard 等（1995）采用 CGE 模型对税收政策进行了系统分析，研究了公司税和个人所得税的合并、用累计的消费税代替个人所得税、税率变动等与政府收入的关系；Pench（1996）通过在动态 CGE 模型中加入与货币和预期因素有关的变量，对意大利用增值税代替收入税的政策进行了评价。

中国的财政政策分析 CGE 模型研究起步较晚，已经形成的比较典型的研究，如林园丁等（2003）利用静态 CGE 模型对几种可能的所得税税制改革设想在广东省的经济影响进行了模拟分析，研究结果表明，适当降低企业所得税率，并调整个人所得税赋的居民间分布，将会有利于广东省经济的增长，促进社会整体福利效应的提高。

3）收入分配与扶贫政策研究

CGE 模型的第三大应用领域是收入分配与扶贫政策研究。CGE 模型通常用于模拟外生冲击和政策变化对社会经济系统，尤其是对收入分配的影响（Decaluwé et al.，

1999)。20 世纪六七十年代，快速的经济增长和结构变化并没有减少贫困，大批低收入者也没能从发展中国家的快速发展中受益，从而导致了收入分配与扶贫政策研究领域的 CGE 模型研究迅速发展（Bandara，1991）。

针对收入分配和扶贫政策研究的 CGE 模型通常包括两类：一是含有代表性居民的标准 CGE 模型，该类模型主要通过比较每组代表性居民的收入和福利变化来实现对收入分配与扶贫政策的研究；二是在标准 CGE 模型的基础上，为每个机构账户建立允许进一步进行收入分配和贫困分析的方程（Decaluwé et al.，1998）。Adelam 和 Robinson（1978）通过构建一个微观 CGE 模型对韩国的收入分配展开了研究。模型综合考虑了影响收入分配的十大类变量（包括相对要素价格、相对产品价格和技术等），通过基于相对价格调整机制的收入分配使投资与储蓄均衡；十大类变量对收入分配的影响通过商品价格以及要素价格等间接发生作用。继他们之后，Taylor 和 Lysy（1979）、Ahluwalia 和 Lysy（1981）分别采用 CGE 模型对巴西和马来西亚的收入分配政策进行了研究。同一时期，世界银行也组织建立了一系列用于收入分配和扶贫政策研究的 CGE 模型（Dervis et al.，1982）。除此之外，Johansen 学派的相关学者也对该领域进行了深入研究，如 Gupta 和 Togan（1984）对印度、土耳其和肯尼亚的 ORANI 模型研究。

4）发展政策研究

发展政策研究 CGE 模型首先是由世界银行针对发展中国家的社会经济政策研究提出来的，主要用于定量分析发展中国家制定的改革政策对经济系统的影响，并对政策的可行性进行定量判定。伴随着许多发展中国家经济体制由计划经济向市场经济转轨，该领域 CGE 模型的研究取得了较快发展。Decaluwé 和 Martens（1988）调查了应用于 26 个发展中国家的 73 个发展政策研究 CGE 模型，并给予了综合评述。

5）其他领域的研究

除上述四个重点领域，CGE 模型还常用于公共卫生、旅游交通、教育以及战争与经济危机等领域的研究。在众多领域的 CGE 模型研究中，还发展了一类可用于多个领域同时分析的模型，我们称为"多目标 CGE 模型"，其中比较具有代表性的模型是 ORANI 模型（Dixon et al.，1982；Horridge et al.，1993）。一般来说，这类模型的构建和维护成本很高，数据需求量庞大，并且在具体应用时还必须对模型进行必要调整以适用于所要分析的问题，因而在实际应用中涉及较少。

1.2.3　环境 CGE 模型的形成

20 世纪 80 年代，全球气候变暖、臭氧层破坏、大气污染、水土流失和生物多样性减少等环境问题日益突出。在这种背景下，旨在减少污染、改善环境的各国国际合作与协定应运而生。世界各国都开始寻求一种既能保持经济增长，又能削减污染排放的经济控制政策，含有资源环境账户的 CGE 模型——环境 CGE 模型应运而生。

资源环境对于国家的经济发展至关重要。一般来说，资源环境问题与国家经济的各方面诸如价格形成、产出决定、收入形成及分配、消费行为和政府作用等密切相关。因此，在制定资源环境政策时需要首先采用系统的观点和方法对资源环境与社会经济的关系展开分析。而环境 CGE 模型正好提供了进行这种分析的框架，因而被相关领域的模型构建者广为采用。

环境 CGE 模型是一般均衡理论在环境经济学领域的应用，属于 CGE 模型的一个应用分支。该模型通过把抽象的一般均衡理论变为关于现实经济、环境系统的实际模型，实现对两者之间互动影响关系的模拟。环境 CGE 模型所能解决的主要问题包括定量分析公共经济政策（如税收、政府开支等）对环境系统的影响，以及环境政策（如环境税收、补贴和污染控制等）对经济系统的影响。实践证明，环境 CGE 模型能够较准确地分析和模拟各项政策实施的结果。现阶段，环境 CGE 模型的研究主要涉及温室气体（特别是 CO_2）排放控制、能源利用分配和绿色环境税收影响评价等。

环境 CGE 模型构建的核心问题是如何将环境问题嵌入至 CGE 模型中。以污染排放调控研究为例，早期的环境 CGE 模型主要是将污染的影响以不同的方式嵌入生产或效用函数之中。随着研究的不断深入，模型对于污染行为的处理方法越来越多，开始逐渐形成完整的理论体系和相应的分类派别。一般来说，按照污染行为的表示方式，可以大致将环境 CGE 模型分为 4 类。

第一类是将污染和环境资源的使用直接与部门中间投入-产出采用固定排放系数相关联的环境 CGE 模型。该类模型在传统 CGE 模型的基础上增加了一个外生的环境处理模块，并不改变传统模型中各主体的决策行为，可以称为"应用扩展型"模型，其代表性人物主要包括 Glomsrod 等（1992）、Blitzer（1992）以及 Conrad 和 Schroder（1993）等。

第二类环境 CGE 模型的突出特点是将污染影响反馈至经济系统中，称为"环境反馈型"模型。此类模型的研究以 Jorgenson 和 Wilcoxen（1990）为代表，还包括 Robinson（1990）、Piggott（1992）、Bergman（1993）、Cruver 和 Zeager（1994）以及 Vennemo（1995，1997）等的研究。环境反馈型模型主要探讨污染控制政策对经济活动中生产（主要包括生产成本和生产增长率）和消费（侧重于对消费选择及消费者福利）的影响，个别模型还探讨了环境质量对特殊工业的资本折旧率的影响。例如，Jorgenson 和 Wilcoxen（1994）在生产函数中加入了包括污染在内的成本控制，用于模拟污染削减对生产的影响。考虑到各部门在能源强度方面的显著差异必然会引起污染削减政策对各部门影响的迥然不同，他们在构建模型时提供了一个分解式的生产模块，即针对 35 个代表性工业部门，分别设计不同的生产子模型，并将生产增长率内生于成本函数中，从而估算出污染排放限制政策对生产力的影响。

第三类是在生产函数中加入污染削减行为或污染削减技术，称为"函数扩张型"模型。例如，Robinson 等（1994）在柯布-道格拉斯（Cobb-Douglas，C-D）生产函数中增加了消除污染的行为；Nestor 等（1995a）在传统的投入产出分析中增加了污染控制处理过程和环境污染税，模拟了大气污染削减过程和以扩展性 IO 表为基础的削减税率对德国经济的影响。Nestor 等的研究主要得益于德国工业部门环境保护投入数据的准确性。他们首先将各部门环保支出外在化，同时假设污染削减技术与商品生产与服务技术各自独立并互相区别，从而，突出了对污染削减技术的模拟结果；然后设定环保局（政府）账户用于描述环境管制，并假设环保局以开征环境税的方式筹集资金来支付环境保护所需的中间投入和基本要素投入，这样，污染削减投入的成本就可以通过环境税来表示。

第四类通常称为"结构衍生型"模型。该类模型是对传统 CGE 模型结构进行改造，将污染活动纳入一般均衡框架，对经济系统的结构进行重新划分。比较典型的如 Xie 和 Saltzman（1996）推出的模型。在他们的模型中，除生产与消费部门外，还增设了一个污染削减部门。模型中，污染清除服务被视为一种特殊的商品，由污染者为降低其污染排放水平而按一定的价格购买，价格由市场决定，清除污染服务的价值为污染削减部门的实际产值。模型设定一旦发生污染，生产部门将基于新的成本和包容污染后果的新的生产函数调整产出水平；各消费部门将重新作出消费选择。模型由 8 个模块组成，包括生产模块、收入模块、贸易模块、价格模块、支付模块、污染处理模块、市场均衡和宏观闭合模块。此外，Xie 和 Saltzman 还引进了一个扩展的社会经济核算矩阵，为环境 CGE 模型的研究提供了一个综合的数据系统，不仅能够处理经济系统的投入产出信息，而且能够处理与污染有关的信息，如污染削减部门活动的中间投入、生产部门对污染清除所支付的费用、污染排放税、污染控制补贴以及环境投资等。

1.2.4　环境 CGE 模型的发展

环境 CGE 模型一般将污染内生于生产或效用函数之中，用于评估公共政策以及国际贸易政策对环境和经济的影响。环境 CGE 模型自成功开发以来获得了广泛应用。Førsund 和 Strøm（1988）、Dufournaud 等（1988）、Bergman（1989）、Hazilla 和 Kopp（1990）、Robinson（1990）以及 Jorgenson 和 Wilcoxen（1990，1991）等对环境 CGE 模型的早期发展都作出了重要贡献。20 世纪 90 年代以后，环境 CGE 模型的研究开始飞速发展起来。这一时期的代表性学术论文数量明显增多，质量也有实质性提高，如 Boyd 和 Uri（1991）、Robinson 等（1994）、Blitzer 等（1990）、Copeland 和 Taylor（1994）、Beghin 等（1995）、Nestor 等（1995b）、Persson 和 Munasinghe（1995）、Xie 和 Saltzman（1996）、Lee 和 Roland-Holst（1997）等相继发布了大量的研究成果。目前，已被广泛应用的环境 CGE 模型大约有 20 余种，但大多数是以欧美发达国家为背景，只有极少数模型将发展中国家作为研究对象。以中国为研究背景的环境 CGE 模型研究目前正处于起步阶段，数量不多，并且多半是与西方学者合作推出的，国内学者独立构建的模型尚属罕见。下面我们将以一系列具有开创性成果的案例研究为例，简要介绍环境 CGE 模型在几个热门研究领域的发展概况。

Dufournaud 等（1988）最先将污染排放和治理行为引入 CGE 模型构建了环境 CGE 模型。他们在处理部门的污染排放行为时，以一定的污染排放系数来刻画；污染治理部门的行为设计主要通过政府对该部门的支付来实现。模型假设政府购买污染治理的支出来源于征收的所得税或施加于污染排放部门的生产税。

Robinson（1990）设计的环境 CGE 模型简化了生产模块的处理，直接将污染排放和治理作为一种公共物品引入效用函数。该模型最大的贡献在于证明了在经济最优框架下纳入环境污染问题的可行性。

Hazilla 和 Kopp（1990）与 Jørgenson 和 Wilcoxen（1990）构建的环境 CGE 模型充分考虑了生产活动过程中的各种投入之间相互替代的灵活性。前者用家庭的支付意愿而不是被迫性支出来测度社会成本，证明了一般均衡效应所致的社会成本与私人成本之间存在较大差异，而这恰恰是局部均衡方法（如传统的成本收益分析）所无法反映的；后者对污染相关成本进行了更细致的描述：针对污染治理部门，模型使用对数函数刻画了污染减排成本、污染控制设备的投资成本以及控制机动车辆排污的成本。两组模型的模拟结果均表明，污染治理活动对降低总能耗具有显著影响。

Bergman（1993）为评估瑞典空气污染治理政策的效果，构造了一个开放经济条件下的 7 部门静态环境 CGE 模型。模型假设中央减排部门通过向其他生产部门出售清洁服务实现污染减排，清洁服务的价格相当于边际减排成本。同时，模型还假设存在排污权交易市场，并通过引入可交易的排污许可证来描述环境政策，政策目标设定为控制污染物的最大总排放量。此外，排污者购买排污许可证的成本将进入生产函数。模型的分析结果表明，排污与减排行为具有一般均衡效应。

Zhang（1996）、Jorgenson 和 Wilcoxen（1991，1994）分别利用各自构建的关于中国经济的动态环境 CGE 模型考察了征收碳税的经济影响。CGE 模型适用于碳税分析的主要原因在于，增加碳税将改变商品的相对价格，从而会对社会经济系统产生显著影响。由于 CO_2 的减排还涉及未来可能不存在相应政策的情形（如假设 2030 年中国无碳税政策执行），因而这两个模型都是动态的，经济增长和 CO_2 排放路径都通过模型内生得到。从结构上来看，Jorgenson 和 Wilcoxen 的模型较为复杂，它充分考虑了由于价格双轨制所带来的租金分配及其对投资的影响，以及由于中国资本市场不完善而存在投资分配不尽合理的特点；而 Zhang 的模型则是典型的递推动态环境 CGE 模型，模型的一个特点是把环境 CGE 模型与能源技术选择模型 MARKEL 连接起来，在考察减排影响的同时，说明选择何种技术进行 CO_2 减排成本最小。由于两个模型采用了不同的函数形式、设定了不同的参数范围、模拟方程的形式也迥异，因此模拟结果的差异性较大。

O'Ryan 等（2005）建立了用于智利燃料税研究的环境 CGE 模型。该模型假设规模报酬不变，生产采用嵌套的 Leontief/CES 函数描述、消费采用扩展线性支出系统（extend linear expenditure system，ELES）表示，进口采用 Amington 假设，考虑劳动税、公司税、所得税、进口关税以及出口补贴。同时，模型允许两种形式的闭合选择：一是政府储蓄固定且等于模拟前的初始水平，通过税收或转移支付调整到预期财政目标；二是税收和转移支付固定，政府储蓄可变。O'Ryan 等基于第二种闭合方式，在假设燃料税增加一倍的情景下对智利的环境和经济状况进行了模拟。研究结果显示，在该环境政策的执行下，消费、生产、贸易和 GDP 都将产生负面影响，受益的是一些提供可供选择产品的部门（如电力部门等）。该研究的开展对于减轻 CO_2 污染有一定的促进作用。

此外，世界上规模最大的贸易研究 CGE 模型——GTAP 模型也越来越广泛地用于研究环境政策的效果或其他政策的环境影响。例如，Babiker 等（2001）运用全球 GTAP 模型考察了以京都议定书为背景的排污权国际交易对各国的社会福利影响；

Nijkamp 等（2005）通过在 GTAP 模型的基础上添加两个模块，构建了 GTAP-E 模型，分别刻画了节能型资本投入对污染型能源的替代性，以及产品生产和消费过程中的 CO_2 排放问题，并在该框架下模拟评估了国际排放贸易（international emissions trading，IET）、联合履行（joint implementation，JI）和清洁发展机制（clean development mechanism，CDM）等环境政策的环境经济效果。

　　近年来，国内学者也开始逐渐发展利用环境 CGE 模型进行一些针对环境政策的分析，内容主要包括气候变暖、酸雨污染和环境税征收效果等。例如，李善同等（2000）利用环境 CGE 模型分析了中国产业结构变动与污染排放的关系及相关政策影响；中国社会科学院数量经济研究所应用 PRCGEM 模型模拟测度了针对不同的 CO_2 减排目标所需要征收的碳税，以及征收碳税对国民经济的影响，并探讨了"双重红利"存在的可能性；郑玉歆和樊明太（1999）、贺菊煌等（2002）、魏涛远（2002）分别利用环境 CGE 模型分析了在中国征收碳税对国民经济的影响；武亚军和宣晓伟（2002）利用环境 CGE 模型分析了在中国征收硫税的环境、经济影响；姜林（2006）以环境 CGE 模型为基础分析了能源政策对北京市空气质量、人体健康、社会福利以及经济发展所造成的影响。

　　21 世纪以来，很多关于环境 CGE 模型的研究开始从空间和时间两方面进行扩展，通过建立多区域环境 CGE 模型分析特定政策的跨区影响，或者在模型中引入跨时动态机制以考察某项政策或冲击的长期效应。例如，段志刚和李善同（2004）建立了一个北京与中国国内其他地区的双区域多部门环境 CGE 模型，并通过引入递推动态的结构分析了地区经济结构的变化对能源、环境的影响，以及资源的跨地区调配（"南水北调"工程）的长期宏观影响。

　　总体而言，国内的环境 CGE 模型开发应用研究起步较晚，尚有较大的发展空间。目前，该领域的研究主要集中于碳税政策分析，只有少数学者进行了硫税及其他污染控制政策的分析。同时，大部分模型规模较小，结果的说服力有限，难以指导环境政策的制定和实施（庞军和邹骥，2005）。此外，现有的大部分模型主要是基于国家尺度开发的，在区域尺度上展开的环境 CGE 模型研究尚属初级发展阶段。

1.3　环境 CGE 模型的发展趋势

　　环境 CGE 模型是以一般均衡经济理论为基础的机理性模型，需要随着经济理论的发展而不断改进。对模型研究的局限性以及建模过程中存在的问题展开分析，研究如何把现代宏观和微观经济理论应用到建模思想和实践中去，更多地结合经济体的现实特征，实现对模型涉及的环境-经济系统更为精细的划分以及相关经济主体行为的随机动态描述是环境 CGE 模型无法回避的挑战。

1.3.1　尚待改进之处

　　尽管目前环境 CGE 模型的理论已经较为成熟，但与其他分析工具一样，环境 CGE

模型也不可避免地带有局限性。从模型的两个核心内容——经济发展理论和数据支持系统来看，环境 CGE 模型主要存在以下缺点：①对经济行为过度简化，造成实践效果失真；②对数据要求极高，难以操作；③模型所涉及的一些弹性参数的估计缺乏一定的经济学理论基础，带有较大的不确定性；④多数环境 CGE 模型属于比较静态研究，对具有动态特点的政策分析存在局限性。因而，环境 CGE 模型的改进主要从理论构架、数据支持、参数识别、参数校准以及表现形式等方面着手进行。

第一，理论构架方面。环境 CGE 模型在构建时包含很多假设条件，因而，其操作性能将被限制在一定的范围内；同时，模型的环境-经济系统的相互作用机制并不完善，环境的外部性特征被弱化地确立在刚性假设条件之下，或视作由外生决定，这也很大程度地削弱了环境 CGE 模型在分析环境政策时的效力和综合性。

第二，数据支持方面。环境 CGE 模型的数据基础是环境社会核算矩阵（environment social accounting matrix，ESAM）。但对于大多数国家来说，现阶段，获取一套系统的环境数据仍是研究的难点，尤其是对发展中国家，由于环境保护工作起步较晚，系统而周详的环境数据记录难以获取。例如，Xie 和 Saltzman（1996）推出的以中国环境-经济系统为研究背景的环境 CGE 模型采用的便是以 1990 年为基年的数据。如此短时期内的数据只对政策的比较静态分析有意义，对跨时动态分析则会造成较大误差。

第三，参数识别方面。环境 CGE 模型最普遍的问题在于稀疏数据下参数赋值的不确定性。由于经济学参数的估计通常需要大量的时间序列数据，而这些数据即使是在信息相对完备的发达国家也是十分匮乏的。因此，大多数情况下，环境 CGE 模型中的参数并不是基于经济学方法得到的，所使用的参数也并未采用计量经济学方法进行识别。

第四，参数校准方面。环境 CGE 模型现有的参数校准大多是基于单一基准年展开的，模型对参数的这种处理方法存在许多弊端：首先，单一基准年的选择意味着当年观测值中的任何随机反常现象都将不恰当地体现在模型结构上；其次，校准所得的参数没有可信度度量；再次，模型对于初始条件的敏感性很强。参数校准法的这些特点使得有些模型即使对特定参数进行了多次估算，仍然很难从中得到一组恰当的数值。参数校准方法对环境 CGE 模型的可靠性和稳定性提出了挑战。

第五，表现形式方面。现有的环境 CGE 模型大部分是静态的，缺乏相关的动态模拟机制。一般情况下，静态环境 CGE 模型已经能够满足政策分析的需要。但是，如果对环境政策实施的远期影响进行模拟，就要求模型能够包含经济发展和能源使用的动态变化规律，需要建立动态环境 CGE 模型。目前已有的动态环境 CGE 模型通常都是采用递推机制展开的，这在短期模拟中有其合理性，但对长期模拟来说并不适合。此外，为了加强模型模拟的准确性和精度，现代微观经济学理论的一些思想，如企业的产品差异、规模经济、产业进出的自由与成本、价格歧视、博弈行为和休闲消费等，也应该在环境 CGE 模型中得到合理运用。

此外，环境 CGE 模型在进行政策分析时，通常忽略了政策变化期间的调整成本和相应的外部成本，而这对于探讨政策的可行性往往十分重要。并且，从目前环境问题的特点来看，跨国跨地区的污染排放问题、污染物危害的长期性与潜伏性问题、能源的长期使用和规划问题等也都是环境 CGE 模型研究的重点，对该类型问题的研究需要建立多区域的跨时动态模型，这也是目前环境 CGE 模型推广应用面临的挑战之一。

1.3.2　未来发展方向

在环境问题日益严峻的今天，对环境政策的经济影响进行定量分析，促进环境-经济系统协调发展已变得越来越重要。环境 CGE 模型能够模拟政策执行过程中的连锁与反馈效应，因而成为很多政策研究和评估的有力工具。

目前，环境 CGE 模型的研究主要有两种发展趋势：一种是使模型变得更加精细和复杂，如细化模型中的部门和消费者类型、发展非递推动态变化模型等；另一种则是更多地结合经济体的现实特征，使模型更适合环境-经济综合影响分析，如内生不完全竞争、技术进步和制度因素等变量。模型的这两种发展趋势是相辅相成、紧密联系的。一般来说，环境 CGE 模型的发展往往是以一种趋势为主带动另一趋势发展的。然而，随着模型所包含的现实经济特点的增加，其数学描述会愈加困难。因此，未来的环境 CGE 模型发展必须在两种趋势间进行权衡。

从环境 CGE 模型的应用来看，使模型更多地反映我们所要研究的环境-经济系统的现实特征可能更为重要。具体来说，未来环境 CGE 模型的发展可以通过以下几个方面来展开。

第一，在运用环境 CGE 模型分析相关环境政策的社会成本的同时也考虑这些政策的社会效益。目前，大部分环境 CGE 模型只考虑了实施环境政策的社会成本而较少考虑其社会效益。这主要是因为，社会效益的定量化较难实现。然而，如果不实现社会效益的定量化，决策者和公众所了解的关于环境政策与经济发展之间的关系将是：执行环境保育政策必将导致 GDP、产量、就业和社会福利的损失，这必然会对环境政策的制定和实施产生较大的阻力。因此，将环境政策的社会效益也纳入环境 CGE 模型的分析框架具有重要的现实意义。实际上，采用环境经济学中一些经典的环境价值评估方法，是能够相对客观地建立起环境质量改善与社会经济价值及健康效益之间的函数关系、实现对环境政策实施社会效益的定量分析。

第二，分析环境政策的分配效应，即分析环境政策的实施对不同利益集团的影响。执行一项环境政策，必然会使某些利益集团受益而另一些受损，并且不同的利益集团所得到的好处（或遭受的损失）也大不相同，这就涉及环境政策的公平问题。如果能够利用环境 CGE 模型分析出环境政策的分配效应，就能够采取相应的补偿措施来使环境政策尽可能做到公平。

第三，加强区域环境 CGE 模型的应用。许多环境问题，尽管在本质上具有全球性影响，但却是在区域（或地区）尺度上表现出来的，因此有必要建立区域环境 CGE 模型对该部分内容展开研究。目前区域环境 CGE 模型的研究虽然已经逐步展开，但是同国家尺度的模型相比，无论是在应用的广度和深度，还是数据基础以及建模理论等方面，都还存在较大的发展空间。

第四，从根本上改善环境 CGE 模型的操作性，提高模型对政策分析的综合效力。

要实现环境 CGE 模型该方面的发展，就需要对模型变量的选择和参数估算的精度提出更高的要求（尤其是加强对基于某一国实际经济运行状况及政策背景的特定参数的估计），并且要兼顾两个或多个参数之间的相互作用。

第五，重视环境 CGE 模型与其他模型的配合使用（如与能源模型的配合使用），尽快实现模型由比较静态向简单、可操作性强的跨时动态模型过渡。

中国目前正处于经济发展的关键时期，同时也面临着沉重的环境压力。建立系统成熟、操作性能优良的中国环境 CGE 模型对各项环境政策的经济影响进行评估，是当前中国环境-经济领域的一项重要课题。在欧美国家，利用环境 CGE 模型分析和评估环境税收政策的经济影响已经不乏较为成功的案例，而在中国环境 CGE 模型并未能得到充分发展。究其原因，一方面在于中国的经济、政治体制和法律机制正处于改革的关键时期，政策背景较为复杂，令模型的模拟操作难以把握；另一方面由于现存的中国环境 CGE 模型本身存在较大的局限性，因而不能够真实有效地模拟分析中国环境政策的实施及其产生的经济影响；此外，中国目前的环境数据系统欠完备，尤其缺乏长期动态观测数据，致使现有数据不足以支持动态环境 CGE 模型的模拟操作。

中国政府必须致力于完善本国的经济、政治体制和法律机制，加快与国际环境标准的接轨，为国内环境 CGE 模型的研究提供丰富的政策支持。同时，中国学者还应尽快完善环境 CGE 模型的数据支持系统，并在此基础上，针对现有环境 CGE 模型的特点和研究现状，努力克服模型的局限性，尽早建立起适合中国政策的理论更加完善、功能更为强大的模型系统，为中国的环境与经济政策分析提供强有力的工具。

1.4 小 结

本章首先对环境 CGE 模型研究所涉及的关键概念——区域、区域经济、环境、区域环境、水环境、水体富营养化、环境价值和环境-经济协调发展等进行了阐释；进而介绍了环境-经济协调发展评价方法、CGE 模型的研究进展；重点介绍了环境 CGE 模型的起源、形成和发展，指出了当前研究的不足及未来发展的方向。

CGE 模型作为经济学领域有效的政策分析工具，能够较好地模拟政策与管理措施的实施对各经济主体行为的影响。而通过引入自然资源要素以及环境政策变量形成的环境 CGE 模型则能够实现对环境与经济系统的耦合分析。在环境 CGE 模型中，环境一方面作为社会经济发展的基础为经济发展提供资源，另一方面资源的数量、质量及组成结构也制约着经济发展；经济发展一方面对环境起到积极的改善作用，另一方面又会使自然资源遭到破坏、环境受到污染，严重的甚至威胁到整个环境系统的生态平衡。环境 CGE 模型的构建有助于人们正确认识和处理环境与经济系统之间的关系，调和二者之间的矛盾，在环境与经济系统之间找到一个平衡点，实现环境与经济的共同协调发展。随着环境 CGE 模型的逐步完善与推广，其必将成为环境-经济系统综合模拟，尤其是温室气体控制、能源/资源节约和环境政策绩效评价的有效工具。

参 考 文 献

陈守煜. 1996. 模糊判定模型及其在膨胀土等级判定中的应用. 工程勘察, (6): 13-21.

陈守煜. 2001. 区域水资源可持续利用评价理论模型与方法. 中国工程科学, 3 (2): 33-38.

段志刚, 李善同. 2004. 北京市结构变化的可计算性一般均衡模型. 数量经济技术经济研究, 21 (12): 86-94.

郝晓辉. 1998. 中国可持续发展指标体系探讨. 科技导报, (11): 42-46.

郝永红, 王学萌. 2001. 娘子关泉域岩溶水资源保护研究. 系统工程理论与实践, 21 (4): 137-140.

贺菊煌, 沈可挺, 徐嵩龄. 2002. 碳税与二氧化碳减排的 CGE 模型. 数量经济技术经济研究, 19 (10): 39-47.

姜林. 2006. 环境政策的综合影响评价模型系统及应用. 环境科学, 27 (5): 1035-1040.

李金华. 2000. 中国可持续发展核算体系 (SSDA). 北京: 社会科学文献出版社.

李善同, 翟凡, 徐林. 2000. 中国加入世界贸易组织对中国经济的影响: 动态一般均衡分析. 世界经济, 46 (23): 3-14.

李小建. 1999. 经济地理学. 北京: 高等教育出版社.

林园丁, 段志刚, 朱怀意. 2003. 基于 CGE 模型的广东省所得税改革效应分析. 税务与经济, (6): 41-45.

刘艳清. 2000. 区域经济可持续发展系统的协调度研究. 社会科学辑刊, (5): 79-83.

吕彤, 韩文秀. 2002. 基于协调的区域"经济-资源-环境"系统混沌控制. 系统工程理论与实践, 22 (3): 8-11.

马洪, 孙尚清. 1996. 非均衡增长与协调发展. 北京: 中国发展出版社.

毛汉英. 1996. 山东省可持续发展指标体系初步研究. 地理研究, 15 (4): 16-23.

牛文元. 1994. 持续发展导论. 北京: 科学出版社.

欧阳洁. 2003. "环境-社会经济"复合系统可持续发展的评价预测研究及应用. 数量经济技术经济研究, 20 (5): 153-157.

庞军, 邹骥. 2005. 可计算一般均衡 (CGE) 模型与环境政策分析. 中国人口・资源与环境, 15 (1): 56-60.

秦耀辰, 赵秉栋, 张俊军, 等. 1997. 河南省持续发展系统动力学模拟与调控. 系统工程理论与实践, 17 (7): 124-131.

同小军, 陈绵云. 2002. 基于级差格式的灰色 Logistic 模型. 控制与决策, 17 (5): 554-558.

王直, 王慧炯, 李善同, 等. 1997. 中国加入世贸组织对世界劳动密集产品市场与美国农业出口的影响——动态递推可计算一般均衡分析. 经济研究, (4): 54-65.

魏涛远. 2002. 征收碳税对中国经济与温室气体排放的影响. 世界经济与政治, (8): 47-49.

文兴吾, 张越川. 2001. 中国可持续发展道路探索. 成都: 四川人民出版社.

武亚军, 宣晓伟. 2002. 环境税经济理论及对中国的应用分析. 北京: 经济科学出版社.

姚建. 2001. 环境经济学. 成都: 西南财经大学出版社.

余敬, 易顺林. 2002. 自然资源可持续发展模糊综合评价模型. 技术经济与管理研究, (4): 48-49.

袁旭梅, 韩文秀. 2000. 基于小波网络的协调发展调控研究. 系统工程学报, 15 (2): 143-147.

曾珍香, 顾培亮. 2000. 可持续发展的系统分析与评价. 北京: 科学出版社.

张帆. 1998. 环境与自然科学经济学. 上海: 上海人民出版社.

张锦高, 李忠武. 2003. 可持续发展定量研究方法综述. 中国地质大学学报 (社会科学版), 3 (6): 32-35.

张世秋. 1996. 可持续发展环境指标体系的初步探讨. 世界环境, (3): 8-9.

赵景柱. 1995. 社会-经济-自然复合生态系统持续发展评价指标的理论研究. 生态学报, 15 (3): 327-330.

郑玉歆, 樊明太. 1999. 中国 CGE 模型及政策分析. 北京: 社会科学文献出版社.

Adelam I, Robinson S. 1978. Income Distribution Policy in Developing Countries: A Case Study of Korea. Stanford: Stanford University Press.

Ahluwalia M S, Lysy F J. 1981. Employment, income distribution and programs to remedy balance of payments difficulties. In: William R C, Sidney W. Economic Stabilization in Developing Countries. Washington D C: the

Brookings Institution: 149 – 190.

Babiker M H, Viguier L L, Reilly J M, et al. 2001. The welfare costs of hybrid carbon policies in the European Union. Report No. 74, MIT Joint Program on the Science and Policy of Global Change.

Ballard C L, Fullerton D, Shoven J, et al. 1985. A General Equilibrium Model for Tax Policy Evaluation. Chicago: University of Chicago Press.

Ballard C L, Jae-Jin Kim. 1995. An assessment of the effects of a tax on consumption using a computational general equilibrium model with overlapping generations. 6th CGE Modeling Conference, Department of Economics, Michigan State University.

Bandara J S. 1991. Computable general equilibrium models for development policy analysis in LDCs. Journal of Economic Surveys, 5 (1): 3 – 69.

Baumol W J, Oates W E. 1988. The Theory of Environmental Policy. Cambridge: Cambridge University Press.

Becker L. 2000. Fuzzy project wildlife report and biological evaluation. USDA Forest Service, Deschutes National Forest 24, 34.

Beckman W J, Avendt R J, Mulligan T J, et al. 1972. Combined carbon Oxidation-Nitrification. Water Pollution Control Federation, 44 (10): 1916 – 1931.

Beghin J, Roland-Holst D, van de Mensbrugghe D. 1995. Trade liberalization and the environment in the Pacific Basin: coordinated approaches to Mexican trade and environment policy. American Journal of Agricultural Economics, 77 (3): 778 – 785.

Bergman L. 1989. Energy, Environment and Economic Growth in Sweden: A CGE Modeling Approach. Stockholm: Stockholm School of Economics.

Bergman L. 1993. General equilibrium costs and benefits of environmental policies: some preliminary results based on Swedish data. Fourth CGE Modelling Conference, University of Waterloo.

Blitzer C R, Eckaus R S, Lahiri S, et al. 1990. A general equilibrium analysis of the effects of carbon emission restrictions on economic growth in a developing country. Working Paper, MIT Center for Energy and Environmental Policy Research.

Blitzer C R. 1992. Growth and welfare losses from carbon emissions restrictions: a general equilibrium analysis for Egypt. Working Paper, MIT Center for Energy and Environmental Policy Research.

Bossel H. 1999. Indicators for sustainable development: theory, method, applications. A Report to the Balaton Group. Winnipeg, Manitoba: International Institute for Sustainable Development.

Boulding K E. 1966. Economics and ecology. In: Darling F F, Milton J P. Future environments of North America. New York: The Natural History Press: 225 – 234.

Boyd R, Uri N D. 1991. The cost improving the quality of the environment. Journal of Policy Modeling, 13 (1): 115 – 140.

Conrad K, Schroder M. 1993. Choosing environmental policy instruments using general equilibrium models. Journal of Policy Modeling, 15 (5 – 6): 521 – 543.

Copeland B R, Taylor M S. 1994. North-South trade and the environment. Quarterly Journal of Economics, 109 (3): 755 – 787.

Cruver G, Zeager L. 1994. Distributional implications of taxing pollution emissions-a stylized CGE analysis. Fifth International CGE Modeling Conference, University of Waterloo, Ontario, Canada.

Daly H E. 1992. Steady-state economics: concepts, questions, policies. GAIA-Ecological Perspectives for Science and Society, 1 (6): 333 – 338.

Dasgupta P. 1998. Population, consumption and resources: ethical issues. Ecological Economics, 24 (2-3): 139 – 152.

de Melo J. 1988. Computable general equilibrium models for trade policy analysis in developing countries: a survey. Journal of Policy Modeling, 10 (4), 469 – 503.

Decaluwé B, André P, Luc S. 1998. Income distribution, poverty measures and trade shocks: a computable general equilibrium model of a archetype developing country. Working Paper, CREFE 99 - 06, Département d'économique, Université Laval.

Decaluwé B, Martens A. 1988. CGE modeling and developing economies: a concise empirical survey of 73 applications to 26 countries. Journal of Policy Modeling, 10 (4): 529 - 568.

Decaluwé B, Patry A, Savard L, et al. 1999. Poverty analysis within a general equilibrium framework. Working Paper, CREFE 99 - 09, African Economic Research Consortium.

Dervis K, de Melo J, Robinson S. 1982. General Equilibrium Models for Development Policy. Cambridge: Cambridge University Press.

Devarajan S. 1988. Natural resources and taxation in computable general equilibrium models of developing countries. Journal of Policy Modeling, 10 (4): 505 - 528.

Dixon P B, Parmenter B R, Sutton J, et al. 1982. ORANI: A Multi-Sectoral Model of the Australian Economy. Amsterdam: North-Holland.

Dufournaud M C, Harrington J, Rogers P. 1988. Leontief's environmental repercussions and the economic structure revisited: a general equilibrium formulation. Geographical Analysis, 20 (4): 318 - 327.

Førsund F R, Strøm S. 1988. Environmental Economics and Management: Pollution and Natural Resources. London and New York: Croom Helm.

Glomsrod S, Vennemo H, Johnsen T. 1992. Stabilization of emissions of CO_2: a computable general equilibrium assessment. The Scandinavian Journal of Economics, 94 (1): 53 - 69.

Gupta S, Togan S. 1984. Who benefits form the adjustment process in developing countries. A test on India, Kenya, and Turkey. Journal of Policy Modeling, 6 (1): 95 - 109.

Harberger A C. 1962. The incidence of the corporation income tax. The Journal of Political Economy, 70 (3): 215 -240.

Hazilla M, Kopp R J. 1990. Social cost of environmental quality regulations: a general equilibrium analysis. Journal Political Economy, 98 (4): 853 - 873.

Herman E D. 1996. Beyond Growth: The Economics of Sustainable Development. Boston: Beacon Press.

Horridge J M, Dixon P B, Rimmer M T. 1993. Water pricing and investment in Melbourne: general equilibrium analysis with uncertain stream flow. Centre of Policy Studies/IMPACT Centre Working Papers IP-63, Monash University, Centre of Policy Studies/IMPACT Centre.

Hubacek K, Sun L. 2001. A scenario analysis of China's land use and land cover change: incorporating biophysical information into input-output modeling. Structural Change and Economic Dynamics, 12 (4): 367 - 397.

James D E, Jansen H M A, Opschoor J B. 1978. Economic Approaches to Environmental Problems. Amsterdam: Elsevier.

Johansen L. 1960. A Multi-Sectoral Study of Economic Growth. Amsterdam: North-Holland.

Jorgenson D W, Wilcoxen P J. 1990. Intertemporal general equilibrium modeling of US environmental regulation. Journal of Policy Modeling, 12 (4): 715 - 744.

Jorgenson D W, Wilcoxen P J. 1991. Reducing US carbon dioxide emissions: the cost of different goals. In: Moroney J R. Advances in the Economics of Energy and Natural Resources. Greenwich, CT: JAI Press.

Jorgenson D W, Wilcoxen P J. 1994. The economic effects of a carbon tax. Paper Presented to the IPCC Workshop on Policy Instruments and their Implications, Tsukuba, Japan.

Kehoe T J, Noyola P, Manyesa A, et al. 1988. A general equilibrium analysis of the 1986 tax reform in Spanish. European Economic Review, (32): 334 - 342.

Kehoe T J, Polo C, Sancho F. 1995. An evaluation of the performance of an applied general equilibrium model of the Spanish economy. Economic Theory, 6: 115 - 141.

Kehoe T J, Serra-Puche J. 1983. A computational general equilibrium model with endogenous unemployment: an analysis of the 1980 fiscal reform in Mexico. Journal of Public Economics, 22: 1 – 26.

Lee H, Roland-Holst D. 1997. The environment and welfare implications of trade and tax policy. Journal of Development Economics, 52 (1): 65 – 82.

Leontief W. 1970. Environmental repercussions and the economic structure: an input-output approach. The Review of Economics and Statistics, 52 (3): 262 – 271.

Leontief W. 1986. Input-Output Economics. New York: Oxford University Press.

Lin X, Polenske K R. 1995. Input-output anatomy of China's energy use changes in the 1980s. Economic Systems Research, 7 (1): 67 – 84.

Mishan E J. 1977. The Economic Growth Debate: An Assessment. London: George Allen & Unwin.

Nestor D V, Carl A, Pasurka J. 1995a. Alternative specifications for environmental control costs in a general equilibrium framework. Economics Letters, 48 (3 – 4): 273 – 280.

Nestor D V, Carl A, Pasurka J. 1995b. CGE model of pollution abatement processes for assessing the economic effects of environmental policy. Economic Modelling, 12 (1): 53 – 39.

Nijkamp P, Wang S, Kremers H. 2005. Modeling the impacts of international climate change policies in a CGE context: the use of the GTAP-E model. Economic Modelling, 22 (6): 955 – 974.

O'Ryan R, Miguel C J, Miller S, et al. 2005. Computable general equilibrium model analysis of economy wide cross effects of social and environmental policies in Chile. Ecological Economics, 54 (4): 447 – 472.

Pench A. 1996. Preliminary results of the introduction of money and expectations into a CGE model for Italy, unpublished. Economic Modelling Under the Applied General Equilibrium, Avebury.

Pereira A M. 1988. DAGEM-a dynamic applied general equilibrium model for tax policy evaluation. San Diego Working Paper, University of California.

Persson A, Munasinghe M. 1995. Natural resources management and economy wide policies in Costa Rica: a computable general equilibrium modeling approach. World Bank Economic Review, 9 (2): 259 – 285.

Piemartini R, Teh R. 2005. Demystifying modelling methods for trade policy. Discussion Paper No. 10, World Trade Organization, Geneva.

Pietroforte R, Bon R, Gregori T. 2000. Regional development and construction in Italy: an input-output analysis, 1959~1992. Construction Management and Economics, 18 (2): 151 – 159.

Piggott J R. 1992. In the Greening of World Trade Issues. Ann Arbor: The University of Michigan Press.

Robinson S, Subramanian S, Geoghegan J. 1994. Modeling air pollution abatement in a market based incentive framework for the Los Angeles Basin. In: Klassen G, Forsund F R. Economic Instruments for Air Pollution Control. Laxenburg, Austria: Kluwer Academic Publishers: 46 – 72.

Robinson S. 1990. Pollution, market failure, and optimal policy in an economy-wide framework. Working Paper No. 559, Department of Agricultural and Resource Economics, University of California, Berkeley.

Saaty T L. 1980. The Analytic Hierarchy Process: Planning, Priority Setting and Resource Allocation. New York: McGraw-Hill.

Shoven J B, Whalley J. 1972. A general equilibrium calculation of the effects of differential taxation of income from capital in the U. S. Journal of Public Economics, 1 (3 – 4): 281 – 321.

Shoven J B, Whalley J. 1973. General equilibrium with taxes: a computational procedure and existence proof. The Review of Economic Studies, 40 (4): 475 – 489.

Shoven J B, Whalley J. 1984. Applied general equilibrium models of taxation and international trade: an introduction and survey. Journal of Economic Literature, (22): 1007 – 1051.

Shoven J B. 1976. The incidence and efficiency effects of taxes on income from capital. The Journal of Political Economy, 84 (6): 1261 – 1283.

Taylor J, Lysy F. 1979. Vanishing income redistributions: keynesian clues about model surprises in the short run. Journal of Development Economics, 6: 11 – 29.

Tellarini V, Caporalib F. 2000. An input/output methodology to evaluate farms as sustainable agroecosystems: an application of indicators to farms in central Italy. Agriculture, Ecosystems & Environment, 77 (1 – 2): 111 -123.

van Tongeren F, van Meijl H. 1999. Review of applied models of international trade in agriculture and related resource and environmental modelling. FAIR6 CT 98 – 4148 Interim Report No. 1, Agricultural Economics Research Institute (LEI), Hague.

Vennemo H. 1995. Welfare and the environment. Implications of a recent tax reform in norway. *In*: Bovenberg L, Cnossen S. Public Economics and the Environment in an Imperfect World. Boston: Kluwer Academic Publishers.

Vennemo H. 1997. A dynamic applied general equilibrium model with environmental feedbacks. Economic Modelling, 14: 99 – 154.

Whalley J. 1975. General equilibrium assessment of the 1973 United Kingdom tax reform. Economica, New Series, 42 (166): 139 – 161.

Xie J, Saltzman S. 1996. Environmental policy analysis: an environmental computable general equilibrium approach for developing countries. Journal of Policy Modeling, 22 (4): 453 – 489.

Yokoyama K, Kagawa S. 2006. Relationship between economic growth and waste management: Dynamic waste input-output approach. 3rd World Congress of Environmental and Resource Economists, Kyoto, Japan.

Zadeh L A. 1965. Fuzzy sets. Information and Control, 8 (3): 338 – 353.

Zhang Z X. 1996. Integrated economy-energy-environment policy analysis: a case study for the People's Republic of China. Report to Neth. National Res. Programme on Global Air Pollution and Climate Change. Department of General Economics, Landbouwuniversiteit, Wageningen, The Netherlands: 308.

第2章 环境CGE模型原理

环境CGE模型以宏观经济学中一般均衡分析的思想为指导,综合考虑环境与经济系统之间的相互联系,并涵盖环境、资源(含能源)类账户,适用于环境-经济系统的综合评估。环境CGE模型经过近30年的发展,已经成为科研机构、高等院校和政府部门广泛采用的模型工具之一。环境CGE模型定制灵活,形式宜简宜繁,规模可大可小(大到整个世界范围,小到一个乡镇,都可以建立环境CGE模型),且从根本上区别于一般的经验统计模型。环境CGE模型是一种机理性模型,有着坚实的微观经济理论基础,是研究谋求经济与环境均衡发展关键路径的有效工具。

2.1 模型的理论概述

环境CGE模型继承了CGE模型的一般均衡理论,用一组方程来描述生产、消费、贸易和储蓄等市场关系,能够实现对资本和劳动力等常规生产要素的需求及供给的刻画。在环境CGE模型的方程描述中,不仅商品和生产要素的数量是变量,所有的价格(包括商品价格、工资等)也都是。环境CGE模型通过给定政策冲击,并结合一系列优化条件(如生产者利润最大化、消费者效用最大化、进口利润最大化和出口成本最小化等)求解方程,得出系统均衡时的数量和价格,实现对政策变动的经济影响综合评估。

与CGE模型不同的是,环境CGE模型还将土地、水等自然资源作为初级要素[①]纳入生产模块,将环境污染治理成本作为生产成本纳入生产方程,实现了对自然资源和环境污染治理成本变动时,各部门乃至整个研究区的环境、经济影响评估。同时,环境CGE模型还在环境-经济系统的各个组成部分之间建立起了数量关系,较适合用于区域经济(既有市场作用,又有不同程度政府干预)条件下的经济、环境政策综合模拟分析,因而越来越广泛地用于考察环境系统某部分扰动对区域经济的影响,或探讨经济系统变化对环境的影响。

2.1.1 一般均衡理论溯源

环境CGE模型以一般均衡理论为基础,通过数学建模方法来实现环境、经济系统的均衡分析。"一般均衡理论"认为,任何商品的价格都不能单独由其市场的供求关系决定,而是受其他市场的影响。只有将所有市场联系在一起共同考察,才能建立较完整的价格理论。总体来说,一般均衡理论将经济系统作为整体,以普遍联系的观点讨论所

---

① 本书中所提到的初级要素,包括了常规生产要素和环境要素。此处土地和水等是作为环境要素纳入的。

有商品市场及其相互影响；从对人们的偏好、技术和禀赋的基本假设出发，建立关于经济系统均衡存在性、稳定性和唯一性的公理化体系。

一般均衡理论的起源可以追溯到 Smith 的时代。Smith（1776）指出，在一个分散决策的经济系统中，追求个人最优的行为会在价格调节下实现对社会资源的最优配置，或追求个人最优的行为人决策通过价格机制达到相互间的均衡。也就是说，市场会以它内在的机制维持其健康运行。这一论断的主要依据是市场经济活动中的经济人理性原则，以及由经济人理性原则支配的理性选择，这些选择逐步形成了市场经济中的价格机制、供求机制和竞争机制。这些机制就像一只"看不见的手"，在冥冥之中支配着每个人自觉按照市场规律运行。不过遗憾的是，对于这只"看不见的手"及其隐含的经济理论，Smith 并没有进行更深入的研究。其后又经过近 200 年时间，通过许多经济学家的不懈努力，才终于建立了一套完整的一般均衡理论体系。

目前，一般均衡理论已经成为经济学理论的核心，被认为是经济学的主要成就之一。"一般均衡理论"第一次是由 Walras 明确提出的。Walras（1874）在其编著的《纯粹经济学要义》一书中指出，在资本主义经济中，消费者追求最大效用，企业家追求最大利润，生产要素的所有者追求最大报酬，整个资本主义经济力求达到一种稳定的均衡状态。而当整个经济体系处于该均衡状态时，所有消费品和生产要素的价格将有一个确定的均衡值，它们的产出和供给将有一个确定的均衡量。他还认为，在"完全竞争"的均衡条件下，出售一切生产要素的总收入和购买一切消费品的总支出必将相等。通过消费者和生产者的最优化行为假设，并结合线性代数方法，Walras 还为一般均衡理论构造了一个完整的模型结构。同时，他还证明了实现市场需求均衡的方程个数与需要决定的商品价格数之间的恒等关系。Walras 的探索性研究论证了 Smith 所描述的控制市场自由交换的"看不见的手"是存在的，从而实现了一般均衡理论从思想到实体的跨越（段志刚等，2004）。

此后，Pareto（1909）进一步对一般均衡理论进行了改进，形成了帕累托最优理论。帕累托最优是资源分配的一种状态，指在不使任何人境况变坏的情况下，不可能再使某些人处境变好的状态。一般来说，达到帕累托最优时会同时满足三个条件：交换最优、生产最优以及产品混合最优。这与一般均衡理论的最优化准则是一致的，是一般均衡理论的发展（关于多个市场影响的发展）和完善。

经历了 Smith、Walras 和 Pareto 的探索和发展，一般均衡的经济学理论得到了快速发展。但由于该理论仍处于萌芽状态，一些理解和论证上的偏差依然存在。Wald（1936）通过对一般均衡理论进行细致分析，指出由于 Walras 的论证方法没有考虑商品市场交换价格之间的依赖关系，因而存在致命缺陷。Wald 的主要观点在于，仅论证方程个数与未知数个数的关系而不考虑方程之间的独立性问题，是无法保证一般均衡理论解的存在性的。Wald 研究成果的发布使得一般均衡的理论开始受到动摇，要推进该理论的发展，必须首先解决经济系统均衡理论的实现以及均衡的存在性问题。

一般均衡理论提出后的近一个世纪里，相关领域的学者主要致力于一般均衡理论的完善以及基于该理论建立的数学模型解的存在性、唯一性、最优性和稳定性问题的证明。一般均衡理论解的存在性论证依赖于一定的经济背景和数学基础。然而，该理论具有的规范分析特性限制了一般均衡数学模型的建立和求解过程的实现。

Hicks（1939）在其专著《价值与资本》中摒弃了 Walras 一般均衡的传统理论，而赋予其强大的经济实质性，并就商品、生产要素、信任和货币的整体性提出了一个完整的均衡模型。该模型的建立进一步完善了原有的消费和生产理论，阐明了多市场的稳定性条件，把静态分析方法的适用范围扩大而把多时期分析包括在内，采用了基于利润最大化假设的资本理论。由于根植于消费者行为理论和企业家行为理论之中，Hicks 的模型是沟通一般均衡理论与现实经济系统的极重要的环节。

Leontief 等（1953）、Leontief（1980）继承了 Hicks 关于一般均衡模型构建的思想，创立了一个投入产出模型，对一般均衡理论进行了第一次实践尝试。该模型抓住了部门间的关联以及部门生产活动与产品、要素价格间的联系，并假定了线性的成本函数和固定的技术系数。Leontief 的工作极大地影响了后来一般均衡理论与 CGE 模型的发展。但该模型也存在致命的缺陷，如固定的投入产出系数和外生给定的最终需求使得投入产出模型并不能完全体现一般均衡的理论，因而，通过投入产出模型也还是无法还原整个社会经济的一般均衡状态、证明一般均衡理论解的存在性。

Arrow 和 Debreu（1954）运用拓扑学方法，对一般均衡理论解的存在性问题进行了探索。他们不仅对一般均衡理论解的存在性、唯一性、优化性和稳定性提供了权威性的数学证明，而且解决了基于该理论建立的数学模型的可计算性、方程形式以及参数选定等计量经济学分析的可操作性问题。Arrow 和 Debreu 的研究成果是一般均衡理论发展的里程碑，它第一次使得一般均衡模型从抽象的理论描述变为了实用的政策分析工具（龚益，1997）。

Scarf（1967）发展了 Arrow 和 Debreu 的工作，对基于一般均衡理论建立的数学模型的求解算法展开了深入研究。他把一般均衡理论与 CGE 模型直接联系起来，并基于不动点理论，发展了一种求解该类型模型的开创性算法。该算法具有确定的收敛性质，可以在有限步骤内得到市场均衡状态的确定解。Scarf 的工作实现了一般均衡从理论到实践的飞跃。

2.1.2　环境要素的处理

传统 CGE 模型在描述经济主体的行为时仅考虑生产、消费等活动的经济特性，而未将资源环境损耗、污染物排放和相应的环境保护活动计入其中。事实上，生产和消费活动同资源、环境之间存在着相互作用的反馈机制，具有很强的外部性[①]（图 2-1）（高颖和李善同，2008）。只有适度使用环境并及时采取保护措施防止环境退化，才能使环境（包括自然资源）与经济系统处于良性循环的平衡状态；反之，不加任何防护与补救措施的资源环境滥用必然导致环境与经济系统之间负反馈的失衡。

---

① 外部性（externalities），是指企业或个人的行为对活动以外的企业或个人造成的影响。概括起来，外部性有两个关键点：一是外在于经济行为人（个人或生产者），即一项经济行为对外部环境造成了影响（包括有利的影响和不利的影响）；二是外在于市场机制，市场机制对于这些经济行为失去了调节作用。

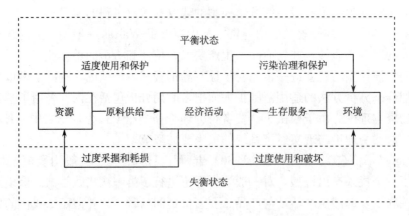

图 2-1　资源、环境与经济活动之间的影响反馈机制

　　环境 CGE 模型在传统 CGE 模型的基础上，综合考虑资源、环境与经济活动之间的影响反馈机制，通过加入资源环境账户，能够很好地研究环境与经济系统之间的均衡关系，从根本上解决了环境-经济系统的失衡、平衡状态问题。然而，由于分析问题的侧重点不同，模型扩展角度和方式各具特色，环境要素的处理方法也存在差异。

1. 对涉及环境变量的生产部门进行单独处理

　　运用 CGE 模型分析环境问题，最简单的方法就是在传统 CGE 模型的基础上对生产部门或生产要素进行分类，单独处理涉及环境变量的生产部门或者生产环节。这种方法仅需要将环境变量与部门活动联系起来，对不同部门的生产活动进行区别描述，而无需改变模型的基本假设和结构，因此对传统 CGE 模型的改动最小（Dufournand et al.，1988；Robinson，1990）。如 Roy 等（1995）通过将能源密集型部门加以细分，分析了美国通过征收能源税减少 CO_2 排放的效果，并估算了各部门因 CO_2 排放而引致的环境损害，以此作为能源税方程中参数选择的依据。Scrimgeour 等（2002）为分析不同类型的环境税对新西兰经济的影响，将能源密集型部门与其他生产部门分离，分别假定了能源部门中不同化石燃料投入之间的替代性以及能源与资本之间的替代性；碳税、能源税等被刻画为能源部门产出的线性函数。

2. 引入新的方程来刻画与环境相关的问题

　　引入新的方程来刻画与环境相关的问题的方法多以拟解决的问题为导向，即结合研究主题的需要在传统 CGE 模型中引入新的方程来刻画与环境相关的问题（Forsund and Strom，1988）。例如，Manne 等（1995）为了评价不同的温室气体排放政策的环境影响，在传统 CGE 模型的基础上增加了气候变化模块和损失评价模块，并通过必要的参数和变量与其他模块相关联；王灿等（2005）构建的用于研究碳排放信用问题的全球碳排放贸易均衡模型（trading the reductions of carbon in the world，TRCW），通过引入环境政策分析模块，对 CO_2 排放政策的经济效益进行了分析。该方法的特点是，新增模块与所研究的问题紧密联系，且独立性相对较强，因此对传统 CGE 模型的改动较小。

3. 通过改进生产或消费函数引入环境变量

环境 CGE 模型的扩展建模中应用最广泛的方法是，通过对生产函数（或者消费函数）进行扩展和改造，将环境变量引入经济系统（Bergman，1998）。与该方法对应的传统 CGE 模型的方程和数据通常是从宏观层面入手，而新增的与能源、环境等相关的函数则多从微观角度进行分析，环境 CGE 模型通过二者整合来实现对环境-经济系统的综合分析。Kemfert 和 Welsch（2000）以多层嵌套的常替代弹性生产函数（constant elasticity of substitution production function，CES 生产函数）刻画了生产过程中的多种能源投入，并依据详细的微观技术数据，用计量经济学模型方法估算了能源与资本、劳动力之间的替代弹性。Zhang 和 Fan（2001）将能源要素的投入分为 4 种：煤炭、石油、天然气和电力，通过在生产函数中引入能源的合成要素构建了环境 CGE 模型。此外，Fullerton 和 Metcalf（2001）在研究污染控制的投入与效益问题时，提出了将污染物作为部门产出的新思路，即将污染物作为生产部门的投入要素，其价值为控制污染物排放所支付的成本。Hyman 等（2002）在针对非 CO_2 类温室气体排放问题的研究中实践了这一思想，他们将温室气体与其他常规生产要素投入内生合成到 CES 生产函数中，考察了温室气体排放控制的成本。

4. 改造或扩展模型的数据基础

还有一类环境 CGE 模型的构建方法是从 IO 表或社会核算矩阵（social accounting matrix，SAM）入手，通过改造或扩展模型的数据基础，将资源、环境变量引入 CGE 模型中，实现环境 CGE 模型的构建（Hazilla and Kopp，1990；Jorgenson and Wilcoxen，1990；高颖，2008）。Budy 和 Erik（1996）在分析不同的空气污染控制政策对居民生活的影响时，通过在传统 SAM 的基础上新增两个账户——空气污染物和居民健康，实现了 CGE 模型向环境 CGE 模型的转化。在他们的研究中，空气污染物被看做是工业生产和运输过程中的副产品，由污染性部门产生；居民呼吸污染性空气后需要为健康损失支付医药费用，在扩展的模型中体现为居民健康账户的社会环境成本支出。Xie（1995）通过构造包含三种污染物（水污染、大气污染和固体废物污染）、污染控制活动以及环境政策等账户的 SAM，实现了用于污染控制研究的环境 CGE 模型构建和对不同环境政策的经济效益分析。高颖和雷明（2007）将资源核算扩充到 SAM 框架中，通过引入自然禀赋要素账户构建了一个包含资源-经济-环境系统的环境 CGE 模型。这类扩充方法的贡献在于提供了一个通用的模型构建和分析框架，通过改变框架的基础数据（或数据结构）可以研究不同政策与冲击对社会经济与环境等各方面的影响，适用于几乎所有的环境-经济系统综合分析研究。

综合比较以上 4 类扩展方法，最能体现环境经济投入产出关系的是改造或扩展模型的数据基础，引入资源、环境账户以及相应的资源利用和环境保护模块来构建环境 CGE 模型。其中，前 3 类方法均是以问题导向性为主：第 1 类方法根据研究的主题将涉及环境（或资源）的部门进行单独处理；第 2 类方法所引入的新方程与研究的问题直接相关；第 3 类方法也是将研究内容对模型中相应方程进行修改或扩充，该类方法在操作上稍显复杂，需要对传统 CGE 模型作较大改动，但也更具灵活性，有利于对模型中所涉及的环境问题做出更贴近现实的描述，因此应用也更为广泛。而第 4 类方法更侧重于模型的开发和方法上的创新，旨在构建一个具有较强通用性的政策研究工具和分析框架，以方便评判特定政策或冲击对社会经济及资源环境等各方面的影响。这一方法对传统 CGE 模型的改动最大，对数据的准确性和完备性要求也最高，因而应用也最广泛。在环境 CGE 模型的构建过程中，上述 4 类方法并非截然分开，而是以一类方法的开发思路为主、多种方法综合运用。

2.2　模型的理论基础

环境 CGE 模型本质上是一类探索环境与经济系统一般均衡发展关系的经济数学模型，因而其基础理论主要包含 5 方面内容，即环境与经济系统交易的一般均衡、生产的一般均衡、交易与生产之间的一般均衡、环境与经济系统的相互作用，以及经济主体（生产者和消费者）对污染控制的反应。

2.2.1　交易的一般均衡

交易的一般均衡是指在社会生产、收入分配和要素禀赋等一定的条件下，通过要素所有者之间的交易使得交易者达到效用最大化的均衡状况。要达到交易的一般均衡状态，必须满足条件：对于每一个参加交易的人，任意两种商品 X、Y 的边际替代率[①]（MRS_{XY}）相同。以两人、两商品的交易为例，假定 A、B 两人在进行商品 X、Y 的交易时都追求效用最大化，则可采用艾奇沃斯盒状图描述他们之间的交易（图 2-2）。艾奇沃斯盒状图是由交易主体（A、B）的无差异曲线图合并得到的。其中，横、纵轴坐标分别表示 X、Y 商品的数量；O_A、O_B 表示 A、B 无差异曲线的原点，B 的无差异曲线是将通常的无差异曲线旋转 $180°$ 得到的。对于 A、B 来说均是离原点越远，其无差异曲线所代表的效用水平越高，因此，有 $A_1 < A_2 < \cdots < A_n$，$B_1 < B_2 < \cdots < B_n$。

通常情况下，市场上的 X、Y 商品的总量 X_0、Y_0 是既定的，并且通过交易在 A、B 之间进行分配。假定商品的最初分配状况位于图 2-2 中的 D 点（此点亦称为要素的禀赋点，是 A、B 的无差异曲线 A_2 与 B_2 的交点），则 A、B 所拥有的商品 X 数量分别为 W_X^A 和 W_X^B，且满足 $W_X^A + W_X^B = W_X = X_0$；所拥有的商品 Y 数量分别为 W_Y^A 和 W_Y^B，满足 $W_Y^A + W_Y^B = W_Y = Y_0$。

所谓 D 点不均衡是指在 D 点通过交易使 A、B 均获利的机会还存在，双方通过继续交易可以使得至少一方的效用水平提高而不会同时降低另一方的效用水平。从图中可以看出，在 D 点，A、B 的边际替代率不相等。A 用 X 商品替代 Y 商品的边际替代率

[①]　边际替代率（marginal rate of substitution，MRS）是指在保持同等效用水平的条件下，消费者增加一单位某种商品的消费可以代替的另一种商品的消费量。也就是说，商品 X、Y 的边际替代率（MRS_{XY}）表示消费者对于其所持有的 X 与 Y 各一定量的最后一单位效用之比，即 $MRS_{XY} = MU_X / MU_Y$。它是无差异曲线的斜率。

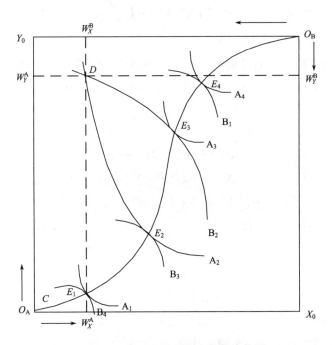

图 2-2　两商品交易的艾奇沃斯盒状图

MRS^A_{XY} 相对较低，即 A 愿意以较多的 Y 交换较少 X。对应地，B 愿意以较多的 X 交换较少 Y。因此，通过交易可以使至少一方受益而另一方不会受损。例如，从 D 点沿着 B 的无差异曲线 B_2 进行交易，到达 E_4 点，B 的效用水平没有变化，但是 A 的效用水平却由 A_2 提高到 A_4；而若沿着 A 的无差异曲线 A_2 进行交易，到达 E_2 点，A 的效用水平没有变化，但是 B 的效用水平却由 B_2 提高到 B_4；同理，交易也可能在 E_2 与 E_4 中间的某一点同样使得 A、B 都得到好处。究竟 A、B 在交易中谁得到的好处多一些，依赖于两人的谈判能力。从 D 点出发，一旦到达 E_2 或 E_4 点，继续进行交易获利的机会将不复存在。E_2 或 E_4 点均是 A、B 无差异曲线的切点，表示在达到交易的一般均衡时，A、B 的边际替代率是相等的。

　　要证明 E_2 或 E_4 点是 A、B 效用最大化的均衡点不难。分别用 U^A（X^A，Y^A）、U^B（X^B，Y^B）表示 A、B 的效用函数，设 B 的效用水平 $\overline{U}$ 既定，在 B 的效用水平约束下求 A 的效用最大化。该优化问题可以表述为

$$\max U^A(X^A, Y^A)$$

$$\text{s. t.} \, U^B(X^B, Y^B) = \overline{U} \tag{2-1}$$

$$X^A + X^B = W_X \tag{2-2}$$

$$Y^A + Y^B = W_Y \tag{2-3}$$

式中：$W_X = W^A_X + W^B_X$，是 X 产品总量；$W_Y = W^A_Y + W^B_Y$，是 Y 产品总量。

　　用拉格朗日函数法求解上述优化问题，于是有

$$L = U^A(X^A, Y^A) - \lambda[U^B(X^B, Y^B) - \bar{U}] - \mu_1(X^A + X^B - W_X)$$
$$- \mu_2(Y^A + Y^B - W_Y) \tag{2-4}$$

式中：λ 为效用约束的拉格朗日乘数；μ_1、μ_2 分别为禀赋约束的拉格朗日乘数。

在式（2-4）对变量 X^A、X^B、Y^A、Y^B 求一阶偏导数，并令偏导数值等于 0，得到以下 4 个一阶条件

$$\partial L / \partial X^A = \partial U^A / \partial X^A - \mu_1 = 0 \tag{2-5}$$

$$\partial L / \partial Y^A = \partial U^A / \partial Y^A - \mu_2 = 0 \tag{2-6}$$

$$\partial L / \partial X^B = -\lambda \partial U^B / \partial X^B - \mu_1 = 0 \tag{2-7}$$

$$\partial L / \partial Y^B = -\lambda \partial U^B / \partial Y^B - \mu_2 = 0 \tag{2-8}$$

由式（2-5）～式（2-8）得

$$\partial U^A / \partial X^A = \mu_1 \tag{2-9}$$

$$\partial U^A / \partial Y^A = \mu_2 \tag{2-10}$$

$$-\lambda \partial U^B / \partial X^B = \mu_1 \tag{2-11}$$

$$-\lambda \partial U^B / \partial Y^B = \mu_2 \tag{2-12}$$

用式（2-9）比式（2-10）、式（2-11）比式（2-12），得到

$$MRS_{XY}^A = \frac{\partial U^A / \partial X^A}{\partial U^A / \partial Y^A} = \frac{\mu_1}{\mu_2} \tag{2-13}$$

$$MRS_{XY}^B = \frac{\partial U^B / \partial X^B}{\partial U^B / \partial Y^B} = \frac{\mu_1}{\mu_2} \tag{2-14}$$

结合式（2-13）与式（2-14），便得到交易的一般均衡条件

$$MRS_{XY}^A = MRS_{XY}^B \tag{2-15}$$

显然，E_2 或 E_4 点均符合上述均衡条件，是 A、B 效用最大化的均衡点。

E_2 或 E_4 点均是在假定 A、B 所拥有的要素禀赋为 D 点的情况下达到的，对应不同的要素禀赋状况，交易会达到不同的均衡点，均衡点不是唯一的。连接所有要素禀赋状态下的交易均衡点，得到曲线 CC，称为契约曲线①。对契约曲线上任一点，A、B 的边际替代率均相等，即交易双方一旦达到契约曲线上某点后，交易便达到一般均衡，通过交易使双方获利的机会将不再存在。交易最终所达到的均衡状态即为交易的帕累托最优或称帕累托效率。契约曲线上所有的点都是帕累托最优点。

完全竞争市场可以保证交易达到契约曲线上。在消费者效用最大化的均衡点，消费者所消费的任意两种商品的边际替代率等于两种商品的价格比率，即 $MRS_{XY}^A = P_X/P_Y$。在完全竞争市场，所有消费者对同一商品所支付的价格相同，因此有 $MRS_{XY}^A = P_X/P_Y = MRS_{XY}^B$。这恰好符合帕累托效率条件。竞争市场价格机制的作用最终总会调整到帕累托效率点，因此竞争的市场是有效率的（即每种竞争的均衡都是有效率的）。

---

① 该契约曲线与寡头市场上寡头之间通过勾结行为所达成的契约曲线的含义有所不同，其产生并不需要交易者之间采取勾结行为。

只要消费者的效用函数呈凸性，则每一个帕累托效率都是竞争的均衡。

2.2.2　生产的一般均衡

生产的一般均衡是指不能通过不同商品生产过程中的要素转移实现生产效率提高的均衡状况。以商品 X、Y 的生产为例，可用艾奇沃斯盒状图描述其生产过程的要素分配（图 2-3）。假设市场上只有两种生产要素 K 和 L，若生产 X、Y 商品的技术条件已知，则其等产出线为既定的［图 2-3（a）和（b）］。图 2-3（c）是运用与交易"契约曲线"完全相同的方法推理得出的。其中，横、纵轴长度分别表示市场上拥有的要素 L、K 的数量。生产的一般均衡过程，即为考察从生产技术角度来看，该社会拥有的全部 L、K 应该怎样配置才能使得其在 X 与 Y 的生产中最有效率。

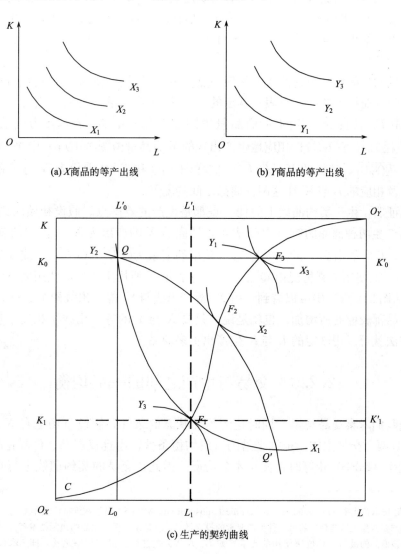

图 2-3　两商品生产的艾奇沃斯盒状图

从图 2-3（c）可以看出，诸等产出线相切之点 F_1、F_2 和 F_3 都是生产的效率点，将其连接起来的一条轨迹称为生产的契约曲线，或称生产的效率曲线。以 F_1 点为例，该点为等产出线 X_1 和 Y_3 的切点，过其所作切线的斜率可以分别表示生产出 X_1 和 Y_3 所使用的 L 与 K 的边际技术替代率[①] $MRTS_{LK}^X$ 和 $MRTS_{LK}^Y$，满足：$MRTS_{LK}^X = MRTS_{LK}^Y$。研究表明，$L$ 与 K 在 X、Y 的生产过程中采用这样的配置是最有效率的。这主要是因为，如果假设生产出 X_1 的 $MRTS_{LK}^X = -\Delta K/\Delta L = 3$，而生产出 Y_3 的 $MRTS_{LK}^Y = -\Delta K/\Delta L = 4$，$X_1$ 与 Y_3 的数量不变而改变所使用的 L 与 K 的组合（即采用图 2-3（a）与图 2-3（b）中等产出线上另一点所表示的 L 与 K 的组合），把用于生产 X 商品的 L 转用于生产 Y 商品，同时相应地把生产 Y 的 K 转用于生产 X，则除了生产出 X_1 与 Y_3 以外，还可剩下一些 K，这也就意味着要素在 X 与 Y 之间的重新配置可以使既定的要素总量产出更多的产品。只有当既定的 L 与 K 总量在两种产品之间的配置满足 $MRTS_{LK}^X = MRTS_{LK}^Y$ 时，整个生产活动才具有最大的生产效率。于是，生产的一般均衡条件可以概括为：既定的 L 与 K 在两种商品 X、Y 之间的配置使得 X 和 Y 的边际技术替代率 $MRTS_{LK}^X = MRTS_{LK}^Y$。

若交易的一般均衡契约曲线上的任一点代表生产要素在成员间的初始分配状况，那么，生产效率曲线上的任一点表示既定的 L 与 K 生产出的两种商品组合。例如，若图 2-3（c）中 F_1 点表示生产的 X 商品量由图 2-3（a）中 X_1 表示，为此消耗的 L 是 $\overline{O_X L_1}$，消耗的 K 是 $\overline{O_X K_1}$；相应地生产出来的 Y 商品量由图 2-3（b）中 Y_3 来表示，所消耗的 L 为 $\overline{O_Y L_1'}$，消耗的 K 为 $\overline{O_Y K_1'}$。同样的，F_2 和 F_3 分别代表 X 与 Y 的不同数量组合，以及相应的 L 与 K 在这两种商品之间的配置。

可以证明，生产契约曲线上的任一点都是生产的效率点。假设初始时刻既定的 L、K 总量所产生两种商品的组合用 Q 表示，即商品 X 的产出为 X_1（使用的要素为 $\overline{O_X L_0}$ 和 $\overline{O_X K_0}$），相应的商品 Y 的产出为 Y_2（使用的要素为 $\overline{O_Y L_0'}$ 和 $\overline{O_Y K_0'}$）；或商品组合仍是 (X_1, Y_2)，但使用要素情况由 Q' 点表示（这表示 X 所用生产方法使用大量的 L 和少量的 K）。从图 2-3（c）中可以看到，由 X_1 等产出线与 Y_2 等产出线两个交点 Q 与 Q' 产出的两种产品都较前有所增加。也就是说，只要 X 与 Y 的等产出线不相交于切点，则改变生产方法就可以用既定的 L 与 K 生产出更多商品。

2.2.3　交易与生产之间的一般均衡

此处我们考察交易与生产同时达到均衡状态的条件。假设市场上有 X、Y 两种商品，A、B 两个交易主体，根据交易的一般均衡条件，当且仅当 A、B 持有的 X、Y 的边际替代率（MRS）相等时，交易才会均衡。因此，交易的契约曲线上每点的坐标均

---

① 边际技术替代率（marginal rate of technical substitution，MRTS）是指在维持产量不变的条件下，增加一单位某种生产要素投入所能替代的另一种生产要素的投入量。也就是说，任一商品的边际技术替代率可以表示为生产出一定量该商品的最后一单位所使用的要素（如 L、K 等）的边际产品替代率之比，即 $MRTS_{LK} = -MP_L/MP_K$。

可看作是在该点所代表的既定分配条件下，所有消费者都获得最大效用时对 X、Y 的需求。而根据生产的一般均衡条件，当且仅当 X 与 Y 的边际技术替代率（MRTS）相等时，生产出既定的 X 与 Y 所使用的生产方法（L 与 K 的组合）才是最有效率的，生产才会达到均衡。因此，生产的契约曲线上每点的坐标均可用来表示既定的要素总量在现有技术条件下，能够最有效地生产出来的 X 与 Y 的各种可能组合。要使整个社会达到全面均衡，必须满足交易与生产同时达到均衡，即市场上生产的 X 与 Y 的数量组合等于消费者对其的消费需求组合。可以证明，交易与生产之间的一般均衡条件为：消费者对 X 与 Y 的主观边际替代率（MRS_{XY}）与生产技术方面的这两种产品的边际转换率[①]（MRT_{XY}）恰好相等。

图 2-4 描述了 X 与 Y 的转换关系。其中，横轴代表商品 X，纵轴代表商品 Y；Y^*、F_2、F_1、X^* 为转换曲线上的四个点，是通过把图 2-3 的生产契约曲线上的各点描绘在另一坐标系上得出来的，例如，把 F_2 所代表的两种商品的数量 X_2 与 Y_2 描绘在图 2-4 中即得出转换曲线上的一点。转换曲线上任一点的边际转换率，即过该点所作转换曲线切线斜率的相反数，表示使 X 商品数量小幅增加会引起的 Y 商品数量减少量，即 $\mathrm{MRT}_{XY} = -\mathrm{d}Y/\mathrm{d}X$。

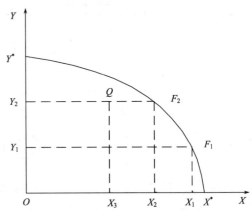

图 2-4　两种产品 X 与 Y 的转换曲线

假设交易达到均衡时，A、B 所持有的 X 与 Y 各一定量的边际替代率 $\mathrm{MRS}_{XY} = 1:1$，同时，假设这两种产品的边际转换率 $\mathrm{MRT}_{XY} = 1:3$，则 $\mathrm{MRS} \neq \mathrm{MRT}$。在这种情况下，改变生产策略，例如，少生产 1 单位 X 产品即可多生产出 3 单位 Y 产品，这表示消费者在保持最有效水平外还可有多余的 2 单位 Y。因此，可以继续减少 X 的产出而相应增加 Y 的产出，一直到两种产品生产技术方面的 MRT_{XY} 与消费者方面的 MRS_{XY} 相等为止，既定要素总量在两种产品间的配置（X 与 Y 的数量组合及每种产品所消耗的要素数量）所提供的效用才达到最大。

从单个消费者的无差异曲线可知，相同的效用水平可以由无数个 X 与 Y 的数量组合提供出来，而整个社会的全面均衡，如果用图解法来描述，则要求从所有消费者的无差异曲线推导出一条社会无差异曲线得到。社会无差异曲线的切点即为收入分配给定条件下，全社会消费者的需求与生产者的供给达到均衡时的商品组合。

2.2.4　环境-经济系统的相互作用

环境 CGE 模型是环境-经济系统综合分析的重要工具，理清环境-经济系统的相互

---

① 边际转换率是指企业在生产两种产品的情况下，每增加一单位某种产品，会使另一种产品产量减少的比例。它可以表示为产品转换曲线的斜率。

作用过程是建立环境 CGE 模型的理论基础。经济和环境以一种复杂的方式相互作用。对于消费品的生产来说，生产过程需要环境提供物质资料和能源。经环境提供的物质资料和能源在生产和消费过程中得到转化，同时产生的副产品随后将排放到环境中，带来相应的环境问题（Xie and Saltzman，1996）。从某种意义上看，环境不仅是物质资料和能源的提供者，也是生产和消费过程所产生污染物的接受者。环境系统对经济活动中所产生污染物的吸收能力（即"环境容量"）是有限的。这个有限的吸收能力限制了经济的增长（图 2-5）。

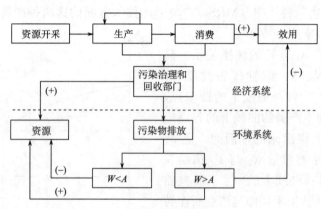

图 2-5　环境-经济系统的相互作用

当排入环境中的污染物量（W）大于环境的吸收能力（A）时，环境就会出现退化。环境质量的退化对消费者效用和资源的存储都有直接负面影响。资源数量和质量的降低也会带来生产率的降低，进而对效用产生间接影响。

2.2.5　生产者和消费者的污染调控反应

通常情况下，CGE 模型假定生产者追求利润最大化、消费者追求效用最大化。但对整个环境-经济系统来说，消费者和生产者的最优化行为都在一定程度上受到污染排放和污染调控政策的影响。

1. 生产者对污染调控的反应

对生产者而言，当其在总投入约束下，通过最小化生产成本和最大化产出利润来决定最优产出水平时，不可避免地会排放一定数量的污染物。生产过程中污染物的排放数量与资本、劳动力、土地和中间品投入的结构，尤其是产量息息相关。在一定的技术条件下，生产者生产的商品数量越多，排放的污染物就越多，对环境造成的危害也越大。针对污染物的排放需要开展一系列污染控制活动（如污染治理和污染排放税[①]征收）。

---

① 本书中所提到的排污税包含两部分内容，即排污费和排污税。对于中国等尚未开征排污税的国家而言，排污税即为排污费。

因此，当污染在生产过程中出现时，生产者所面临的利润最大化问题也就随之改变了。

在一定的环境标准下，生产过程排放的污染物数量越多，政府征收的排污税将越高，污染治理的投入也越大。而且，随着环境标准的提高，排污税的征收和环境治理的投入力度将进一步增大。生产者缴纳的排污税和投入污染治理的费用实际上是承担了生产行为的外部成本。外部成本越高，其占生产总投入的比例就越大，生产单位商品的成本就越高。同时污染物的排放还将带来生产要素的损失，削减生产要素的供给，提高生产要素的价格，间接提高商品的生产成本（Xie and Saltzman，1996）。在建立环境CGE 模型的，生产者需要依据新的成本和包含污染效应的生产函数来调整活动的产出水平（图 2-6）。

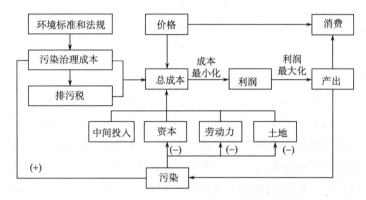

图 2-6　污染和生产的相互作用

从图 2-6 中我们也可以看出，生产的总成本不仅包括要素投入的成本，而且包括由于环保要求而产生的与污染相关的成本。此处列举了两类污染控制成本：一种是排污税；另一种是为了满足环境标准而导致的污染治理成本。二者均不需要通过改变生产技术来满足污染控制要求。另外，污染在许多情况下还会直接影响生产率。例如，污染排放降低了环境质量，影响到生产要素的质量和数量，最终引起了生产率的降低。

2. 消费者对污染调控的反应

对消费者而言，在不考虑污染的影响时，居民对不同商品的消费需求可以通过居民预算约束（即居民对不同商品的总支出等于该居民的收入）下的效用最大化问题来表示。然而，由于消费过程不可避免地将产生污染物的排放，并对环境构成一定的威胁，如生活污水（主要是粪便和洗涤污水）中的氮、硫和磷含量较高，在厌氧细菌作用下，易生恶臭物质，是水体的主要污染源之一，消费者必须为自己的消费行为承担一定的环境责任，亦即缴纳一定比例的垃圾处置费。相应地，如果由于其他消费者和生产者对环境的污染使得消费者利益受损，消费者也将从他们那里得到相应的环境补偿。

消费者最终用于购买商品的可支配收入是在传统收入核算的基础上，加上环境补偿并扣除垃圾处置费形成的。随着消费商品数量的增加，消费者缴纳的垃圾处置费也会随之增加，消费者可用于购买商品的那部分收入则随之减少。并且，消费者消费数量的增加还会导致环境问题的发生，削减消费者效用（Xie and Saltzman，1996）。例如，大量洗涤用品的使用，导致藻类猛增、河水变质，居民的居住、生活条件变差。因此，污染调控在消费活动中的出现必将影响居民户的消费决定（图 2-7）。

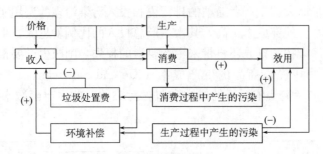

图 2-7　污染与消费之间的相互作用

综上所述，污染主要通过改变收入和效用来影响消费。一般地，消费过程产生的污染物越多，居民所应缴纳的垃圾处置费越高，收入越少，消费同样数量的产品得到的效用却越大；但是，若生产单位消费品产生的污染较重，则其对消费者利益的损害程度较大，相应地应该支付给消费者的环境补偿会越高，消费者的收入会随之增加，消费同样数量的产品得到的效用却会随之减少。图 2-7 给出了污染控制行为对居民可支配收入和效用的可能影响，即影响居民支付处理污染物的费用（如影响了支付垃圾处置费和机动车尾气排放税[①]）、影响其他部门对居民的污染补贴（如一个农民可能因废水排放到其农田中而得到排放工厂给予的补偿），消费和生产过程中的污染控制也影响消费者效用的大小。

3. 污染调控对经济的影响

污染调控对经济的影响主要体现在污染治理部门的生产活动中。环境 CGE 模型所提出的将环境系统纳入 CGE 模型框架这一思想的一个重要内容就是，通过设立污染治理部门将经济系统的结构重新划分。污染治理部门大致可分为两类：一类是对生产和消费过程中排放的污染物进行处理，降低污染物的危害程度，如污水处理厂、垃圾处理站等；另一类是对已经排放的污染物进行处理、对造成的环境损害进行修复，如各种环境治理工程。一般来说，经济系统的生产过程都需要采取一定的污染治理措施来减轻污染。因此，通过在经济系统中设立污染治理部门并在一般均衡框架下对其行为进行描述就具有现实合理性（Xie and Saltzman，1996）。图 2-8 描述了污染治理部门的产出和成本构成。

与其他生产部门一样，污染治理部门也需要投入一定的资本、劳动力和中间品投入，其资金主要来源于政府部门的污染处理补贴。污染治理部门通过一定的要素投入清除污染，减少了污染物排放对环境的危害。污染治理部门的产出是污染削减服务，这可

---

① 对于尚未征收机动车尾气排放税的国家，设定机动车尾气排放税恒为零。

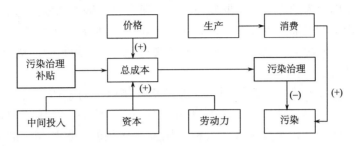

图 2-8　污染治理部门的总产出和成本构成

以看做是为了降低污染排放水平而由污染者以一定的价格所购买的一种特殊商品。污染治理部门的最优产出水平可以用与生产部门相同的方式确定，污染削减服务的价格由市场内生确定。

2.3　模型的环境–经济协调发展分析

环境 CGE 模型将资源环境系统和社会经济系统紧密结合起来，是进行环境、经济协调发展分析的有力工具。尤其是近年来随着世界经济的飞速发展，环境污染问题日益严峻，亟须在经济发展和环境保护之间找到一个平衡点，在维持经济持续增长的同时实现环境的可持续发展。环境 CGE 模型作为环境经济政策分析的重要工具，无疑为解决这方面难题提供了可能。

2.3.1　环境–经济协调发展分析的条件

环境 CGE 模型特别适用于环境政策对经济的影响评估研究的主要原因在于，环境政策的实施对于价格、数量和经济结构等的确定至关重要。由于纳入资源、环境类账户，环境 CGE 模型能够较准确地模拟环境与经济系统之间的交互影响；并且，加入环境变量的 CGE 模型也是唯一有可能精确评估环境政策社会成本的模型工具。环境 CGE 模型在环境、经济综合研究中的优越性主要体现在 4 个方面。

第一，以往关于环境政策的社会成本分析往往只考虑政策的执行成本（如采用污染控制设备的成本或使用更清洁燃料的额外成本），而忽视了由于政策实施而导致的经济主体行为的变化（如价格和产出水平的变化）和消费者的反应。然而，一项环境政策的实施必将改变企业的成本结构，从而导致生产和消费行为的改变。事实上，生产和消费行为的改变本身就是环境政策实施的目的之一。正如 Cropper 和 Oates（1992）论述的，这种对经济主体行为变化的忽视至少从短期来看，将导致过高估计环境政策的社会成本，而环境 CGE 模型则是解决这一问题的有利工具。一项环境政策即使只对经济主体的一个部门有直接影响，也同时会对其他部门产生间接影响，环境 CGE 模型能够综合评估环境政策对经济系统所有部门的影响；并且，经济主体会对外部刺激作出反应，环境政策的执行会对经济主体产生一定的刺激作用，而环境 CGE 模型可以将经济主体对环境政策的反应行为纳入其分析框架;此外,通过将经济主体分解为多个部门,并在生产和消费过程中考虑部门以及商品之间的相互关系,环境 CGE 模型不仅能够分析环境政策对整体经济的影响,也能够分析环境政策对特定部门的影响,从而相对合理地测算环境政策的社会成本。

第二,虽然传统的投入产出模型也能够分析环境政策对整体经济和特定部门的影响,但环境 CGE 模型与其相比在环境政策分析方面更具优势。在环境 CGE 模型中产量和价格都是内生确定的,通过引入由价格激励发挥作用的市场机制和政策工具,环境 CGE 模型将生产、需求、国际贸易和价格等有机地结合在一起(郑玉歆和樊明太,1999),能够同时反映环境政策变化对价格和产量的影响。此外,环境 CGE 模型还用非线性函数替代了传统的投入产出模型中的线性函数,并且引入经济主体的优化行为,允许生产要素之间的替代和需求之间的转换。因此,环境 CGE 模型能够更加真实地刻画经济主体中不同部门、不同消费者对环境政策冲击导致的相对价格变动。

第三,尽管宏观经济模型也能够用于环境政策分析,但这类模型的缺陷在于其理论基础过于分散、复杂,而环境 CGE 模型是基于经济学的一般均衡原理建立的,具有坚实的理论基础。近年来,由于宏观经济模型也开始结合一些微观经济学理论,CGE 模型和宏观经济模型之间的界限开始变得模糊。本质上,CGE 模型也是一类以 Arrow-Debreu 的一般均衡分析框架为理论基础的宏观经济模型。环境 CGE 模型中关于所有经济主体行为优化的一致假定,使得其在进行环境政策分析时,能够紧密结合微观经济学的理论和一般均衡原理。这样,利用环境 CGE 模型进行环境政策分析所得出的结论就不再是来自于一个"黑箱",而是通过对理性行为的科学分析而得到的结果。同时,环境 CGE 模型还能够以一种合理的方式分析各项环境税率变化或引入不同的环境税种(或补贴)对经济的影响。一般来说,当我们需要了解市场低效率的来源及影响时,或者我们需要论证一项价格扭曲手段所导致的额外负担时,环境 CGE 模型将优于传统的宏观经济模型。此外,环境 CGE 模型在回答一系列重要政策问题(诸如结构调整、税制改革和贸易自由化等)时是理想的分析工具。

第四,环境 CGE 模型还适合于模拟环境政策与其他政策间的相互作用。例如,汽油税政策的实施必然会引起汽油销量的减少,但假设国家在征收汽油税的同时采取了保护国内汽车产业的贸易保护政策,则可能会导致汽油消费量的增加。这主要是因为,贸易保护政策会提高汽车价格,于是消费者不得不继续使用他们所拥有的老式低油效汽车。对于该类型问题的定量分析,环境 CGE 模型无疑是一个有利工具(庞军和邹骥,2005)。

2.3.2 环境-经济协调发展分析的思路

传统的 CGE 模型并不能进行环境政策分析。要开展该领域的分析,就必须在 CGE 模型中设置相应的资源、环境变量。一般来说,根据所描述经济主体的行为以及环境政策的不同,环境 CGE 模型对资源、环境变量的设置会有很大差异,很难概括出适合于所有环境政策分析的模型方法。以污染调控政策的环境-经济协调发展分析为例,环境

CGE 模型的构建思路可以概括为：当某区域执行污染调控政策时，将对该区域的 GDP 以及产品的相对价格产生一定的影响，从而导致该区域贸易条件以及区域产出水平的改变；环境 CGE 模型可以考虑将该区域与其他区域（或其他国家）之间的贸易内生于模型中，通过调整贸易条件并使之与所采用的污染调控政策手段相适应来模拟污染调控政策对区域产品市场竞争力和国际竞争力的影响。

2.4　模型的应用领域

环境 CGE 模型是进行环境政策分析的有效工具，目前在气候变化、污染调控和环境保护控制下的贸易自由化等政策分析领域，以及土地利用变化与效应分析等领域成果显著。

2.4.1　气候变化政策分析

气候变化政策分析是目前环境政策分析领域的热点问题之一，也是环境 CGE 模型应用最广泛的领域。环境 CGE 模型在气候变化政策分析领域研究的焦点集中于 7 个方面，主要包括：温室气体减排的经济成本和为实现某一减排目标所必需的碳税水平（Zhang，1998a）、碳税收入不同使用方式的社会成本、减排政策对不同阶层收入分配与就业的影响（Laitner et al.，1998）、减排政策对国际贸易的影响（McKibbin et al.，1999）、政府对碳税收入的不同返还方式对社会经济的影响（Wendner，2001）、常规污染物控制的共生效益（即在减排 CO_2 的同时也减少其他空气污染物，如 SO_2 和 NO_x 的排放的效益）与减排政策对公众健康的影响（Dessus and O'Connor，2003）、《京都议定书》的三个灵活机制对温室气体减排的效果及相应的社会经济成本（Böhringer et al.，2003）等。

Zhang（1998a，1998b）基于一系列外生变量对中国截至 2010 年的经济发展状况进行了情景设定，并构建了动态环境 CGE 模型对 CO_2 减排的宏观经济效应及其对各部门的影响进行了分析。研究结果表明，在碳税收入归国家所有和经济发展受限较少两种情景下，中国 2010 年的 CO_2 排放量将分别减少 20% 和 30%。Martins 等（1992）利用 GREEN 模型比较了在给定的削减目标控制下，不同国家的 CO_2 减排政策（如碳税、能源税以及排放权交易等）对经济的影响。模拟结果显示，对经济合作与发展组织（Organisation for Economic Co-operation and Development，OECD）国家而言，当 CO_2 的年排放增长率降低 3% 时，截至 2050 年，各国的平均福利损失将达 3%~4%，并且能源出口型的不发达国家福利损失相对较高；而 GDP 的损失不是十分显著，平均损失率仅为 2.2%；同时，排污权国际贸易的实施还将对中国、印度和前苏联等能够出口排污权但不存在排放贸易的国家的福利增加产生显著的促进作用。

近年来，环境 CGE 模型在评估气候变化政策时更多地将重点放在气候变化政策的国际贸易影响研究上，包括气候变化政策福利影响的国际分配、跨地区的国际贸易和投资、碳排放削减政策的国际溢出效应、国际排放贸易的经济影响等。例如，Böhringer

和 Vogt（2003）利用一个包含 13 个地区、8 个部门的静态环境 CGE 模型，分析了在《京都议定书》背景下，采用碳税和排放贸易政策时的国际溢出效应。该模型将 CO_2 减排政策总的福利效应分解为国内市场效应（在不变的国际价格下）和国际溢出效应（由国际价格变化而导致的），从而可以揭示出由于 CO_2 消减引起的国际价格变动及其导致的国内减排成本变化。模拟结果显示，在 OECD 国家中，欧洲和日本能够从国际溢出效应中获利，而美国、加拿大、新西兰和澳大利亚则要面临负的国际溢出效应；《京都议定书》背景下的排放贸易能够显著降低单方面征收碳税的国家对没有减排义务国家的国际溢出效应；美国退出《京都议定书》降低了其对欧洲和日本的正溢出效应，同时还影响了没有减排义务的发展中国家的利益。

2.4.2　污染调控政策分析

环境 CGE 模型的另一个重要应用是分析污染调控政策对经济系统的影响。污染调控政策是环境政策的主体。一般来说，污染调控政策包括两类：一是各种强制执行的环境法规和标准，即控制型政策；二是以市场为基础的经济手段（包括污染税费征收、排污权交易等）。环境 CGE 模型能够解决的污染调控政策分析领域的主要内容包括：环境法规和标准的社会成本及对福利的影响，原料税、燃料税或污染排放税及其对经济的影响，为了实现某污染控制目标所制定的税率水平，以及污染排放税对环境质量改善的影响等。

Jorgenson 和 Wilcoxen（1990）利用一个含有 35 个部门和 1 类消费者的环境 CGE 模型分析了环境法规对美国经济的影响。他们通过模拟存在（或不存在）环境法规情况下美国经济的长期增长来估计污染控制的成本（包括污染治理成本、污染控制设施投资成本和机动车排放控制成本等）。模型运行结果显示，在 1974～1985 年由于环境法规而导致的美国经济年增长率降低了 0.2%；从长期来看，环境法规对美国经济增长的负面影响将显著降低。Bruvoll 和 Ibenholt（1998）利用动态环境 CGE 模型分析了原料税征收对挪威经济的影响。模拟结果显示，原料税政策的实施会对环境系统有明显的改善作用，但同时也会导致生产部门产量的减少和市场就业率的降低。

2.4.3　贸易自由化政策分析

贸易自由化政策本身并不是环境政策。但由于贸易行为和环境保护之间存在密切联系，国际上也有许多学者利用环境 CGE 模型分析贸易自由化政策对环境的影响。事实上，通过改变现有贸易方式使其向更加自由的方向发展，贸易自由化政策可能对环境产生积极或消极影响。一方面，贸易自由化政策可以通过修正现有政策的不足而对环境产生积极作用；另一方面，贸易自由化政策如果在现有对环境不友好的基础上加以扩大，将会对环境带来更严重的危害。目前，环境 CGE 模型已被广泛应用于分析贸易自由化政策对环境系统的影响，研究的主要内容包括贸易自由化政策和环境政策之间的相互作用以及贸易自由化政策对环境质量的影响。

Perroni 和 Wigle（1994）利用一个全球尺度的环境 CGE 模型研究了贸易自由化与环境之间的关系。研究结果表明，国际贸易对环境质量的影响并不大，环境政策对福利的影响不会因为贸易政策的变化而发生显著改变，贸易自由化所带来的收益大小与分布受环境政策的影响也很小。Dessus 和 Bussolo（1998）利用一个包含 40 个部门和 10 类居民户的动态环境 CGE 模型对哥斯达黎加贸易自由化和污染消减政策的协调关系展开了模拟研究。模拟结果显示，如果没有主动的环境改革，贸易自由化行为将使哥斯达黎加的环境显著退化；而如果对污染型产业采取一定的环境改革，则能够在不妨碍该国经济增长和国际竞争力的同时显著降低污染物的排放量。Jansen（2001）基于"制度优化"假说（即认为贸易自由化对环境影响的净效果是正面的）构建了一个环境 CGE 模型，并利用其分析了北美自由贸易协定中的三个国家（美国、加拿大和墨西哥）之间的贸易自由化行为对各自环境的影响。模型运行结果显示，多数情况下贸易自由化政策会对环境（包括以污染型产业为主的国家的环境）产生积极的正面影响，对贸易自由化所引发的环境问题的关注应该集中在促进贸易伙伴的制度建设上，而不是对贸易自由化行为本身提出责难。

2.4.4 土地利用变化与效应分析

土地利用变化与资源环境和社会经济活动息息相关，环境 CGE 模型作为一类环境-经济系统综合分析的模型工具，极其适用于解决土地利用变化与效应分析领域的有关政策问题。土地利用变化主要涉及粮食作物和经济作物种植面积的波动，以及森林、草原和湿地等土地利用类型的相互转换。环境 CGE 模型在该领域研究的主要内容集中于不同土地利用类型面积的此消彼长和相互转换对环境和经济系统（尤其是对农业各相关产业部门）的影响。

Thiele 和 Wiebelt（1993）建立了一个包含林业子模型的环境 CGE 模型，用于研究一系列宏观土地政策（特别是林业保护政策）对区域经济的影响。模型中包含了两类土地利用类型：林地和农用地，并假设其可以相互转换，林业保护政策主要通过初级要素（包括农业土地和林业土地要素）供给的外生给定来体现。

为了对由于技术进步导致的土地利用变化的潜在影响展开细致分析，Coxhead 和 Jayasuriya（1994）构建了一个全新的环境 CGE 模型分析框架。该模型框架尤其适用于研究技术进步对丘陵山地林业和粮食生产的土地分配的影响，以及这种影响带来的潜在土壤侵蚀等问题的研究。

Alfsen 等（1996）把不同作物生产率的降低作为生产函数的外生输入变量纳入环境 CGE 模型，并以此对尼加拉瓜土壤侵蚀的经济影响展开了研究。他们的模型包括 26 个生产部门（其中农业部门包括咖啡、棉花、大米、玉米等的种植部门，共计 11 个），采用柯布-道格拉斯（Cobb-Douglas，C-D）生产函数对各部门的生产情况进行描述。假设每个部门只生产一种商品，需求采用线性支出系统（linear expenditure system，LES），进出口贸易基于 Armington 假设分别采用 CES 和常替代弹性转换函数（constant elasticity of transformation function，CET 函数）表述。此外，模型主要考虑劳动力和资本两种常规生产要素，区分农民、工人、小资本家和资本家等 4 种消费主体。

Wiig 等（2001）通过在传统 CGE 模型的基础上加入土壤氮循环模块，构建了一个用于结构调整和土地退化（由于土壤侵蚀导致的）经济影响研究的环境 CGE 模型。模型假设土壤生产率内生给定，并与农业生产之间存在相互反馈关系。模型由 342 个方程构成，包括 20 个生产部门（其中农业部门 11 个）、20 种商品。考虑的基本要素包括劳动力、资本、土地、杀虫剂和肥料等，其中土地要素被认为是同质的，即生产等量产品，肥沃土地需求量小于不肥沃土地需求量。生产采用 C-D 函数，效用采用 Stone-Geary 函数，而进出口则分别采用 CES 和 CET 函数。与模型配套的基准数据集来源于 1990 年坦桑尼亚的扩展 SAM。模拟结果表明，结构调整（如货币贬值和降低出口产品的税率）有利于经济发展；而土壤侵蚀导致的土地退化会阻碍经济的发展，土壤生产率内生情况下的 GDP 下降率较外生时大 5%。

Olatubi 和 Hughes（2002）通过建立路易斯安那州的环境 CGE 模型（LACGE），对退耕政策支持下的湿地保护计划[①]（Wetlands Reserve Program，WRP）对农业经济及经济系统其他方面的影响展开了研究。模型假设退耕与大豆、大米和甘蔗等作物的生产相关，不同作物退耕面积的分配是通过线性规划法实现的，即利用地理信息系统数据库，每种作物区分两种主要类型的土壤，并用线性规划法把潜在的退耕面积分配给不同的作物及土壤类型。LACGE 模型的原型是 Robinson（1990）的 ERS-USDA 模型。市场贸易采用完全竞争的新古典理论，生产分为两个层次：①第一层基于 C-D 生产函数，生产者优化选取土地、劳动力和资本的投入组合。其中，土地要素只用于农业生产，且总供给量固定；资本可以在部门间、但不能在区域间流动。②第二层基于 Leontief 函数，生产者优化选择中间品投入和初级要素的组合生产商品。LACGE 模型是静态模型，其经济主体包括生产者、居民、联邦/州两级政府和其他地区。模型研究结果表明，WRP 对经济系统的总体影响不大，但对某些部门（如农业、渔业、林业和农业服务业）却有显著影响。

Fraser 和 Waschik（2005）利用静态环境 CGE 模型研究了取消部分羊毛生产以保护农用地的政策对澳大利亚社会福利和农业经济的影响。模型把澳大利亚的农业分为三个区域：牧区，主要位于澳大利亚中部的干旱、半干旱地区，是羊毛的主产区；麦-牛混合区，是主要的作物种植区和重要的牛肉产区；多雨区，是牛羊混产区，既产羊毛，也产羊羔。模型设置的基准年是 1994 年，主要考虑三种基本要素：土地（假设土地仅供农业部门利用）、资本和劳动力，并假设生产采用基于规模报酬不变的 CES 生产函数，公共消费和居民消费合并为一个账户，采用 C-D 效用函数来描述。研究结果表明，减少羊毛生产对澳大利亚社会福利的影响显著，这一政策举措并不一定能促进农业经济的增长，在几个情景模拟中，澳大利亚的整体农业甚至出现了下滑趋势。

---

①　一般来说，WRP 主要是通过农地退耕政策来提高湿地的质量和数量，保持研究区现有湿地不再减少。退耕是自愿的，农民通常有三种选择：一是永久性的，政府对退耕土地进行评估，一次性付给农民 100% 的退耕成本和现金补贴；二是 30 年期限的，政府支付 75% 的退耕成本和现金补贴；三是成本分摊协议，政府只支付 75% 的退耕成本，但没有现金补贴。

此外，Stenberg 和 Siriwardana（2005）还综述了 9 个应用于林地政策的环境 CGE 模型，并指出，目前环境 CGE 模型在土地利用变化与效应分析方面的研究还处于早期发展阶段，具有较广阔的应用前景。

2.4.5 其他应用

除以上几方面外，环境 CGE 模型还被广泛用于分析其他与环境相关的问题，诸如农业环境政策、自然资源保护政策等对经济的影响、人口增长对环境的影响以及旅游与环境之间的关系等。例如，Hrubovcak 等（1990）利用一个包含 12 个生产部门、6 类消费者的静态环境 CGE 模型对美国农业、环境和食品安全综合政策的成本效益展开了分析。研究发现，旨在同时满足农业收入和环境目标的公共政策面临严峻挑战，难以同时实现全部目标。Abler 等（1998）利用一个含有 15 个部门、1 类消费者的静态环境 CGE 模型分析了哥斯达黎加人口增长对环境的影响。该模型的特点在于其纳入了 10 个环境指标并同时分析了人口增长对这 10 个指标各自不同的影响。模型运行结果显示，总体来说，人口增长对环境具有重要影响，不同的环境指标受人口增长的影响程度具有显著差异。Alavalapati 和 Adamowicz（2000）开发了一个简单的环境 CGE 模型，模拟了资源开采区的旅游、其他经济活动以及环境之间的相互作用。该模型的特点在于其将旅游活动处理为环境损害和价格的函数并内生于模型中。模型运行结果显示，基于不同的旅游、环境关系假设（即假设旅游会对环境产生破坏作用，或假设其不会对环境产生破坏作用），同一环境政策对经济的影响存在显著差异，这一结论在制定旅游管理政策时具有重要的参考价值。

2.5 小 结

本章首先概述了环境 CGE 模型的原理，进而通过对交易与生产的均衡过程及环境-经济系统相互作用关系的描述，介绍了环境 CGE 模型的理论基础，最后对应用环境 CGE 模型开展环境-经济协调发展分析的条件与思路展开探讨，并详述了环境 CGE 模型在几个重点研究领域的应用。

环境 CGE 模型既继承了 CGE 模型的一般均衡理论，又综合考虑了环境-经济系统之间的相互联系，并包含了自然资源（含能源）和环境系统的相关要素，适用于开展环境政策分析、环境经济影响综合评估等。正由于环境 CGE 模型在经济与环境系统的各组成部分之间建立起了数量关系，且适合进行区域经济、环境政策模拟和分析，使得世界范围内许多学者开始着手探索环境 CGE 模型在环境-经济协调发展关系研究中的应用。环境 CGE 模型的主体部分主要包括环境与经济系统的交易均衡、生产均衡以及交易与生产之间的一般均衡过程和相关条件，模型处理的关键是环境与经济系统间的相互作用，以及经济系统的主体（生产者和消费者）对污染控制的反应。目前，环境 CGE 模型在气候变化政策分析、污染调控政策分析、贸易自由化政策分析和土地利用变化与效应分析等领域成果显著。

参 考 文 献

段志刚，冯珊，岳超源. 2004. 我国省级区域产业结构变化的可计算性一般均衡模型. 科技进步与对策，21（10）：58 - 60.

高颖，雷明. 2007. 资源-经济-环境综合框架下的 SAM 构建. 统计研究，24（9）：17 - 22.

高颖，李善同. 2008. 含有资源与环境账户的 CGE 模型的构建. 中国人口·资源与环境，18（3）：20 - 23.

高颖. 2008. 环境 CGE 模型开发方法与应用综述. 上海环境科学，27（5）：210 - 213.

龚益. 1997. 关于可计算一般均衡模型的几个问题. 数量经济技术经济研究，8：21 - 28.

庞军，邹骥. 2005. 可计算一般均衡（CGE）模型与环境政策分析. 中国人口·资源与环境，15（1）：56 - 60.

王灿，陈吉宁，邹骥. 2005. 基于 CGE 模型的 CO_2 减排对中国经济的影响. 清华大学学报（自然科学版），45（12）：1621 - 1624.

郑玉歆，樊明太. 1999. 中国 CGE 模型及政策分析. 北京：社会科学文献出版社.

Abler D G, Rodríguez A G, Shortle J S. 1998. Labor force growth and the environment in Costa Rica. Economic Modelling, 15 (4): 477 - 499.

Alavalapati J R R, Adamowicz W L. 2000. Tourism impact modeling for resource extraction regions. Annals of Tourism Research, 27 (1): 188 - 202.

Alfsen K H, de Franco M A, Glomsrød S, et al. 1996. The cost of soil erosion in Nicaragua. Ecological Economics, 16 (2): 129 - 145.

Arrow K J, Debreu G. 1954. Existence of an equilibrium for a competitive economy. Econometrica, 22 (3): 265 - 290.

Bergman L. 1998. Energy policy modeling: a survey of general equilibrium approaches. Journal of Policy Modeling, 10 (3): 377 - 399.

Bruvoll A, Ibenholt K. 1998. Green throughput taxation: environmental and economic consequences. Environmental and Resource Economics, 12 (4): 387 - 401.

Budy P R, Erik T. 1996. The impact of environmental policies on household incomes for different socio-economic classes: the case of air pollutants in Indonesia. Ecological Economics, 17 (2): 83 - 94.

Böhringer C, Conrad K, Löschel A. 2003. Carbon taxes and joint implementation: an applied general equilibrium analysis for Germany and India. Environmental and Resource Economics, 24 (1): 49 - 76.

Böhringer C, Vogt C. 2003. Economic and environmental impacts of the Kyoto protocol. Canadian Journal of Economics, 36 (2): 475 - 496.

Coxhead I, Jayasuriya S. 1994. Technical change in agriculture and land degradation in developing countries: a general equilibrium analysis. Land Economics, 70 (1): 20 - 37.

Cropper M L, Oates W E. 1992. Environmental economics: a survey. Journal of Economic Literature, 30 (2): 675 - 740.

Dessus S, Bussolo M. 1998. Is there a trade-off between trade liberalization and pollution abatement. A computable general equilibrium assessment applied to Costa Rica. Journal of Policy Modeling, 20 (1): 11 - 31.

Dessus S, O'Connor D. 2003. Climate policy without tears: CGE-based ancillary benefits estimates for Chile. Environmental and Resource Economics, 25 (3): 287 - 317.

Dufournand M C, Harrington J, Rogers P. 1988. Leontief's "Environmental repercussions and the economic structure ... " revisited: a general equilibrium formulation. Geographical Analysis, 20 (4): 318 - 327.

Fraser I, Waschik R. 2005. Agricultural land retirement and slippage: lessons from an Australian case study. Land Economics, 81 (2): 206 - 226.

Fullerton D, Metcalf G E. 2001. Environment controls, scarcity rents, and pre-existing distortions. Journal of

Public Economics, 80 (2): 249 - 267.

Førsund F R, Strøm S. 1988. Environmental Economics and Management: Pollution and Natural Resources. London and New York: Croom Helm.

Hazilla M, Kopp R J. 1990. Social cost of environmental quality regulations: a general equilibrium analysis. The Journal of Political Economy, 98 (4): 853 - 873.

Hicks J R. 1939. Value and Capital: An Inquiry into some Fundamental Principles of Economic Theory. New York: Oxford University Press.

Hrubovcak J, LeBlanc M, Miranowski J. 1990. Limitations in evaluating environmental and agricultural policy coordination benefits. The American Economic Review, 80 (2): 208 - 212.

Hyman R C, Reilly J M, Babiker M H, et al. 2002. Modeling non-CO_2 greenhouse gas abatement. Environmental Modeling and Assessment, 8 (3): 175 - 186.

Jansen H. 2001. Induced institutional change in the trade and environment debate. Environmental and Resource Economics, 18 (2): 149 - 172.

Jorgenson D W, Wilcoxen P J. 1990. Intertemporal general equilibrium modeling of U. S. envirnomental regulation. Journal of Policy Modeling, 12 (4): 715 - 744.

Kemfert C, Welsch H. 2000. Energy-capital-labor substitution and the economic effects of CO_2 abatement: evidence for Germany. Journal of Policy Modeling, 22 (6): 641 - 660.

Laitner S, Bernow S, DeCicco J. 1998. Employment and other macroeconomic benefits of an innovation-led climate strategy for the United States. Energy Policy, 26 (5): 425 - 432.

Leontief W W, Chenery P G, Clark P G. 1953. Studies in the Structure of the American Economy. New York: Oxford University Press.

Leontief W. 1980. The world economy of the year 2000. Scientific American, 243: 207 - 231.

Manne A, Robert M, Richard R. 1995. MERGE: a model for evaluating regional and global effects of GHG reduction policies. Energy Policy, 23 (1): 17 - 34.

Martins J O, Burniaux J M, Martin J P, et al. 1992. The costs of reducing CO_2 emissions: a comparison of carbon tax curves with GREEN. OECD Economics Department Working Papers 118, OECD, Economics Department.

McKibbin W J, Shackleton R, Wilcoxen P J. 1999. What to expect from an international system of tradable permits for carbon emissions. Resource and Energy Economics, 21 (3 - 4): 319 - 346.

Olatubi W O, Hughes D W. 2002. Natural resource and environmental policy trade-offs: a CGE analysis of the regional impact of the wetland reserve program. Land Use Policy, 19 (3): 231 - 241.

Pareto V. 1909. Manual of political economy. New York: Oxford University Press.

Perroni C, Wigle R M. 1994. International trade and environmental quality: how important are the linkages. The Canadian Journal of Economics, 27 (3): 551 - 567.

Robinson S. 1990. Pollution, market failure, and optimal policy in an economy-wide framework. Working Paper No. 559, Department of Agricultural and Resource Economics, University of California, Berkeley

Roy B, Krutilla K, Viscusi W K. 1995. Energy taxation as a policy instrument to reduce CO_2 emissions: a net benefit analysis. Journal of Environmental Economics and Management, 29 (1): 1 - 24.

Scarf H. 1967. The approximation of fixed points of a continuous mapping. SIAM Journal on Applied Mathematics, 15 (5): 1328 - 1343.

Scrimgeour F, Oxley L, Fatai K. 2002. Reducing carbon emissions? The relative effectiveness of different types of environmental tax: the case of New Zealand. Environmental Modelling and Software, 20 (11): 1439 - 1448.

Smith A. 1776. An Inquiry into the Nature and Causes of the Wealth of Nations. Chicago: University of Chicago Press.

Stenberg L C, Siriwardana M. 2005. The appropriateness of CGE modelling in analysing the problem of deforestation. Management of Environmental Quality, 16 (5): 407 - 420.

Thiele R，Wiebelt M. 1993. National and international policies for tropical rain forest conservation： a quantitative analysis for Cameroon. Environmental and Resource Economics，3（6）：501 – 531.

Wald A. 1936. Uber einige Gleichungssysteme der mathematishen Ökonomie. Zeitschrift fur Nationaokonomie，7：637 – 670.

Walras L. 1874. Elements of Pure Economics. London：George Allen and Unwin.

Wendner R. 2001. An applied dynamic general equilibrium model of environmental tax reforms and pension policy. Journal of Policy Modeling，23（1）：25 – 50.

Wiig H，Aune J B，Glomsrød S，et al. 2001. Structural adjustment and soil degradation in Tanzania：a CGE model approach with endogenous soil productivity. Agricultural Economics，24（3）：263 – 287.

Xie J，Saltzman S. 1996. Environmental policy analysis：an environmental computable general equilibrium approach for developing countries. Journal of Policy Modeling，22（4）：453 – 489.

Xie J. 1995. Environmental policy analysis：an environment computable general equilibrium model for China. Ph. D Dissentain，Cornell University.

Zhang X B，Fan S G. 2001. Estimating crop-specific prodution technology in Chinese agriculture：a generalized maximum entropy approach. American Journal of Agricultural Economics，83（2）：378 – 388.

Zhang Z X. 1998a. Marco-economic and sectoral effects of carbon taxes：a general equilibrium analysis for China. Economic System Research，10（2）：135 – 159.

Zhang Z X. 1998b. The Economics of Energy Policy in China：Implications for Global Climate Change. Cheltenham：Edward Elgar Publishing Limited.

第3章　环境 CGE 模型结构

环境 CGE 模型是一类适用于模拟环境与经济系统相互作用关系的环境经济学模型方法。确切地说，环境 CGE 模型是以耦合不同产业产出与资源环境（尤其是污染物排放）之间的关系为基础，定量化模拟政策变动对环境-经济系统发展影响的工具。环境 CGE 模型的研究内容包括分析公共经济政策（如税收、政府开支等）对环境的影响以及环境保护政策（如环境税收、补贴和污染控制等）对经济的影响。

由于系统描述与政策模拟方面的优势，越来越多的学者开始采用 CGE 模型评估环境保护政策与社会经济、环境系统之间的相互影响关系。正如 Conrad 和 Schroder (1993) 所言："在评估环境政策对价格、部门产出、产业结构等产生的影响时，一般均衡分析显然要比其他局部性分析方法更能全面揭示政策带来的社会经济效应。"实践证明，作为一种机理性模型，基于一般均衡理论的环境 CGE 模型能够较为准确地分析和模拟环境政策实施的区域经济响应。

3.1　模型的功能模块

环境 CGE 模型是根据一般均衡理论建立的刻画环境-经济系统的应用模型。模型通过定义目标政策变量，并以此为基础，求解各市场（包含资源市场在内）在政策冲击下重新达到平衡时所处的社会经济状态及资源环境状况，以分析和评价目标政策（经济政策和环境政策）的绩效。

根据研究目的的不同可建立不同类型的环境 CGE 模型，但所有模型都必须选择合适的数学方程对所要描述的对象进行刻画。从建模的角度分析，环境 CGE 模型由描述市场供给、需求与供求关系的一系列方程组成。这些方程一方面刻画市场主体的优化决策行为，另一方面串联起各社会经济与资源环境变量之间的关系（表 3-1）。按照方程所描述的市场主体行为的差别，可以将环境 CGE 模型划分为生产、收入、贸易与价格、支付、污染处理以及市场均衡与宏观闭合等六大模块。

表 3-1　环境 CGE 模型的基本构成

	供　给	需　求	供求关系
主体行为	生产者＝国民经济生产部门＋环境污染消减部门 生产者追求利润最大化	消费者＝居民＋企业＋政府 消费者追求效用最大化	市场（包括经济市场和环境市场）均衡价格

	供　　给	需　　求	供求关系
方程	生产函数 约束方程 目标函数 初级要素（包括环境要素） 的需求方程	消费者效用函数 约束方程 目标函数 产品（包括污染消减服务）需求方程 初级要素（包括环境要素）供给方程	产品（商品和污染消减服务） 要素（资本、劳动力和环境要 素等）市场均衡方程 居民收支均衡方程 政府预算均衡方程 对外贸易均衡方程
变量	商品价格与数量、污染消减成本、常规生产要素价格与数量、环境要素数量、制度、技术进步率等		

3.1.1　生　产　模　块

环境 CGE 模型的生产模块继承了传统 CGE 模型生产模块的功能，主要用以描述生产要素的投入、产出关系。模型所涉及的关键方程包括生产函数、生产要素供给方程以及优化条件方程等，这些方程按形式可分为描述性方程与最优化方程。

描述性方程涵盖了初级要素的生产者行为和中间品的投入产出关系描述，所涉及的关键方程为生产函数方程。对于初级要素来说，其在描述性方程中的表现形式取决于要素之间的替代弹性及其在总的要素投入中所占的比例。根据要素之间的可替代程度，初级要素的生产者行为可采用三种形式的函数来表示，即柯布-道格拉斯（Cobb-Douglas，C-D）生产函数、常替代弹性（constant elasticity of substitution，CES）生产函数以及两层或多层嵌套的 CES 生产函数。而对于中间品的投入来说，通常假设其相互之间不存在任何替代关系，采用 Leontief 生产函数描述其投入产出关系（Leontief，1980）。

最优化方程（或称利润最大化方程）描述的是生产者在要素投入和技术进步约束下，确定生产结构以达到利润最大化的过程，该类型方程主要包括生产要素供给方程和优化条件方程。最优化方程决定了生产者的要素需求量，即通过一定量的要素投入，使得各要素的报酬与其边际生产率相等。

与传统 CGE 模型不同的是，环境 CGE 模型为描述环境与经济系统的相互联系、核算经济活动的环境成本，在生产模块加入了自然禀赋要素及其生产者行为方程。自然禀赋要素本质上属于初级要素，在生产结构中表现为"资源束"，是企业应当支付给大自然而实际并未支付的环境红利（高颖和李善同，2008）。而经济活动的环境成本则通常是通过生产过程中所补偿的因污染排放而造成的环境损失来体现。

综上所述，环境 CGE 模型的生产模块大致可采用以下的多层嵌套结构来实现（图 3-1）：

第一层，总产出由初级要素束以及非能源中间投入束组合的 C-D 函数决定；

第二层，初级要素可以分解为两组基本要素（即土地束和资源束）的组合，其合成的中间投入用 Leontief 函数描述；

第三层，作为市场价格的接受者，生产者根据成本最小化原则，在资源约束条件下采取最优投入构成决策。按照 Armington 假设，每种商品的合成投入都可以表示为本区域生产商品与外区域生产商品的 CES 函数。而土地束是由资本-劳动力束和土地的 CES 生产函数表示，资源束由水和林木等自然资源要素的 CES 函数表示；

第四层，资本-劳动力束又进一步表示为资本和劳动力的 CES 函数。

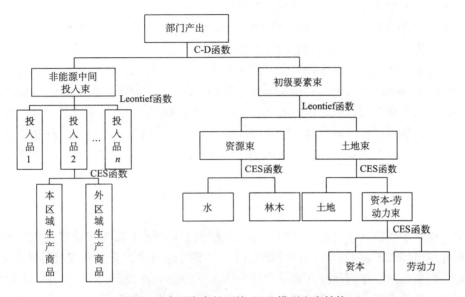

图 3-1　多层嵌套的环境 CGE 模型生产结构

此外，土地、资本、劳动力等要素还可以根据研究的需要进一步分解。如当模型用于研究环境政策对不同熟练程度劳动力就业情况的影响分析时，可以将劳动力要素细分为熟练、半熟练和非熟练三类；当模型用于研究环境政策对土地利用格局变化的影响时，则可以将土地要素细分为耕地、林地、草地、水域、建设用地以及未利用地等。

3.1.2　收入模块

收入模块主要用于描述各经济主体（如居民、企业以及政府等）的收入和储蓄情况。具体来说，居民收入主要包括居民通过提供劳动力获得的劳动报酬以及其他经济主体的转移支付，因此，在环境 CGE 模型中，居民收入可以表示为各部门劳动力要素收入加上政府对居民的转移支付、企业对居民的利润分配以及企业支付给居民的环境补贴等的总和。通常假设居民具有固定的年储蓄率，则居民总储蓄可以表示为居民总收入与储蓄率的乘积。而企业收入主要来自各生产部门向经济活动提供资本所获得的回报，即等于部门资本收入总和减去企业所得税、企业对居民的利润分配以及企业支付的其他生产成本，如环境税、企业对居民的环境补贴等。政府收入则主要通过各类直接或间接税来体现。一般来说，计算政府收入需要考虑的税种包括生产税、企业所得税、居民所得税、环境税、关税以及各种间接税等。与居民储蓄不同，企业和政府储蓄的核算主要通过收入和支出的差额来反映。

3.1.3　贸易与价格模块

贸易与价格模块的构建是基于"小国假设"理论展开的，即假设区域的进出口数量较小，不会造成世界市场价格的变化，商品的世界市场价格设为外生，在比较静态分析中保持不变。环境 CGE 模型严格区分本区域商品与外区域商品（包括外区域生产商品和外区域销售商品）。对于这两类商品的处理，当前较为普遍的做法是基于 Armington 假设，假设本区域商品和外区域商品是不完全替代的，分别采用 CES 和常替代弹性转换（constant elasticity of transformation，CET）方程来描述商品在本区域市场和外区域市场之间的优化配置过程。销售者通过成本最小化来确定商品的本区域和外区域供给份额，而生产者通过收入最大化来确定商品的本区域和外区域销售份额。商品的区域内价格与关税和汇率有关，任何关税或汇率的变化均会影响到贸易与价格模块的确定。

3.1.4　支付模块

支付模块主要描述市场对各部门产品（包括服务）的消费需求和价值支付情况。该模块在处理市场对产品和服务的消费需求时，主要考虑居民、企业和政府等消费主体，区分最终消费需求、中间品投入需求和投资需求三种消费方式。

同生产模块类似，支付模块的方程也可区分为描述性方程和最优化方程两类。描述性方程主要用于描述消费主体的预算约束条件，即消费主体的可支配收入。最优化方程则是用来描述各消费主体的效用最大化行为，可供选择的效用函数有 C-D 效用函数、CES 效用函数和 Stone-Geary 效用函数等。在预算约束条件下对效用函数求导，可以得到相应的表示消费主体支出行为的支出系统方程。

常见的消费主体支出系统有两个，即线性支出系统（line expression system，LES）和扩展的线性支出系统（extend linear expenditure system，ELES）。通常情况下，居民的消费需求采用 ELES，该系统方程的确定是基于 Stone-Geary 效用函数，以居民的收入预算约束和商品最低消费量为条件推导得出的。其他消费主体的最终需求则采用 LES，即以商品价格为条件，通过 C-D 效用函数推导得到。

3.1.5　污染处理模块

污染处理模块是环境 CGE 模型的核心模块，也是环境 CGE 模型区别于传统 CGE 模型的关键。该模块在传统产业部门的基础上引入了污染消减部门（如污水处理部门、垃圾回收部门等）作为独立的经济核算单位。同其他生产部门一样，污染消减部门也参与生产活动，在运作中需要消耗初级要素和中间品投入。模块对污染消减部门生产结构的处理同样采用图 3-1 所示的多层嵌套 CES 函数。污染消减部门的产出不是具体可用的产品，而是以达到排放标准为目的的污染净化服务。这种服务既包括中间投入环节提供给生产性部门的工业治污服务，也包括最终消费环节提供给居民的生活污染消减服务。此外，该模块还包含了对区域环境保护政策和污染处理政策的描述。具体来说，污染处理模块主要包括以下方面内容。

1. 污染处理对企业生产投入决策的影响

企业在生产过程中会产生大量污染物，这意味着企业不仅需要购买初级要素和中间品投入来满足生产，而且需要为生产过程中产生的污染物付费或进行污染消减投资——向政府支付排污税（费）或投资于污染消减部门。污染处理模块修正了生产模块关于企业生产成本的核算方法，使其不仅包括初级要素和中间品投入的成本，还包括新增污染消减服务和缴纳的排污税（费）成本。同时，模块还假设排污和减排之间具有不完全替代关系，总的污染处理量是排污量和减排量的 CES 函数。通过建立求解生产者投入决策的成本最小化模型，可以得到企业对污染处理活动的有效需求。

2. 污染处理对产品价格的影响

污染处理模块在处理产品价格时主要考虑三个方面内容：首先，在税率一定的情况下，产品的计税基础增加，必然使单位产品的税赋加重，增加的税赋将由产品的购买者（即消费者）承担，引起消费者价格的上涨；其次，税赋的加重同样会引起中间投入品成本的增加，进而引起生产者和消费者价格的同步上涨；最后，将污染处理成本计入企业生产成本，必然会使产品的生产者价格上升，生产者价格的上升最终将转移至消费者，引起消费者价格的上涨。因而，污染处理成本会对商品的生产者价格和消费者价格产生双重抬升的影响。

3. 污染处理对产出决策的影响

由于企业生产的产品既可内销又可出口，因此必须合理安排两者的销售水平。污染处理模块综合考虑污染处理引起的企业生产投入决策和产品价格的变化，基于利润最大化原则建立线性规划模型，通过对模型求解得到在产出水平既定情况下的产品内销和出口销售水平。

4. 污染处理对居民消费的影响

污染处理对居民消费的影响主要是通过产品价格的上升来体现。按照传统经济学理论，该影响可以分为收入效应和替代效应两种。

在污染处理活动中，消费者需要承担一部分责任，缴纳一定的排污费，这必然会造成消费者预算的相对减少。如果消费者没有得到补贴，他们会减少产品的消费总量。此即为收入效应。

污染消减服务作为中间品投入生产活动，这必然会造成重污染性产品价格的上升，迫使市场增加对非污染性或轻污染性产品的消费比例。同时，由于污染消减和排污税（费）征收只是针对国内生产的产品，因此，国内产品相对于进口产品的价格会有一定比例的提高，在这种情况下，消费者会适当增加进口产品的消费比例。此即为替代效应。

5. 污染处理对政府收入的影响

模型假设企业缴纳的排污税（费）直接上缴政府。污染处理模块设置了独立的排污费账户用于核算污染处理对政府收入的影响。

3.1.6　市场均衡和宏观闭合模块

市场均衡和宏观闭合模块也称为均衡闭合模块，是环境 CGE 模型的重点组成部分。市场均衡主要包括要素与商品市场的供需均衡，即所有初级要素和商品的总供给等于总需求，整个经济市场的总投资等于总储蓄。其中，要素市场均衡又分为劳动力市场均衡、资本市场均衡、土地市场均衡和各环境要素（通常是指各种资源要素）市场的均衡；商品市场均衡分为进口市场均衡、出口市场均衡和投资市场均衡。

实际上，在使用环境 CGE 模型展开环境经济政策模拟分析时，由于失业、赤字等的存在，模型并不能如一般均衡理论所要求的那样各项同时达到均衡，只能达到有条件的均衡，模型的宏观闭合旨在解决此问题。环境 CGE 模型闭合规则的选择依赖于建模的历史背景和分析目标（Sen，1963；Taylor and Lysy，1979；Rattsø，1982；Whalley and Yeung，1984；Decaluwé and Martens，1988）。由于宏观经济理论和对经济现实的认识不同，将产生不同的宏观假设和闭合规则。环境 CGE 模型常用的闭合规则有 4 类：凯恩斯闭合规则、新古典闭合规则、约翰逊闭合规则以及卡尔多闭合规则。

凯恩斯闭合规则放弃了劳动力市场和商品市场同时达到均衡的要求，舍弃了充分就业条件，将就业率当做内生变量，假设经济中存在失业，各部门的劳动力数量根据自身需求自由调节。此时，环境-经济系统的其余闭合条件仍然满足，即商品的总供给与总需求保持一致，劳动力报酬仍由劳动的边际产出决定，投资也保持外生，在就业条件变化下，投资与储蓄保持均衡（Sen，1963）。

新古典闭合规则假设在保持生产者利润优化的条件下，政府开支水平是外生变量，投资水平为内生变量，投资与储蓄的均衡依赖于模型外的利率调节机制来实现。该闭合规则是环境 CGE 模型比较静态分析中最常用的方式。模型中整个环境-经济系统的运作由储蓄推动，因而采用该闭合规则的模型又称为"储蓄驱动"模型（Hertel，1999）。

约翰逊闭合规则舍弃了存在独立消费函数的条件，假设投资水平外生给定，而把政府收支作为内生变量，通过某种税收（或补贴）以及政府预算结余（或赤字）来使投资与储蓄达到均衡。对于此闭合规则的存在性，Johansson 解释，"在大多数宏观经济模型中，总消费与总收入相关，而总收入又与净产出相关。我们并没有引入类似关系。实际上我们假设收入与产出间的这种关系被模型中没有明确表示的间接税打破了……"约翰逊闭合中的储蓄是由投资决定的，整个环境-经济系统的运作也是由投资推动的，因此采用该闭合规则的模型又称为"投资驱动"模型。

卡尔多闭合规则不承认实际工资等于劳动力的边际产出这一假定，认为名义工资是由劳动力要素的最低生活水平或劳资双方的讨价还价决定的，投资与储蓄的均衡主要通过收入分配机制来实现。

值得注意的是，实际经济系统中并不存在上述闭合规则中假设的剩余确定变量，投资者和储蓄者是通过动态相互作用来实现投资与储蓄的均衡。同时，相关研究也表明，闭合问题是由于对模型设定了一些特殊假设后才产生的，可以通过适当引入货币机制或动态因素来消除。

3.2　环境 CGE 模型的数据基础

环境 CGE 模型的本质是包含资源环境账户的 CGE 模型，通过求解一组与资源、环境、经济有关的方程组，实现对环境-经济系统的均衡分析。在环境 CGE 模型的组成结构中必定包含大量需要确定的参量，如税率、份额参数、分配系数、弹性等外生变量和方程系数，模型通过对这些参量赋初值的方式展开计算模拟。一般而言，参量值的标定要求有一个全面、一致、平衡的多部门数据集。在环境 CGE 模型中，除替代和收入弹性、转移弹性等参量可借助计量经济学方法或参照相关文献中的经验估计结果外生给定外，份额参数和分配系数等均须使用基期与模型结构一致的均衡数据集进行标定，此即为环境社会经济核算矩阵（environment social accounting matrix，ESAM）。

3.2.1　社会经济核算矩阵

社会经济核算矩阵（social accounting matrix，SAM）是 ESAM 建立的基础。所谓 SAM 是对一定时期内一国（或区域）各种经济主体之间交易数额的全面而一致的记录（段志刚等，2003）。作为国民经济核算（system of national accounts，SNA）的一种表现手段，SAM 所采用的概念、分类和核算原则与其他账户核算基本保持一致。

SAM 在投入产出表（input-output table，IO 表）的基础上增加了非生产性账户（如居民、政府和国外账户等）。SAM 的这一特性使其不仅能够表现出生产部门内部、非生产部门内部以及生产部门与非生产部门之间的投入产出、增加值形成和最终支出的关系，还能描述国民经济的再分配和决定社会福利水平的收入分配关系，反映各类机构部门之间的联系、影响和相互作用反馈。在 SAM 表中，各生产部门通过出售消费品和投资品获得收入，这些收入最终将流向消费账户，用于支付各生产要素（如劳动力、资本、土地和资源等）的报酬。消费账户的收入一部分用于直接消费，另一部分形成储蓄。在资本账户上，储蓄转化为投资需求。SAM 将描述生产的 IO 表与国民收入分配和支出账户结合在一起，全面刻画了经济系统中生产创造收入、收入引致需求、需求导致生产的经济循环过程，清楚地描述了特定年份一国或一地区的经济和社会结构（侯瑜，2006）。

总的来说，SAM 通过对 IO 表与宏观经济账户的统一，以平衡、封闭的矩阵形式表示生产部门、要素和各机构间的联结关系（周焯华，2004）。SAM 的这种全面、综合、简洁的特点，为构建 CGE 模型所要求的复杂经济数据提供了一个逻辑清晰、内容详细、结构灵活的框架，使其成为 CGE 模型的标准数据结构。通过 SAM 表的编制，不仅体现了研究区域特定年份经济系统内不同机构间的交易和转移，而且体现了它们之间相互依赖和相互反馈的关系。SAM 不仅是一个数据集，也是整个社会经济系统结构的缩微体现。

SAM 的编制过程十分灵活，所有的活动、商品、要素以及资本账户都可以根据需要加以集结或细分。在特定 SAM 的编制过程中，一方面，可以让所研究的内容尽可能详细地在 SAM 中得到描述，另一方面，又可以对其他次要内容进行高度概括。SAM 的这种编制技巧，使得我们"既能见树木，同时又能见森林"。

3.2.2　ESAM

环境 CGE 模型所涉及的关键数据包括资源环境的经济核算和社会经济的生产结构数据。鉴于此，包含资源环境账户的社会核算矩阵——ESAM 恰好能够满足环境 CGE 模型对数据的要求，能够为环境 CGE 模型的建立和求解提供综合的数据分析平台，分别处理与经济系统（如生产活动的投入产出、机构的消费需求、市场的投资储蓄等）、污染（如污染消减部门的生产和消费活动、部门对污染消减所支付的费用、排污税或排污费政策、污染控制补贴以及环境投资等）有关的信息，并在此基础上完成模型参数的标定。

1. ESAM 的特征

ESAM 就是在 SAM 的基础上，对活动、商品和要素账户进行扩充，加入与环境保育相关的活动和商品账户以及资源环境要素账户。ESAM 是一定时期内社会经济与环境系统错综复杂关系的"快照"，是国民经济核算与区域环境成本核算相结合的矩阵表现形式。ESAM 通过对生产活动、要素投入和消费主体进行分类核算，将社会生产与污染消减紧密结合起来，全面阐述了环境-经济系统中生产带来消费、引致污染，污染影响生产、阻碍消费，生产和消费结构变动进而影响经济发展水平和环境污染状况的经济-环境反馈过程。

相较于传统 SAM，ESAM 的重要贡献在于对环境系统（尤其是污染排放控制）的价值核算。在生产环节，通过中间品投入产出技术的改造、污染消减活动强度的变化、原材料替代弹性的改变等来减少污染的产出；在消费环节，应用于污染消减活动的中间投入费用来源于政府的排污税（费）收入和政府、企业的污染消减投资，因而，可以通过加大政府投入力度来进一步控制污染物的排放。

由于环境 CGE 模型的理论基础是一般均衡理论，从而决定了 ESAM 必须具备以下几个特征：①平衡性，包括基准年各行为主体的收支平衡和所有商品的供需平衡；②闭合性，模型中假设的宏观闭合条件在基准年也应满足；③一致性，参数标定后，模型运行的基期解必须与基期实际值相一致。ESAM 为环境 CGE 模型的模拟和实现提供了一个良好的数据组织形式，已经逐渐成为环境 CGE 模型的标准数据组织方式。

2. ESAM 的发展历程

最早的 ESAM 是由世界银行的 Xie 和 Saltzman（1996）在其建立的一个用于污染控制政策分析的环境 CGE 模型中提出的。它体现了环境-经济系统中各部门（包括生产活动部门和污染消减等环境保护部门）、机构（如居民、政府和企业等），以及要素市场（包括常规生产要素和资源环境要素）与商品市场（包括经济活动的商品和服务产出以及污染消减服务等）之间的关系。

早期 ESAM 的编制是按照环境 CGE 模型经济主体的支付流向展开的。如果我们把所考察的环境-经济系统看做是只有一个代表性居民、一个企业、一个政府和一个世界其他地区账户为主体的系统，其错综复杂的关系和主要支付流可以用图 3-2 表示（Lofgren et al.，2001）。图中的箭头方向表示支付流向，既表明了收入的初次分配和再分配，也表明了具有理性行为的经济主体在各市场上的相互作用、相互反馈和进行最优调整的不同行为关系。按照该流向编制的 ESAM 能够包含环境-经济系统研究需要的所有信息。

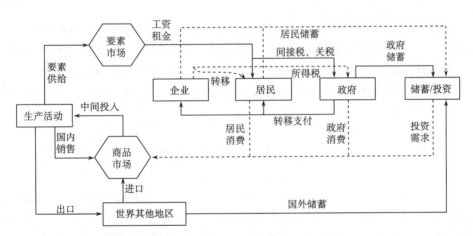

图 3-2　4 部门开放型宏观经济图

需要特别指出的是，由于环境 CGE 模型是按照"污染产生—消减—净排放"的闭合核算方式对环境账户进行扩展研究的，因此，在实际应用中，可以根据研究问题需要灵活选择有限的污染物种类，完全没有必要构造无所不包的 ESAM。这大大减少了ESAM构建的数据需求，减轻了矩阵构建的难度，增加了其在实际应用中的可行性（高颖和李善同，2008）。

3. ESAM 的作用

作为环境 CGE 模型最基本的数据结构，ESAM 的一个核心作用是对环境-经济系统的结构进行综合分析。ESAM 作为一个融合多源数据（IO 表、经济循环账户、资金流量表、住户调查资料和环境统计信息等）的核算框架，既可以在宏观层次上反映整体环境-经济系统的概貌，又能在中观层次上反映环境-经济系统的内部构造。ESAM 描述整个社会再生产的循环过程，把"生产活动-污染排放-污染消减-收入分配-投资消费"有机地结合在一起，涵盖了环境-经济系统的生产过程、污染物的排放及消减需求、收入的形成和在机构部门之间的分配以及各部门的投资消费等内容。一旦数据以 ES-AM 形式组织起来，便能够完整地揭示出经济主体在特定时间内的静态经济结构和社会环境状态，直观反映居民、政府等部门的收入来源、消费和投资结构等基本信息。例如，若在 ESAM 中将居民账户按经济特征分类，便适合于研究贫困现象及其产生的原因和带来的后果。

基于 ESAM 的均衡数据集还能够挖掘出诸如部门竞争优势、贸易依存度、居民收入差距（或基尼系数）等具有深层含义的经济信息。最典型的，如 ESAM 与商品价格指数等资料结合可以跟踪分析贸易决策和部门（包括污染消减部门）生产率的变化与收入分配的关系，或者确定与总的消费者价格指数（consumer price index，CPI）一致的具体住户阶层的消费者价格指数的权数；又如，在 ESAM 中将污染消减部门按照所处理污染物种类的不同进行分类，结合环境 CGE 模型建模还可用来研究不同污染物的排放、治理强度对整个社会经济的影响，能够帮助政府部门制定相关的污染消减方案，实现经济与环境的协调发展。

除了作为建模前了解区域环境-经济特征的信息源、对环境-经济系统的深层含义进行挖掘外，ESAM 还可用于模型结果的对比分析。ESAM 既是模型运行时的基期数据集，也是集结模型模拟结果的一种有效方式。许多环境政策分析 CGE 模型的结果分析就是通过对比不同情景下的 ESAM 差异，来反映外生冲击对环境-经济系统的影响程度。

3.3　ESAM 的编制

ESAM 是在 SAM 的基础上添加与自然资源以及环境保护相关的投入产出数据扩展而成的，是 SAM 的细化和扩充。ESAM 在编制过程中除了继承 SAM 的相关经济统计数据外，还需要收集与自然资源利用强度以及环境污染排放消减相关的数据。一般来说，ESAM 所涵盖的数据可以概括为两类，即经济数据和环境数据。具体来说，经济数据包括投入产出数据、海关进出口数据、税收数据、政府年度决算财政总表和城乡居民生活调查等；环境数据包括环境公报和资源公报、产业产排污系数调查数据以及各部门的环境调查数据等（段志刚等，2003）。此外，ESAM 编制中也有部分数据（如资源要素的投入需求以及环境治理部门的产出成效等）由于没有明确的统计来源，需要利用估算或余量的方法近似确定。

需要注意的是，在 ESAM 的编制过程中要特别注意数据统计口径及统计周期的一致性。ESAM 的主要数据来源于国家（或地区）统计局发布的 IO 表。中国的 IO 表是每隔 5 年编制一次，表中大部分数据的处理都存在一个滞后期。同时，由于 ESAM 涵盖了环境、经济系统的众多指标，如部门、商品、要素、机构、投资/储蓄机构、世界其他地区等，指标的复杂性决定了统计口径检验的必要性。

3.3.1　ESAM 编制方法

一般来说，ESAM 编制方法主要有两种：自上而下法（top-down）和自下而上法（bottom-up）。

1. 自上而下法

自上而下法是在主张对已知总量信息进行分解的基础上形成的一种 ESAM 构建方法。该方法最初是在 SAM 的编制过程中提出的。参考该方法的支持者 Round（2003）的观点认为，考虑到在给定一国分类水平的情况下，定义详细地用于 SAM 编制的数据较难实现，而基于国家（或地区）的 IO 表和相关的国民经济核算信息，编制账户高度集结的宏观 SAM 较易实现。通过对宏观 SAM 的账户进行分解，即可形成针对不同研究需要的 SAM。该方法强调的是数据的前后一致性。

2. 自下而上法

自下而上法是充分利用现有资料并对其进行分类汇总得到 ESAM 的方法。与自上而下法相反，该方法主张 ESAM 的编制起点是不同来源的各种详细数据，强调数据的准确性。自下而上法的提出最初也是用于 SAM 的编制过程的。Keuning 和 de Ruuter（1988）比较赞同自下而上的编制方法。根据他们的观点，SAM 编制时究竟是基于分解的数据资料还是总量核算数据，目前还存在争议，但是考虑到国民经济核算数据在年末必须立即可用，它们所涵盖的信息往往少于 ESAM 所包含的信息。因此，编制 ESAM 需要从所涉及账户的各种详细统计数据入手。

3. 两种方法的比较

在 ESAM 的编制中，大多数研究者倾向于选择自上而下法（庞军和傅莎，2002），即通过收集国民经济核算和相关的环境统计信息，首先编制宏观 ESAM，然后再以宏观 ESAM 的数据对各部门、机构的经济活动和环境治理行为进行修正，并结合相关账户的总量统计数据来决定分量信息。然而，由于 ESAM 的数据来源于对宏观统计数据的总量分解，因此初始估计所产生的误差或者不连续性将反馈至整个 ESAM 中，严重影响到相应的环境 CGE 模型模拟结果。

在很多贫穷的发展中国家，国民收入账户是不可靠的，而通过调查所取得的信息（如生活水平调查或多目标调查）不但提供了有用的分解数据，而且为强化国民收入总量数据的可靠性提供了基础。此外，精心设计的多目标调查也使得国民收入账户的修正成为了可能。这就促进了自下而上的 ESAM 编制方法的发展。例如，Jabara 等（1992）在构建冈比亚的 SAM 时就采用了自下而上的方法，他们认为国民经济核算数据存在不连续性，依靠这些数据构建的 SAM 将产生行列间的不平衡，而基于各相关账户的详细统计数据，采用自下而上法进行编制则恰好能够避免上述问题。

自下而上法可以看做是对已收集的环境-经济统计信息的归纳，而自上而下法则可理解为对环境-经济系统相互作用关系的演绎。自上而下法倾向于从已知的控制总量信息（来源于国民收入账户）出发，对各总量进行分解获得 ESAM；而自下而上法倾向于从已有的详细统计数据出发，对各分量进行汇总获得 ESAM。两种方法的出发点都是数据，一个好的 ESAM 需要有大量准确的数据作为支撑，数据的可得性和实用性是确定 ESAM 编制方法的关键。从某种程度上说，ESAM 是环境、经济统计数据先验连续与后验精确之间多次博弈的结果。在数据基础好的国家和地区，选择何种方法应以问题分析的便利性为依据。在我国现阶段，由于统计能力限制，采用自上而下法更为可行（庞军和傅莎，2002）。

3.3.2　ESAM 框架结构

基于自上而下法的 ESAM 编制过程可以概括为四步：第一步，根据国家（或地区）的 IO 表，集成与自然资源以及环境保护相关的数据，调整 IO 表中的有关账户结构，编制国家（或地区）的环境经济 IO 表；第二步，建立一个账户高度集结的宏观 ESAM，为下一步的细化提供一致的宏观经济框架；第三步，根据所要分析的问题，以宏观 ESAM 中的单元项数据为拆分后的向量或子矩阵的控制数，对宏观 ESAM 的有关账户进行细分；第四步，当细化后的 ESAM 出现账户收支不平时，采用一定的处理技术，如 RAS 或交叉熵法（cross-entropy method，CE 法），使其平衡。

1. 环境经济 IO 表的框架结构

IO 表是以国家（或地区）统计数据为基础，由统计局定期编制和修改形成的国民经济核算表式结构，能够较为准确、全面地反映生产内部、生产与要素以及消费与生产之间的经济联系。而环境经济 IO 表是在国家（或地区）IO 表的基础上加入资源环境账户（如污染排放和消减账户）编制而成的。根据研究的需要可以构建不同形式的环境经济 IO 表，归纳起来主要有 3 种，即引入污染排放账户的环境经济 IO 表、引入污染消减账户的环境经济 IO 表以及同时引入污染排放和与消减账户的环境经济 IO 表。

1）引入污染排放账户的环境经济 IO 表

最简化的环境经济 IO 表是在 IO 表的投入栏加上污染排放账户形成的，此即引入污染排放账户的环境经济 IO 表。污染排放账户的增加使得表中相应地增加了中间产品生产活动的污染物排放象限、最终需求领域的污染物排放象限和污染物总排放象限（表 3-2）。这种表式结构相对简单，易于计算各生产部门的污染物总产生量，分析经济结构和污染物排放的关系。例如，李立（1994）在中国的能源消费和环境问题研究中，对 SO_2 产生量和经济发展关系的计算便采用了这种表式结构。

表 3-2　引入污染排放账户的环境经济 IO 表[①]

项目	中间产品	最终产品	总产出
中间产品	中间投入		
初始产品		初始投入	
总产品			总投入
污染排放	中间产品生产活动排放的污染物	最终需求领域产生的污染物	污染物总排放

2）引入污染消减账户的环境经济 IO 表

环境经济 IO 表亦可通过在 IO 表的投入、产出栏均加入污染消减账户（把污染消减也作为生产部门）形成，此亦称为引入污染消减账户的环境经济 IO 表（表 3-3）。该表只考虑生产领域所产生的污染物及其消减，而不考虑最终需求领域的污染物（如居民生活所产生的污水和垃圾等）及其消减活动。这种处理方式在环境-经济系统的一般均衡研究中必定会引起较大误差。但从另一个角度，引入污染削减账户的环境经济 IO 表列出了污染物实际排放量和消减量，如果从污染消减的角度对环境与经济系统展开均衡分析，则可消除因忽略最终需求领域的污染物及其消减活动带来的误差。如李崇新（1985）利用引入污染消减账户的环境经济 IO 表，结合环境经济系统的最终产品需求和允许的污染物最大排放量，计算出了生产部门的全社会平衡产量及对污染消减部门消减能力的要求，为经济和环境发展规划的制订提供了决策依据。

表 3-3　引入污染消减账户的环境经济 IO 表

项目	中间产品		最终产品	总产出
	生产部门	污染消减部门		
生产部门	中间产品投入	污染消减活动的中间消耗		
污染消减部门	生产部门消减的污染物		污染物实际排放量	污染物实际消减量
初始产品	初始投入	初始投入		
产品				总投入

3）同时引入污染排放与消减账户的环境经济 IO 表

同时引入污染排放和与消减账户的环境经济 IO 表是最常见、最典型的环境经济 IO 表形式。该表同时包含了污染排放与消减账户，并假设污染排放与消减相互对应。例如，若污染排放分为废水、废气和废渣三大类，则污染消减账户也相应地包括废水消减、废气消减、废渣消减账户。在这种构造形式下，各象限的含义与前面两种有所不同（表 3-4）。同时引入污染排放和与消减账户的环境经济 IO 表表式结构复

---

① 本书中所给出的 IO 表、SAM 表以及 ESAM 表中空白处均表示相应的两个账户之间不存在相应的经济、贸易关系。

杂,但反映的数量关系较为系统、全面,它不仅可用来分析产业结构与环境污染的关系,而且还可结合产品价格模型,分析污染物消减费用变化对经济的影响。此外,该表式结构结合投入产出线性规划模型,还可以对各部门的发展速度、污染物消减指标等进行优化处理。例如,于仲鸣(1987)采用该表式结构研究了天津市环境经济 IO 表的编制和应用。

表 3-4　同时引入污染排放与消减账户的环境经济 IO 表

项目	中间产品		最终产品	总产出
	生产部门	污染消减部门		
生产部门	中间投入	治理过程中间消耗		
污染排放	生产部门产生的污染物	污染物消减过程产生的污染物	最终需求领域产生的污染物	污染物总产生量
初始产品	初始投入	治理过程的初始投入		
产品				总投入

一般来说,环境经济 IO 表的表式结构构建较易实现,编制的难点在于环境核算数据的获取。这不仅与环境监测技术和管理的复杂性有关,还涉及环境保护统计结构的统一性问题。目前,环境经济 IO 表研究的重点在于相关环境数据(特别是污染消减部门的生产消耗、污染物排放量等)的获取和处理上,该项工作的展开难度较大,有时不得不放弃一些难以获取的数据(将其忽略为零)。由此可见,要顺利展开 ESAM 的编制工作,建立和应用环境 CGE 模型,首先要做的是在全区范围内开展环境保护统计工作,收集整理有关环保数据。如果环保数据结构不仅能够满足环境保护的一般需要,还能够与 IO 表配套,一定能够促进环境经济 IO 表编制工作的广泛开展,加快环境 CGE 模型的研究进程。

2. 宏观 ESAM 的框架结构

国民经济与自然环境系统的运行是一个极其复杂的过程,主要表现为经济活动和产出商品的多样性以及环境系统作用方式的多元化等。用 ESAM 表示所有经济活动和环境作用方式极难实现,为尽可能全面地涵盖国民经济活动和环境保护政策的内容,在编制 ESAM 时一般首先编制一个概括性的宏观 ESAM(即只包含活动、商品、要素以及机构等账户的简单 ESAM),然后根据实际研究需要编制详细的 ESAM。下面我们将通过一个简单例子说明宏观 ESAM 的结构及其包含账户的经济含义。

将环境-经济系统的各种经济活动统称为生产活动,所有经济活动生产的产品统称为商品,将各部门的污染消减情况从生产活动中独立出来称为污染消减活动,该活动的产出称为污染物消减服务,资本、劳动力、土地以及技术要素的投入统称为要素投入,企业、居民、政府等消费主体组成的部门统称为机构,产品的最终消费统称为最终使用,这样就形成一个极具概括性的宏观 ESAM。最简单的宏观 ESAM 框架结构一般包含了生产活动账户、污染消减活动账户、商品账户、污染消减服务账户、要素账户、机构账户及最终使用账户，是一个 7×7 的复式账户结构。宏观 ESAM 全面反映了商品生产、分配到最终使用的整个经济循环过程，涵盖了整个区域的经济运行状况（表 3-5）。

表 3-5　一个简单的宏观 ESAM

项目	1 生产活动	2 污染消减活动	3 商品	4 污染消减服务	5 要素	6 机构	7 最终使用	合计
1　生产活动			总产出					总产出
2　污染消减活动				污染消减总价值				总产出
3　商品	中间投入	中间投入					最终产品	商品总需求
4　污染消减服务	中间投入						最终产品	污染物消减总需求
5　要素	增加值	增加值						要素收入
6　机构	间接税		关税		增加值			部门收入
7　最终使用						最终产品		最终需求
合计	总投入	总投入	商品总供给	污染物消减总量	要素分配	收入使用	最终使用	

从形式上看，宏观 ESAM 是一个矩阵，每行、每列均代表一个账户，矩阵中的非零元素表示相应账户间的交易额。其中，行表示账户的收入，列表示账户的支出。用数学的形式可以表述如下

$$T = \{t_{ij}\}, i = 1, \cdots, n; j = 1, \cdots, n \tag{3-1}$$

式中：n 为矩阵的维数，即宏观 ESAM 的账户数目；t_{ij} 为从账户 j 支出到账户 i 的交易值；T 为 ESAM 的支出流贸易矩阵。

对表 3-5 中的简单宏观 ESAM 作简要说明。①生产活动和污染消减活动账户，列方向反映的是账户生产活动的中间品和要素投入，即为总投入；行方向反映的是相应活动的总收入，即商品的总产出，主要来源于商品的销售收入。②商品以及污染消减服务账户，列方向反映商品和服务的总供给（主要来源于产业活动）；行方向反映市场对商品和服务的需求总量（主要消费方式是产业活动的中间品投入和机构账户的最终消费需求）。③要素账户，列方向反映要素收入在机构账户之间的分配，即要素分配；行方向反映要素收入来源于产业活动的增加值，即要素收入。④机构账户，列方向反映机构账户对最终产品的消费分配，即收入的使用；行方向反映机构部门的收入来源，主要来源于要素的增加值收入和各种税收（如间接税、关税等）收入。⑤最终使用账户，列方向反映用于最终消费的商品来源，即最终产品供给或使用；行方向反映最终使用账户的收入来源，即来源于机构部门的最终消费需求。

从原理上看，尽管宏观 ESAM 属于复式平衡表，但它采用的是矩阵单一记录方式，即每笔经济活动只记录一次，仅由相应的行和列代表复式平衡表中相应的借方和贷方。

根据会计平衡记账原则——"有收必有支，收支必相等"，宏观 ESAM 任何账户的支出必须等于其收入，收入与支出相平衡，即

$$\sum_j t_{ij} = \sum_j t_{ji}, i = 1, \cdots, n; j = 1, \cdots, n \tag{3-2}$$

此亦即 ESAM 的核心。

　　均衡经济状态下的 ESAM 账户平衡意味着生产者的成本等于收益、每一经济主体的收入等于支出、每一商品的需求等于供给。宏观 ESAM 从宏观层面上体现了环境-经济系统中一系列重要的平衡关系，主要包括

总产出 ＝ 总投入 ＝ 中间投入＋增加值

总需求 ＝ 总供给 ＝ 中间投入＋最终产品

要素收入 ＝ 要素分配 ＝ 增加值

部门收入 ＝ 收入使用 ＝ 增加值＋间接税＋关税

最终需求 ＝ 最终使用 ＝ 最终产品

　　由此可见，运用 ESAM 反映宏观经济核算和污染消减核算数据，确实可以表现宏观经济运行以及污染消减活动的全过程。宏观 ESAM 在活动（生产活动和污染消减活动）、商品（活动产出商品和污染消减服务）、要素和机构账户高度集结的层次上为整个环境-经济系统的复杂联系提供了一个综合、一致的核算框架。

　　在应用中，视具体情况可以编制不同维度的宏观 ESAM。典型的宏观 ESAM 通常为 10×10，即在表 3-5 的基础上，保留活动、污染消减活动、商品、污染消减服务与要素账户不变，把机构账户分解为居民账户、企业账户和政府账户，最终使用账户分解为投资/储蓄账户和世界其他地区账户（表 3-6）。随着账户数目的增多，宏观 ESAM 反映的内容也更为丰富。商品账户，行方向能够反映中间需求、居民需求、政府需求、投资及本区域商品的流出，即区域内的总需求；列方向能够反映商品的区域内总产出、关税以及与世界其他地区的贸易，即总供给。要素账户反映活动的要素投入与要素收益的分配。居民账户，行方向反映居民的要素收入（工资收入）、企业的利润分配、环境补偿收入、转移收入、国外汇款收入等，即居民可支配收入；列方向反映居民的支出情况，包括对商品的消费支出、缴纳的生活垃圾处理费和个人所得税、居民储蓄、对国外的转移支付等。企业账户反映企业的收入与支出情况，行方向反映企业的总利润和转移收入，列方向反映企业的利润分配、对居民的环境补偿支出、企业所得税、直接税、排污税（费）支出和企业的留存收益。政府账户，行方向反映政府的各种税收收入，列方向反映政府的商品消费、污染消减服务消费、转移支付和储蓄。投资/储蓄账户，行方向反映居民储蓄、企业留存收益、政府储蓄及来自世界其他地区的资本转移，列方向反映投资来源。世界其他地区账户，行方向反映本区域对世界其他地区的支付，表现为世界其他地区商品的流入和要素服务的进口支出、居民和政府的转移支付、资本向国外的转移等；列方向反映世界其他地区对本区域的支付，表现为区域内商品的流出、要素服务的出口、国外汇款及外区域投资（来自国外的资本转移）等。

表 3-6　扩展的 10 部门宏观 ESAM

项目	1 生产活动	2 污染消减活动	3 商品	4 污染消减服务	5 要素	6 居民	7 企业	8 政府	9 投资/储蓄	10 世界其他地区	合计
1 生产活动			总产出								总产出
2 污染消减活动				总产出							总产出
3 商品	中间投入	中间投入				居民消费		政府消费	投资	出口	总需求
4 污染消减服务	中间投入							政府消费			总需求
5 要素	增加值	增加值								要素服务出口	要素收入
6 居民					工资		利润分配、环境补偿	转移支付		国外汇款	居民收入
7 企业					总利润						企业收入
8 政府	间接税		关税			个人所得税、生活垃圾处理费	企业所得税、直接税、排污税（费）	转移支付			政府收入
9 投资/储蓄						居民储蓄	留存收益	政府储蓄		来自国外的资本转移*	总储蓄
10 世界其他地区			进口		要素服务进口	转移支付		资本转移国外			外汇支付
合计	总投入	总投入	总供给	总供给	要素支出	居民支出	企业支出	政府支出	总投资	外汇收入	

* 包括外汇储备的增加。

宏观 ESAM 各账户的确定没有严格规定，可以根据研究的需要具体设定。鉴于现实经济的运行远比 ESAM 中所展现的经济贸易关系复杂得多，ESAM 编制的更进一步思路是对宏观 ESAM 中所涉及的账户作更细的划分。

3. 宏观 ESAM 框架结构细化

宏观 ESAM 的每个账户都可以细化为多个子账户。根据不同研究目的编制的细化 ESAM 的子账户设置往往不同，没有统一标准。造成这一现象的主要原因有两点：一是各区域的统计基础不同，数据的可得性存在差异；二是政策分析的目的和建立的经济模型不同，需要达到的细化程度有一定差别。但是，原则上，每个宏观 ESAM 的细化都可以有两种方式。

宏观 ESAM 细化最常用的方式是进一步把整个经济类和污染消减类账户分解为单位类。具体来说，生产活动账户的细化可以根据国民经济产业部门的划分标准进行，商品账户与之对应（这样，生产过程的投入产出关系就可以涵盖在 ESAM 中[①]）；污染消减活动账户可以按照污染物的种类细化为大气污染消减、水污染消减、固体废物污染消减等，污染消减服务账户与之对应；要素账户细化为劳动力账户、资本账户和土地账户；企业账户根据企业所有制的不同进行细化（分为国有账户、股份账户和外资账户），或者根据企业规模的大小进行细化（分为大型企业账户、中型企业账户和小型企业账户），并且，结合研究区的统计现状和研究目的分析还有其他细化方法；居民账户可以根据生活环境进行细化（分为农村居民账户和城镇居民账户），也可以根据收入水平进行划分（分为高收入居民账户、中收入居民账户和低收入居民账户），甚至可以同时运用多种标准进行复合划分；在特别关注一国与世界其他国家之间的不同经济往来时，还可以将国外账户细化为不同的国家或国家集团账户；此外，投资/储蓄账户也可以结合机构账户进行细分，如可以在 ESAM 中引入金融账户将其扩展成为一个金融 ESAM，也可以在其中引入资产负债账户形成流量与存量相结合的ESAM。

细化宏观 ESAM 还有另一种办法，即按照交易类别，将机构账户之间的经常转移进行分解。例如，可以把个人所得税从居民对政府的经常性转移中独立出来。这种分解的实质是将不同的交易内容直接从一般国民经济账户中提取出来。当资料繁多时，利用该方法对宏观 ESAM 进行细化可能会增加 ESAM 编制的平衡难度。

在实际应用中，通常是综合运用两种方法实现对宏观 ESAM 的细化，即通过国民经济产业部门划分标准（或 IO 表）分解产业活动与产品类别，结合宏观经济资料分解机构账户得到细化 ESAM。细化 ESAM 包含了部门水平上生产活动的相互关系及其与机构之间的交易，是描述中观层次环境-经济系统流量的理想形式，可以为政策分析、投入产出模型以及环境 CGE 模型的构建提供大量信息。表 3-7 中列出了一个细化的 ESAM 框架。

---

① ESAM 也可以看做是 IO 表的扩展。但是，IO 表仅仅刻画了活动与商品、要素、机构等账户之间的关系，ESAM 在此基础上还进一步反映了要素与机构账户之间以及机构账户内部的关系。

表 3-7　一个细化的 ESAM 框架

账户	编号	1 生产活动	2 污染消减活动	3 生产活动的商品	4 污染消减服务	5 污染排放费用	6 劳动力	7 资本	8 土地	9 居民	10 企业	11 政府
生产活动	1			总产出矩阵								
污染消减活动	2			总产出矩阵	污染物消减总量							
生产活动的商品	3	中间投入										
污染消减服务	4	中间投入										
污染排放费用	5	排污税								生活垃圾处置费		
劳动力	6	要素支付										
资本	7	要素支付										
土地	8	要素支付										
居民	9										转移给居民（环境补偿）	生活补贴
企业	10							要素分配矩阵				
政府	11	间接税		关税		转移给政府				个人所得税	企业所得税	
生产活动的商品（消费）	12									居民消费		政府消费
污染消减服务（消费）	13									居民购买		政府支付
生产部门的生产补贴	14											生产补贴
污染消减部门的生产补贴	15											污染消减部门的生产补贴
资本账户	16									居民储蓄	企业储蓄 & 折旧	政府储蓄
环境投资	17											
存货	18											
世界其他地区	19			进口								
汇总	20	总成本		总投入		污染物排放产生的费用		增加值汇总		居民总支出	企业总支出	政府总支出

续表

分类	账户	序号	消费-商品 (12)	消费-污染消减服务 (13)	生产部门补贴 (14)	污染消减部门的生产补贴 (15)	资本账户 (16)	环境投资 (17)	存货 (18)	世界其他地区 (19)	汇总 (20)
活动	生产活动	1			生产补贴					出口	总销售
	污染消减活动	2				污染消减部门的生产补贴					
商品	生产活动的商品	3	消费和存货								国内销售
	污染消减服务	4									
污染排放费用	污染排放费用	5									排污费
要素	劳动力	6									价值净增加总额
	资本	7									
	土地	8									
机构	居民	9									居民总收入
	企业	10									企业总收入
	政府	11									政府总收入
消费	生产活动的商品	12					投资消费				总消费
	污染消减服务	13						环境投资消费			
生产部门的补贴		14									生产补贴
污染消减部门的生产补贴		15									环境补贴
资本账户		16						环境总投资	存货	外币储蓄汇总	总储蓄
环境投资		17					环境投资				环境总投资
存货		18					存货				存货
世界其他地区		19					世界其他地区投资汇总			剩余的其他地区	世界其他地区收入汇总
汇总		20	总消费				总投资	环境总投资	存货	世界其他地区支出汇总	

3.3.3　ESAM 平衡

根据社会经济核算的原则，ESAM 中对应行和列的和必定相等。但在实际编制过程中，由于数据来源不同和统计误差的存在，矩阵的行列和往往并不相等，主要表现为：①有着确切数据来源的 ESAM 经常出现行列账户不相等，破坏了 ESAM 的均衡原则；②ESAM 内数据出现异常，如部门的中间投入项出现负数；③得到更新的数据项后，需要对 ESAM 的所有数据项进行更新。

针对 ESAM 矩阵行列和不相等的现象，我们可以选择仅在 ESAM 中增加一个误差项账户来保留相关误差，但更为常用的做法是对 ESAM 中的账户数据进行调整使之平衡。ESAM 账户数据调整的方法主要有两种：一是通过对相关账户进行分析，并结合一些辅助信息作出判断，手工调整数据，分析判断 ESAM 数据不一致的过程实际上也是对现有统计资料的检验；二是通过数学方法，如 RAS 法、CE 法或最小二乘法等，来强制调整 ESAM 中不平衡账户的数据项，实现 ESAM 的整体均衡，该方法也是最常用的 ESAM 账户数据调整手段。

下面我们主要介绍 RAS 法和 CE 法的原理及其在 ESAM 矩阵平衡研究中所涉及的关键步骤。

1. RAS 方法

RAS 法又称双边比例法（biproportional method），是由英国经济学家 Stone（1962）所提出的一种矩阵平衡方法。RAS 法最初主要用于修正 IO 表中的直接消耗系数，后来被逐渐广泛应用于矩阵的平衡处理中（Van der Ploeg，1982；钟契夫等，1993；Junius and Oodterhaven，2003）。RAS 法调整的实质是通过两个主对角矩阵（分别称为替代乘数矩阵和制造乘数矩阵）与 ESAM 之间的运算来实现的，即将 ESAM 左乘替代乘数矩阵达到所要求的行目标，右乘制造乘数矩阵达到所需的列目标，如此往复，直至达到所要求的行、列精度。

RAS 法用公式可以表述为

$$\begin{cases} R_i^{(k)} = u_i^* / \sum_{j=1}^{n} t_{ij}^{(k-1)} x_i^{(1)} \\ S_j^{(k)} = v_j^* / \sum_{i=1}^{n} R_i^{(k)} t_{ij}^{(k-1)} x_j^{(1)} \quad (i=1,2,\cdots,n; j=1,2,\cdots,n) \\ a_{ij}^{(k)} = R_i^{(k)} t_{ij}^{(k-1)} S_j^{(k)} \end{cases} \tag{3-3}$$

式中：$R_i^{(k)}$ 为第 k 步时的左乘替代乘数矩阵；$S_j^{(k)}$ 为第 k 步时的右乘制造乘数矩阵；u_i^*、v_j^* 分别为已知的 ESAM 行向量和和列向量和；$t_{ij}^{(k-1)}$ 为第 $k-1$ 步时 ESAM 表中的各数据项；$x_i^{(1)}$、$x_j^{(1)}$ 分别为最终 ESAM 的行和和列和。

用 RAS 法调整 ESAM 实际上是机械强制地使行列平衡，初始矩阵中的大多数数据（包括一些准确数据）都会发生改变，造成了 ESAM 可靠信息的损失。为了保留初始矩阵中较为准确的信息，在运用 RAS 法进行调整前首先要对 ESAM 作一定的处理，即把初始 ESAM 中较为准确的数据从矩阵中提取出来，把矩阵中相应的空格设为零；然后再运用 RAS 法进行调整，调整完成后再把提取出的数据加入到调整后的 ESAM 中。处理后的 ESAM 既保留了原有 ESAM 中较为准确的信息，又调平了行列的合计。采用 RAS 方法既可对整张 ESAM 表进行调整，也可对 ESAM 中的子矩阵进行调整。该方法的实施无需借助复杂的求解软件，在 Excel 中即可将其转化为规划问题进行求解，简单易行。附录一给出了 RAS 法的 Excel 规划求解过程。

作为一种纯粹的数学调平方法，RAS 法也有一定的局限性。第一，RAS 法的调平过程是纯粹的数学强制平衡，没有考虑相应的环境-经济系统变化规律；第二，该方法关于替代乘数和制造乘数部门间一致性的假设过于牵强，与现实明显不符；第三，当矩阵中存在负数项时，该方法便无法继续进行；第四，经 RAS 法调整后的 ESAM 普遍存在较大误差（许健，2002）。为了克服上述缺陷，国内外许多学者都对该方法展开了一系列研究，提出了相应的改进算法。例如，Byron（1978）提出了改进的 RAS 方法；刘纪显和伊亨云（1996）也提出了一种加权修正的 RAS 方法——RTALS 法；Junius 和 Oosterhaven（2003）提出了广义 RAS（GRAS）方法，可以更新既有负值又有正值的矩阵；Gilchrist 和 Louis（2004）提出了两阶段 RAS（TRAS）方法，实现了对某些单元格之和或某些单元格值的约束。

2. CE 法

CE 法最早是由 Theil（1967）基于 Shannon（1948）的信息熵理论提出并应用于统计学与经济学领域的。Shannon 将信息熵定义为

$$-\ln\frac{p_i}{q_i}=-(\ln p_i-\ln q_i) \tag{3-4}$$

式中：p_i 和 q_i 分别为事件的先验概率和后验概率。因此，信息对于事件的期望值即为

$$-I(p:q)=-\sum_i p_i\ln\frac{p_i}{q_i} \tag{3-5}$$

式中：$I(p:q)$ 为 p_i 和 q_i 之间的相互熵距离，即信息熵距离（Kullback and Leibler，1951）。Theil 随后将此概念用于 IO 表的平衡处理之中，创立了 CE 法。

CE 法对 ESAM 的调整通常是在获取了更新的部门汇总数据之后展开的。它的核心思想是将新增信息嵌入至 ESAM，并使更新后的 ESAM 与初始 ESAM 之间的整体差异最小。这种差异主要通过 Kullback 和 Leibler 所提出的信息熵距离 $I(p:q)$ 来衡量。

假设初始 ESAM 为 T^0，其每项数据均可以表示为 t_{ij}^0，更新后的 ESAM 设为 T^1，相应矩阵中的每项数据记作 t_{ij}^1。于是 CE 法可以表示为一个非线性问题的最优化求解，即

$$\min H=\sum_i\sum_j a_{ij}^1\ln\frac{a_{ij}^1}{a_{ij}^0}=\sum_i\sum_j a_{ij}^1\ln a_{ij}^1-\sum_i\sum_j a_{ij}^1\ln a_{ij}^0 \tag{3-6}$$

$$\text{s. t. }\sum_j a_{ij}^1 T_j^1=T_i^1,\quad \sum_j a_{ij}^1=1 \tag{3-7}$$

式中：a_{ij}^0 和 a_{ij}^1 分别为调整前、后的系数矩阵，即

$$a_{ij}^0 = \frac{t_{ij}^0}{\sum_i t_{ij}^0} \tag{3-8}$$

$$a_{ij}^1 = \frac{t_{ij}^1}{\sum_i t_{ij}^1} \tag{3-9}$$

式中：T_j^1 和 T_i^1 分别为更新后 ESAM 表的列总和与行总和。该优化问题的目标函数是信息熵距离最小，约束条件表示更新后的 ESAM 依旧满足行和与列和相等，且等于更新后的行总和（或列总和）数据值。

3.4　资源环境账户核算

ESAM 的编制中涉及较多与资源环境账户相关的核算。资源环境（或者更简单地称为环境）是指环境与自然资源的统称。资源环境是经济社会发展的物质基础和环境条件，保护和改善环境是国民经济建设的重要组成部分，资源环境价值核算与国民经济核算密切相关。一般情况下，资源环境账户的数据无法从统计年鉴或是环保部门的统计公报中直接得到，需要采用一系列数值计算方法进行估算。

资源环境价值核算主要包括资源价值与环境污染价值核算。该领域的研究始于 20 世纪 70 年代，为解决全球性资源、生态与环境问题，必须首先将环境生态问题量化，以反映经济与环境之间的相互作用，为环境-经济系统提出新的发展目标和发展模式，为科学管理资源与环境、制定可持续发展战略提供政策依据。价值核算体现的是主体与客体之间的一种相互作用关系，即主体有某种需要而客体能够满足这种需要，那么对主体来说这个客体就有价值。自然资源与环境污染作为客体提供了满足人类社会这一主体生存、发展和享受所需要的产品与服务。因此，对人类社会来说，自然资源与环境污染都是有价值的。

3.4.1　资源价值核算方法

资源价值通常可以分为两部分：一是比较虚的舒适性服务价值，或称无形的生态价值，简称生态价值；二是比较实的物质性产品价值，或称有形的资源价值，简称资源价值（李金昌，2002）。在本书中所提到的资源价值通常是指有形的资源价值，环境 CGE 模型中所涉及的自然资源主要包括土地、水和林木等。在 ESAM 的编制过程中，这些自然资源通常被处理为生产要素，其价值量是通过实物量乘以价格得到。资源价格计算是资源价值核算的核心。

1. 土地价值核算

在编制 ESAM 的过程中，需要对所涉及的土地要素进行价值核算，常用的方法是收益还原法。此方法最早是由德国农学家和农业经济学家 Thaer 于 1813 年在其编著的

《牧场收益的探讨》一书中提出的。他认为，土地之所以有价，皆源自它的收益能力。购置土地不仅因为它是土地，而且因为它有创造收益的能力。收益还原法是对具备收益性质的资产进行评估的基本方法之一。

收益还原法在用于土地价值核算时，把购买土地作为一种投资，地价款作为购买未来若干年土地收益而投入的资本。计算时将待估土地在未来每年预期的纯收益，以一定的收益还原率统一还原为估价时日总收益，从而得到土地价格（孔祥斌和李霖，2002）。其基本计算公式可以概括为

$$V = \frac{R}{n\left[1 - \dfrac{1}{(1+r)^2}\right]} \tag{3-10}$$

式中：V 为土地价格；R 为土地的年租；r 为还原利息率，在数值上等于 1 年期银行存款利率与同期物价指数的比值；n 为土地使用权让渡年限。

2. 水资源价值核算

水资源价值是人们为了使用水资源（包括处于自然状态的和已经凝集了人类劳动的水资源）而支付的价值。在水资源供需矛盾日益激化的今天，水资源短缺与浪费并存，如何制定出合理的水资源价值核算体系，减少水资源浪费，缓解水资源供需矛盾，已在越来越多地受到资源学家的重视。

目前常用的水资源价值核算主要是通过影子价格方法确定的。影子价格是指当社会经济处于最优状况时，能够反映社会劳动力消耗、资源稀缺程度和对最终产品供求状况的价格。影子价格的理论最初是由荷兰数理经济学家 Jan Tinbergen 和前苏联数学家 Kantorovich 在研究稀缺资源优化配置时提出来的，常称之为"效率价格"或"最有计划价格"。影子价格确定水资源价值的方法是以水资源的有限性为出发点，将水资源合理配置及有效利用作为核心，以最大化经济效益为目标（李春雨和石海宽，2002）。

影子价格可以通过多种途径来确定，其中最常用的方法就是求解线性规划模型。影子价格的数学基础是对偶规划理论，即资源的最优配置可以转化为一个线性规划问题，其对偶规划的最优解就是影子价格（侯元兆和王琦，1995；黄智晖和谷树忠，2002；袁汝华等，2002）。用数学的语言可以概括为：假设社会有 n 种资源，m 种产品，其中资源的数量已知，为 C_j（$j = 1, 2, \cdots, n$）。在生产技术条件和产品价格不变的条件下进行生产，则社会生产总成本需要满足

$$\min S = C_1 X_1 + C_2 X_2 + \cdots + C_n X_n$$

$$\begin{bmatrix} a_{11} & a_{12} & \cdots & a_{1n} \\ a_{21} & a_{22} & \cdots & a_{2n} \\ \vdots & \vdots & & \vdots \\ a_{m1} & a_{m2} & \cdots & a_{mn} \end{bmatrix} \begin{bmatrix} X_1 \\ X_2 \\ \vdots \\ X_n \end{bmatrix} \leqslant \begin{bmatrix} b_1 \\ b_2 \\ \vdots \\ b_m \end{bmatrix} \tag{3-11}$$

$$X_1, X_2, \cdots, X_n \geqslant 0$$

式中：a_{ij}（$i = 1, 2, \cdots, m$；$j = 1, 2, \cdots, n$）表示技术系数；b_i（$i = 1, 2, \cdots, m$）

表示产品价格；X_j（$j=1,2,\cdots,n$）为资源价格；S 为社会生产总成本。

记 $\boldsymbol{C}=[C_1 C_2 \cdots C_n]$，为目标函数系数矩阵；$\boldsymbol{a}=[a_{ij}]_{n \times n}$，为约束条件的系数矩阵。当 S 达到最优时，定义 m 维行向量 $\boldsymbol{Y}^*$ 为资源向量 $\boldsymbol{b}$ 的影子价格。

$$\boldsymbol{Y}^* = \boldsymbol{C}_b \boldsymbol{B} \tag{3-12}$$

式中：$\boldsymbol{C}_b$ 为对应于基变量 $\boldsymbol{X}_b$ 的目标函数系数，$\boldsymbol{B}$ 为约束条件的系数矩阵。

3. 林木价值核算

林木价格主要是运用市场价倒算法确定的。该方法又叫剩余价值法（也称为间接法），它是将评估森林资源资产皆伐后所得木材的市场销售总收入，扣除木材经营所消耗的成本（含税、费等）及应得的利润后，剩余的部分作为林木资产价值。用公式的形式可以表述为

$$x = a - (R + b) \tag{3-13}$$

式中：x 为林木价格；a 为原木的市场价格；R 为企业利润；b 为采运费。

引入企业利润率（月率 r），资本回收期（m 个月，一般为某林木从买到采运、销售为止的期间，有时也叫事业期间的 $1/2 \sim 2/3$），则上述公式又可以改写为

$$x = \frac{a}{(1+mr) - b} \tag{3-14}$$

求出林木每立方米单价 x 后，再乘以蓄积体积 V，就可求出林木的价值量。

市场价倒算法是成熟龄林木资产评估的首选方法。该方法所需的技术经济资料较易获取，各工序的生产成本可依据现行的生产定额标准，木材价格、利润、税金和运费等标准都有明确的规定。计算简单，结果贴近市场，最易为林木资产的所有者、购买者接受。

3.4.2　环境污染核算方法

环境污染价值量核算（即环境污染成本核算），其目的是向信息使用者提供决策相关的信息，因此，核算方法的选取需要反映环境成本的发生过程，按成本核算原则确定和计量环境成本，并描述环境负荷降低的效果。关于环境污染成本核算，国内外许多学者都展开了一系列研究。例如，Therivel 和 Wilson（1992）、Nestor（1995）以及 Sadler 和 Verheem（1996）都分别提出了关于环境污染成本的定义。在此，我们沿用 Nestor（1995）的定义，认为环境污染成本是指同经济活动造成的自然资源实际或潜在恶化相关的成本。开展环境污染核算研究，将环境污染成本核算纳入再生产价值运动体系，有助于把环境污染成本推向商品、要素市场，实行有价有偿使用，还原环境污染活动的完整面貌，补齐价格与价值的空位，帮助人们纠正环境无价值、无限和无偿索取的传统环境价值观，提高人们的环保意识，为实现资源环境的可持续发展提供基础。

通常所说的环境污染成本主要是由环境退化成本和污染消减成本两个部分组成。环境退化成本是指在目前的治理水平下，生产和消费过程中所排放的污染物对环境功能所

造成的实际损害。环境退化成本是环境污染价值核算中最关键也是最困难的部分，目前国际上尚没有较好的方法对该部分内容进行核算。本书所说的环境污染价值核算也不包括该部分内容。而污染消减成本又分为实际污染消减成本和虚拟污染消减成本。在 ESAM 的编制过程中，环境污染治理成本主要通过核算实际污染消减成本而获得。但在进行政策模拟时，所增加的环境污染成本为虚拟污染消减成本。

实际污染消减成本是立足于市场体系的成本，通常是指各项活动中为维护自然环境服务水平，避免和弥补环境恶化所造成危害的实际付出，是与环境防护活动有关、已经发生的实际治理成本。实际污染消减成本的特点在于以现实市场体系为基础，采用市场交易价格，因而能够反映社会为环境污染治理所支付的成本，其结果具有可检验性（林万祥和肖序，2002）。由于环境污染的外部性特征，实际污染消减成本不可能充分估算出人类活动对环境的影响，因此有必要进一步估算虚拟污染消减成本。

虚拟污染消减成本是指将目前排放至环境中的污染物全部消减所需要的成本。该成本建立在环境资源的可持续利用基础上，将所有因社会经济活动而引起的环境损害置于一个假定的市场框架内，运用适当的货币化方法，全面估算由经济活动引起的环境污染消减所需要的成本。对虚拟污染消减成本进行估价，可采用的方法有市场价值法、相机索取权估价法和维护成本法（彭念一和刘红艳，2001）。

从严格意义上来讲，利用这种虚拟污染消减成本核算得到的仅是防止环境功能退化所需的消减成本，是污染排放可能造成的最低环境退化成本，并不是实际造成的环境退化成本。这主要是因为，上述核算思想假设污染消减成本与污染排放危害相等，忽视了排放污染物所造成的环境危害，无法体现出环境污染治理的效益。因此，要想对环境与经济系统的相互作用关系展开更精确的分析还需要进一步研究出更好、更接近于实际情况的环境污染价值核算方法。

3.5　小　　结

本章重点介绍了环境 CGE 模型的功能模块、数据基础以及相关的资源价值和环境污染价值核算方法。根据方程描述的市场主体行为的差别，环境 CGE 模型可以划分为生产、收入、贸易与价格、支付、污染处理及市场均衡与宏观闭合六大模块。模型以 ESAM 为数据基础，通过引入环境保护相关产业活动账户与对应商品账户及自然资源要素账户，对一定时期内社会经济与环境系统错综复杂的关系进行了直观描述。ESAM 的编制方法包括"自上而下"与"自下而上"两种。具体方法的选取需要依据研究问题的方便和数据的可得性进一步确定。

需要注意的是，除继承 SAM 中相关经济统计数据外，ESAM 的编制还需收集与自然资源利用强度以及污染排放治理相关的数据。资源环境价值核算是 ESAM 编制的核心，是环境 CGE 模型构建的关键。通常资源环境价值核算主要包括资源价值与环境污染价值核算。环境 CGE 模型中所涉及的自然资源主要包括土地、水和林木等，其价值量核算通常是通过实物量乘以价格得到。常用的自然资源价值核算方法包括收益还原法、影子价格法、市场价倒算法等。而环境污染核算主要包括环境退化成本和污染消减成本核算。环境退化成本是环境污染价值量核算中最关键也是最困难的部分，目前国际上尚没有较好的方法对该部分内容进行核算；污染消减成本核算常用的方法有市场价值法、相机索取权估价法和维护成本法。

当前环境 CGE 模型虽然已经形成了相对完备的理论体系，但由于数据可得性的约束，环境 CGE 模型的应用受到极大的限制。随着资源环境数据收集体系的完善与规范以及资源环境核算方法的发展，环境 CGE 模型必将在资源环境领域得到进一步应用。

参 考 文 献

段志刚，冯珊，岳超源. 2003. 北京市社会核算矩阵的编制. 统计研究，(12)：35 - 39.

高颖，李善同. 2008. 含有资源与环境账户的 CGE 模型的构建. 中国人口·资源与环境，(3)：20 - 23.

侯瑜. 2006. 理解变迁的方法：社会核算矩阵及 CGE 模型. 大连：东北财经大学出版社.

侯元兆，王琦. 1995. 中国森林资源核算研究. 世界林业研究，8 (3)：51 - 56.

黄智晖，谷树忠. 2002. 水资源定价方法的比较研究. 资源科学，24 (3)：14 - 18.

孔祥斌，李霖. 2002. 农用地估价方法探讨. 河北农业大学学报，25 (4)：57 - 61.

李崇新. 1985. 最终排污控制导向的环境保护投入产出模型. 数量经济技术经济研究，7：29 - 34.

李春雨，石海宽. 2002. 水资源价格理论研究综述. 山西水利科技，143 (1)：79 - 81.

李金昌. 2002. 价值核算是环境核算的关键. 中国人口·资源与环境，12 (3)：11 - 17.

李立. 1994. 试用投入产出法分析中国的能源消费和环境问题. 统计研究，5：56 - 61.

林万祥，肖序. 2002. 企业环境成本的确认与计量研究. 财会月刊，6：14 - 16.

刘纪显，伊亨云. 1996. 投入产出分析的 RAS 方法的加权修正和推广——RTALS 方法及其数学模型. 重庆大学学报（自然科学版），19 (4)：49 - 52.

庞军，傅莎. 2002. 环境经济一般均衡分析：模型、方法及应用. 北京：经济科学出版社.

彭念一，刘红艳. 2001. 论环境经济价值核算. 财经理论与实践，22 (1)：86 - 89.

许健. 2002. RAS 方法可靠程度的实证分析. 数学的实践与认识，(1)：20 - 26.

于仲鸣. 1987. 天津市环境经济投入产出表的编制与应用. 数量经济技术经济研究，10：25，47 - 53.

袁汝华，朱九龙，陶晓燕，等. 2002. 影子价格法在水资源价值理论测算中的应用. 自然资源学报，17 (6)：757 - 761.

钟契夫，陈锡康，刘起运. 1993. 投入产出分析. 北京：中国财政经济出版社.

周焯华. 2004. 社会核算矩阵的建立与平衡——交互熵方法. 数学的实践与认识，(12)：101 - 107.

Byron R P. 1978. The estimation of large social account matrices. Journal of the Royal Statistical Society，141 (3)：359 - 367.

Conrad K，Schroder M. 1993. Choosing environmental policy instruments using general equilibrium models. Journal of Policy Modeling，15 (5 - 6)：521 - 543.

Decaluwé B，Martens A. 1988. CGE modeling and developing economies：a concise empirical survey of 73 applications to 26 countries. Journal of Policy Modeling，10 (4)：529 - 568.

Gilchrist D A，Louis L V. 2004. An algorthim for the consistent inclusion of partial information in the revision of input-output tables. Economic Systems Research，16 (2)：149 - 156.

Hertel T W. 1999. Applied general equilibrium analysis of agricultural and resource policies. Handbook of Agricultural Economics，2 (Part 1)：1373 - 1419.

Jabara C L，Lundberg M K A，Jallow A S. 1992. A social accounting matrix for Gambia. Working Paper No. 20，Cornell Food and Nutrition Policy Program，Ithaca，NY.

Junius T，Oodterhaven J. 2003. The solution of updating or regionalizing a matrix with both positive and negative entries. Economic Systems Research，15（1）：87 - 96.

Keuning S J，de Ruuter W A. 1988. Guidelines to the construction of a social accounting matrix. Review of Income and Wealth，34（1）：71 - 100.

Kullback S，Leibler R A. 1951. On information and sufficiency. The Annals of Mathematical Statistics，22（1）：79 - 86.

Leontief W. 1980. The world economy of the year 2000. Scientific American，243：207 - 231.

Lofgren H，Chulu O，Sichinga O，et al. 2001. External shocks and domestic poverty alleviation：simulations with a CGE model of Malawi. TMD Discussion Paper 71，International Food Policy Research Institute.

Nestor D V. 1995. Environment-economic accounting and indicators of the economic importance of environmental protection actives. Review of Income and Wealth，41（3）：265 - 287.

Rattsø J. 1982. Different macroclosures of the original Johansen model and their impact on policy evaluation. Journal of Policy Modeling，4（1）：85 - 97.

Round J. 2003. Social accounting matrices and sam-based multiplier analysis. In：da Silva Pereira L A，Bourguinon F. Techniques for Evaluating the Poverty Impact of Economic Policies. Oxford：World Bank and Oxford University Press.

Sadler B，Verheen R. 1996. Strategic Environmental assessment：status，challenges and future direction. Report 53，Ministry of Housing，Spatial Planning and the Environment，The Netherlands.

Sen A K. 1963. Neo-classical and neo-Keynesian theories of distribution. Ecological Record，39（85）：53 - 64.

Shannon C E. 1948. A mathematical theory of communication. Bell System Technical，（27）：379 - 423.

Stone R. 1962. Multiple classification in social accounting. Bulletin de l'Institut International de Statistique，39：215 - 233.

Taylor J，Lysy F. 1979. Vanishing income redistributions：Keynesian clues about model surprises in the short run. Journal of Development Economics，6（1）：11 - 29.

Theil H. 1967. Economics and Information Theory. Amsterdam：North-Holland.

Therivel R，Wilson E. 1992. Strategic Environmental Assessment. London：Earthscan Publication Ltd.

Van der Ploeg F. 1982. Reliability and the adjustment of sequences of large economic accounting matrics. Journal of the Royal Statistical Society，Series A（General），145（2）：169 - 194.

Whalley J，Yeung B. 1984. External sector closing rules in applied general equilibrium models. Journal of International Economics，16（1 - 2）：123 - 138.

Xie J，Saltzman S. 1996. Environmental policy analysis：an environmental computable general equilibrium approach for developing countries. Journal of Policy Modeling，22（4）：453 - 489.

第4章 环境CGE模型构建

环境CGE模型所描述的不仅仅是某一经济部门或经济主体的行为，而是含有资源环境要素以及环境污染治理活动的整个环境-经济系统的运行情况。因此，模型所涉及的方程和变量往往有数十、数百甚至成千上万个之多（周建军和王韬，2001）。面对如此众多的变量和方程，科学、规范的建模流程及参数估计是环境CGE模型构建的基础与前提。

4.1 环境CGE模型构建方法

在介绍环境CGE模型的构建方法与流程之前，本节首先对环境CGE模型构建涉及的内生变量、外生变量、初始禀赋以及方程系数标定等重要概念进行辨析。

4.1.1 概念辨析

1. 内生变量与外生变量

环境CGE模型所涉及的变量可以分为两类：内生变量和外生变量（Shoven and Whalley，1984）。环境CGE模型构建的实质就是区分内生变量和外生变量的过程。

内生变量又叫非政策性变量、因变量，是指经济体系内部由纯粹经济因素影响而自行变化的变量，如市场经济中的价格、利率和汇率等变量，通常不被政策因素所左右。内生变量是一种"理论内所要解释的变量"，其取值由模型决定。在环境CGE模型中，价格变量是一组最重要的内生变量。一般而言，环境CGE模型的建模理念就是寻找一组价格，在价格机制的调节下，使模型所描述的环境-经济系统达到均衡。

外生变量则是指经济机制中受外部因素（主要是政策因素）影响，而非经济体系内部因素决定的变量。一般而言，外生变量是为了证实某种假设或进行某种预测而人为加入模型的变量，其值不由所在的方程或模型决定（周建军和王韬，2002）。例如，研究特定税收政策对社会经济的影响时，税率就是一个典型的外生变量。

值得注意的是，环境CGE模型的内生变量与外生变量并不是恒定不变的，在不同的建模背景和目的下，两类变量可以相互转变。例如，税制政策优化问题的研究通常是在特定的经济条件和确定的价格水平下寻求最优税率。在该类型问题的研究中，价格水平需要预先给定，属外生变量；而最优税率则由模型计算确定，属内生变量。

2. 初始禀赋

初始禀赋或初始财富是指一个经济主体在我们关注其经济行为的初始时期所拥有的

资源。初始禀赋的表现形式多种多样，其内容随研究主体的不同而不同，可以是金融资产（如货币），也可以是物质资本（如劳动力）等。例如，在通常的研究中，若我们不关注货币、债券以及国家之间的汇率等，就可以仅将经济体的初始物质资本和劳动力数量作为初始禀赋。初始禀赋是客观存在、可以经过统计方法得到的用来反映特定经济特征的一组数据，是特定经济条件下模型求得均衡解的必要条件，是环境 CGE 模型的一类重要外生变量。在同一模型体系中，不同的初始禀赋将得到不同的均衡解。

3. 方程系数标定

环境 CGE 模型中方程系数的精度直接关系到模型对经济系统模拟的可信度。环境 CGE 模型中的方程系数多由校准法来标定（Ballard et al.，1985；Shoven and Whalley，1992）。但校准法在实际运用过程中也存在一些问题，例如，不能满足一般均衡理论要求的基期一致性、缺乏对模型可靠性及其参数的检验等。因此，近年来对环境 CGE 模型系数标定的研究，逐渐形成了校准法和计量经济学方法并用的局面，即对描述消费者和生产者等经济主体行为并对结果有重要影响的关键参数（如生产函数、要素需求函数、家庭需求函数、进口函数和出口函数中的弹性系数等）通过计量经济学方法估计，而其他参数则主要结合 ESAM 通过校准法求得。校准法和计量经济学方法的综合应用在一定程度上解决了环境 CGE 模型方程系数标定的问题。

4.1.2　构建方法

鉴于环境 CGE 模型的概念是近年来才提出来的，目前，针对环境 CGE 模型构建方法的研究甚少（Partridge and Rickman，1998；Higgs et al.，1988）。但是，参考环境 CGE 模型的众多实证研究可以发现，与 CGE 模型类似，环境 CGE 模型的构建方法也可划分为三种：自上而下法、自下而上法和混合模型构建方法。

1. 自下而上法

自下而上法或从底向上法，是指以反映环境保护、资源消耗和生产的人类活动所使用的技术过程为基础，对引入的环境账户、环境模块的生产方式等进行预测，以此来评价不同政策对生产、消费的影响，从中寻找能够实现经济、环境协调发展的政策、技术方法和手段的环境 CGE 模型构建方法。该方法从技术政策或某个特定的环境保护工程出发来对环境-经济系统进行分析。一般来说，自下而上法对各种技术工艺流程会有较详细的描述，能清晰地说明资源消耗及其成本变化的原因。基于该方法建立的模型主要侧重不同主体之间的能源供给和消费关系的描述，由于缺乏与宏观经济模块的有机联系起来，因而难以分析能源变化对经济的影响。

2. 自上而下法

自上而下法或从顶向下法，是一类以含有环境账户、环境模块或环境变量的 CGE 模型为出发点，集约地表现环境-经济系统与消费、生产的关系，在宏观经济的总体架构下考察经济、能源、环境部门之间的联系，以此来分析不同政策情景下经济与环境的相互制衡关系，并从中寻求能够实现能源、经济和环境协调发展的政策方法和途径的模型构建方法。该方法利用总量经济变量（如总产值、总收入等）来评价系统，从经济发展对部门的影响出发，能够较好地描述国民经济各部门之间的相互作用。基于自上而下法构建的环境 CGE 模型主要侧重于不同部门（包括资源、环境部门）之间经济关系的描述，对能源生产、利用技术等方面的描述比较抽象。

3. 混合模型构建方法

"自下而上法"和"自上而下法"两类模型构建方法之间存在一定的互补关系。整合两类模型构建方法优点形成的混合模型构建方法是环境 CGE 模型构建的重要基础。自下而上法与自上而下法的整合思路一般有三种（李继峰和张阿玲，2007）：①在自下而上能源系统（或污染消减系统）模型中添加简化的宏观经济模块；②在自上而下的能源经济（或污染消减系统）模型中，对能源部门的生产采用技术产出组合方式描述；③变量连接。

混合模型构建方法的关键是如何实现模型的有效连接。目前常用的连接方式有两种：硬连接和软连接。在硬连接中，环境 CGE 模型模块间的信息处理和交互都是通过程序完成的，在模块重叠的部分使用新的算法以保证结果的一致性；在软连接中，模块之间的信息传递和控制由模型使用者完成，使用者观察模型的模拟结果，并通过改变模型外生变量和关键参数的输入使得结果趋同。软连接往往需要经过多次反馈和调整，且只能求解得到近似的一致解。然而，在已公布的环境 CGE 模型中，还无法做到所有模块之间都能实现硬连接，多数模型都是采用软连接和硬连接相结合的方式实现的。

4.1.3 构 建 流 程

虽然环境 CGE 模型的构建方法有严格的分类，但其建模流程却大同小异。一种较为普遍的观点认为，构建和应用环境 CGE 模型主要包括 5 个基本步骤（图 4-1）：第一，对详细的政策背景和可能的数据需求进行分析；第二，正确描述研究依赖的经济学理论，也即模型的驱动机理；第三，构建模型，包括与模型相一致性的数据集 ESAM 的建立（通常是基于 IO 表和国民经济账户核算体系）、外生弹性值的确定、各种函数形式的选取以及模拟情景的设计等；第四，各类参数（弹性参数除外）的确定、政策模拟和敏感性分析；第五，对模拟结果进行解释（赵永和王劲峰，2008）。

还有一种观点认为，环境 CGE 模型的构建需要从以下几个步骤着手进行。①问题界定。撇开主观偏见和成见，对问题进行客观、清晰的界定。②理论分析。初步的经验和理论分析，它是模型构建和数据组织的基础。③模型构建。包括理论的设定和分析、基于理论的参数化模型构建以及基期数据的集成。④计算实现。编写模型的计算机程序。⑤政策模拟。应用模型对环境-经济系统的相关政策进行模拟。

尽管环境 CGE 模型的构建流程之间存在一定的组织结构差异，但应用环境 CGE 模型开展政策分析的众多研究者普遍认为，在模拟完成之后、给出计算结果之前还需要对

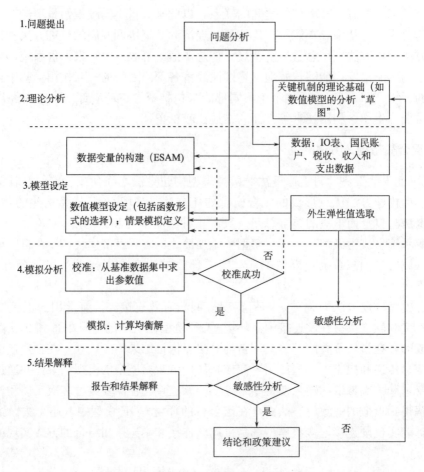

图 4-1 构建环境 CGE 模型的 5 个步骤

模型进行必要的敏感性分析，以检验模拟结果的稳健性。只有当敏感性分析证明模拟结果是稳健的，才能对模拟结果进行进一步解释。

4.2 环境 CGE 模型核心方程

与模型的功能模块相对应，环境 CGE 模型的核心方程主要是由生产方程、收入方程、贸易方程、价格方程、支付方程、污染处理方程、宏观闭合方程和社会福利方程等构成。前 6 类方程是对所描述的环境-经济系统某一方面特征的定义；而宏观闭合方程则是对模型的理论基础——Walras 一般均衡理论的反映；社会福利方程是对研究系统的最终经济、环境目标的表述。很多应用环境 CGE 模型进行政策分析的文献对特定模型的结构均有详细描述。本书在参考大量国内外文献，特别是 CGE 研究领域权威人士 Robinson 和 Whalley 的研究成果（Dervis et al.，1982；Shoven and Whalley，1992；Robinson et al.，1999）的基础上，结合编者的实际建模经验，对模型所涉及的核心方程组进行了综合、提炼和归纳，建立了一个通用性较强的环境 CGE 模型。

4.2.1　生　产　方　程

生产活动是环境-经济系统的最基本活动。描述生产活动的方程就是生产方程。生产方程通常用于描述要素投入以何种方式组合起来将资源（包括劳动力、资本、土地及其他自然环境资源等）与中间品投入转化为商品和服务的过程。

C-D 函数是一种广泛适用的生产函数，函数的具体形式可以表述为

$$XD_i = ad_i \prod_f (\lambda_{if} INPUT_{if})^{\alpha_{if}} \tag{4-1}$$

式（4-1）定义的生产部门 i 的总产出是各基本投入要素 $INPUT_{if}$ 的 C-D 函数。式中：XD_i 为生产部门 i 的总产出；α_{if} 为第 f 种投入要素的产出弹性，且满足 $\sum_f \alpha_{if} = 1$；ad_i 为规模系数，也称转移参数，作用于所有的生产投入；λ_{if}（$f = K$，L，LN，TE，…）为各种投入的转移参数，作用于各投入要素。在两要素生产函数（包含劳动力和资本的生产函数）中，中性的生产增长率（neutral productivity growth）可以通过转移参数 ad_i 实现；而希克斯中性的生产率增长（Hicks neutral productivity growth）则只能通过与劳动要素相关的 λ_{if} 系数来实现。

需要进一步说明的是，这里生产函数的选择并不是唯一的，也可以选用其他类型的函数（如 CES 函数、Leontief 函数或几种不同类型生产函数的组合等）。其中，CES 和 Leontief 函数形式可以分别表述为

$$CES \text{ 函数}: XD_i = ad_i \Big[\sum_f \alpha_{if} (\lambda_{if} INPUT_{if})^{-\rho_i} \Big]^{-1/\rho_i}$$

$$Leontief \text{ 函数}: XD_i = \min\Big(\frac{\lambda_{if} INPUT_{if}}{\alpha_{if}} \Big)$$

式中：ρ_i 为各投入要素之间的替代弹性。

C-D 函数和 Leontief 函数都可以看做是 CES 函数的一种特例。C-D 函数是 CES 函数中要素替代弹性参数 ρ_i 趋近于 0 时的极限情况，而 Leontief 函数是 CES 函数中的替代弹性参数 ρ_i 趋近于正无穷时的极限情况。方程形式的确定依赖于生产过程中投入的各要素之间不同的替代关系。通常环境 CGE 模型建模时会采用分层的"巢形"结构来描述生产行为（Dervis et al.，1982；Ballard et al.，1985）。其中，最常用的是两层"巢形"生产结构：在第一层，产出是增加值与中间投入的常系数函数；而在第二层，增加值则表示为基本投入要素——资本（K）、劳动力（L）、土地（LN）以及技术水平（TE）等的 CES 函数。

从生产者的角度出发，在要素市场为完全竞争的条件下（即生产者为要素价格的接受者），投入要素的基本组合通常基于如下的模型假定：生产者在当前的生产技术条件下实现其投入成本目标最小化、产出利润目标最大化，也即生产者通过一定量的要素投入，最终使得其要素成本等于边际收益。如果生产技术以 C-D 函数给定时，那么这一最优化决策关系可以通过下式来描述：

$$dist_{if} \cdot WF_f = \alpha_{if} \cdot PVA_i \cdot XD_i / INPUT_{if} \tag{4-2}$$

式中：dist_{if} 为要素的部门收益折算系数，反映了不同部门中同一要素不同的回报率；WF_f 为要素 f 的回报率；PVA_i 为部门 i 的增加值价格。

4.2.2　收入方程

收入方程主要核算要素及各经济主体的收入和储蓄状况。通常情况下，环境 CGE 模型所涉及的要素包括四大类，即土地、劳动力、资本和自然资源要素，所涉及的经济主体包括企业、居民和政府等。收入方程的形式可以表示为式（4-3）～式（4-17）的形式。

$$Y = \sum_f \text{YF}_f \tag{4-3}$$

$$\text{YF}_f = \sum_i \text{dist}_{if} \cdot \text{WF}_f \cdot \text{INPUT}_{if} \tag{4-4}$$

$$\text{YCTAX} = (\text{YF}_K - \text{DEPR}) \cdot t_{yk} \tag{4-5}$$

$$\text{YHTAX} = \text{YF}_L \cdot t_{yl} \tag{4-6}$$

$$\text{INDTAX} = \sum_i \text{PX}_i \cdot \text{XD}_i \cdot \text{tc}_i \tag{4-7}$$

$$\text{TARIEF} = \sum_{im} \text{PM}_{im} \cdot M_{im} \cdot \text{tm}_{im} \tag{4-8}$$

$$\text{GR} = \text{YCTAX} + \text{YHTAX} + \text{TARIEF} + \text{INDTAX} + \overline{\text{DDEBT}} + \overline{\text{FDEBT}} + \overline{\text{DEFT}} \tag{4-9}$$

$$\text{HR} = \text{YF}_L + \overline{\text{HSUB}} + \overline{\text{REMIT}} + \text{DCMP} \tag{4-10}$$

$$\text{HE} = \text{TRE} + \text{CSUB} + \text{DSUB} + \text{ESUB} \tag{4-11}$$

$$\text{SG} = \text{GR} - \overline{\text{HSUB}} - \text{CSUB} - \text{DSUB} - \text{ESUB} - \sum_i P_i \cdot \text{GD}_i \tag{4-12}$$

$$\text{ESUB} = \sum_{ie} \text{PE}_{ie} \cdot E_{ie} \cdot \text{te}_{ie} \tag{4-13}$$

$$\text{CSUB} = \sum_{ip} \overline{\text{SUB}_{ip}} \tag{4-14}$$

$$\text{SH} = \text{mps} \cdot (\text{HR} - \text{YF}_L \cdot t_{vL} - \text{DTAX} - \overline{\text{DDEBT}}) \tag{4-15}$$

$$\text{SC} = \text{YF}_K - \text{DEPR} - \text{DCMP} - \text{YCTAX} \tag{4-16}$$

$$\text{DEPR} = \sum_i d_i \cdot \text{PK}_i \cdot \text{INPUT}_{iK} \tag{4-17}$$

$$\text{SAVING} = \text{SH} + \text{SC} + \text{SG} + \text{DEPR} - \overline{\text{DEFT}} \tag{4-18}$$

其中，式（4-3）定义了所有要素的总收入 Y；而该收入又按式（4-4）所定义的方式分配给资本、劳动力、土地以及自然资源等要素所有者。一般来说，所有劳动力、土地及自然资源要素的收入都将直接分配到居民，资本的收入将流向企业账户，通过环境补贴（DCMP）分配部分至居民账户。式（4-9）定义了政府的收入总额 GR，它等于企业所得税（YCTAX）、个人所得税（YHTAX）、间接税（INDTAX）、关税（TARIEF）、国债总额（$\overline{\text{DDEBT}}$，主要由居民购买）、外国储蓄（$\overline{\text{FDEBT}}$）以及政府赤字（$\overline{\text{DEFT}}$）等的总和。各分项的定义分别如式（4-5）～式（4-8）所示。式（4-10）定义了居民的收入总额（HR），它等于税后的劳动力收入（YF_L）、政府对居民的补贴（$\overline{HSUB}$）、居民国外汇款净额（$\overline{REMIT}$）和污染部门对居民的环境污染补偿收入（DCMP）之和。式（4-11）定义了企业的收入总额（ER），它等于资本收益总额（TRE）与政府对企业的生产补贴（CSUB）、对污染消减部门的补贴（DSUB）、出口补贴（ESUB）的总和。

　　式（4-12）～式（4-18）给出了经济主体的储蓄关系计算式。式（4-12）定义了政府储蓄（SG），它等于政府税收总额（GR）与政府对居民的生活补贴（$\overline{HSUB}$）、对企业的生产补贴（CSUB）、对污染消减部门的补贴（DSUB）、出口补贴（ESUB）以及对部门最终产品消费（$\sum_i P_i \cdot GD_i$）的差额。模型假设居民将其净收入（即居民收入总额扣除应缴纳的个人所得税 $YF_L \cdot t_{yl}$、生活垃圾处理费 DTAX、购买的国债总额 $\overline{DDEBT}$）的固定比例（储蓄率为 mps）用作储蓄，方程形式如式（4-15）所示。式（4-16）列出了企业储蓄（SC），它可以表示为资本收益和资本折旧（DEPR）、环境补贴（DCMP）以及企业所缴纳的税收总额（YCTAX）的差值。资本折旧（DEPR）的计算方法如式（4-17）所示。

　　众所周知，在政府预算的实际执行过程及年终的决算中，收支完全相等的情况几乎不存在。因此，环境 CGE 模型在计算环境-经济系统的总储蓄时，设定了一个政府盈余（SG）或是政府赤字（$\overline{DEFT}$），变量用于处理政府收入与支出之间的差额，则总储蓄等于居民储蓄、企业储蓄、政府储蓄和资本折旧的和，扣除政府赤字，具体公式见式（4-18）。

4.2.3　贸易方程

　　贸易方程通常是基于 Armington 假设，采用 CES 和 CET 函数（包括嵌套的 CES 和 CET 函数）来确定的。

$$X_i = ac_i \{\delta_i M_i^{-\rho c_i} + (1-\delta_i)XXD_i^{-\rho c_i}\}^{-1/\rho c_i}, i \in ip \tag{4-19}$$

$$M_i = XXD_i \{(PD_i/PM_i)\delta_i/(1-\delta_i)\}^{-1/(1+\rho c_i)}, i \in im \tag{4-20}$$

$$XD_i = at_i \{\gamma_i E_i^{\rho t_i} + (1-\gamma_i)XXD_i^{\rho t_i}\}^{1/\rho t_i}, i \in ip \tag{4-21}$$

$$E_i = XXD_i \{(PE_i/PD_i)(1-\gamma_i)/\gamma_i\}^{-1/(1-\rho t_i)}, i \in ie \tag{4-22}$$

　　式（4-19）假设区域外生产的商品和区域内部生产的商品之间存在常替代弹性关系，并定义区域供应的商品总量（X_i）为区域外生产供应研究区域消费的商品（M_i）和区域内生产供应研究区域消费的商品（XXD_i）经 CES 变换后的综合商品数量。由于商品贸易的目标是实现成本最小化和利润最大化，在成本最小化的约束及式（4-19）的条件限制下，可以得到式（4-20），即区域外生产供应研究区域消费的商品数量（M_i）主要是由其相对价格（PD_i/PM_i）决定的。式（4-21）为 CET 函数，表明区域内部生产的商品总量（XD_i）是销往其他区域的商品数量（E_i）和研究区域内部销售的商品数量（XXD_i）通过 CET 转换后的综合商品数量。同样，根据利润最大化原则，结合式（4-21），可以得到式（4-22），即区域内部生产销往其他区域的商品数量（E_i）主要由相对价格（PE_i/PD_i）决定。

环境 CGE 模型在研究区域内部贸易的基础上，还涵盖两种同时进行但又不完全相同的区域间贸易——区际贸易和对外贸易，并暗示区域市场价格体系与区域外市场价格体系分离，即产品外销和外区域商品区域内销售的比例（E_i/M_i，M_i/E_i）仅仅与价格相关。

4.2.4　价格方程

价格方程主要用于描述环境 CGE 模型中商品（或服务）价格、要素价格以及价格指数等的定义。

$$PE_i = \overline{PWE_i} \cdot \bar{R}/(1 + te_i), i \in ie \tag{4-23}$$

$$PM_i = (1 + tm_i) \overline{PWM_i} \cdot \bar{R}, i \in im \tag{4-24}$$

$$PX_i = (PE_i \cdot E_i + PD_i \cdot XXD_i)/XD_i, i \in ip \tag{4-25}$$

$$P_i = (PM_i \cdot M_i + PD_i \cdot XXD_i)/X_i, i \in ip \tag{4-26}$$

$$PX_i \cdot XD_i + \overline{SUB_i} = PVA_i \cdot XD_i + PX_i \cdot XD_i \cdot tc_i + XD_i \sum_{jp} a_{jp,i} P_{jp}$$
$$+ \sum_g PETAX_{g,i} + \sum_g PACOST_{g,i} \tag{4-27}$$

$$PK_i = \sum_j P_j \cdot b_{j,i}, i \in ip \tag{4-28}$$

$$PINDEX = GDPVA/RGDP \tag{4-29}$$

价格方程是建立在"小国假设"基础上的，即区域内生产销往其他区域商品的外部市场（相对于区域内部市场而言的）价格（$\overline{PWE_i}$）和区域外生产供应研究区域消费商品的外部市场价格（$\overline{PWM_i}$）均被处理为外生变量，在环境 CGE 模型求解前需要人为给定。

如果忽略区际贸易，以进出口贸易价格的计算为例，商品（或服务）价格的方程可以表述为式（4-23）～式（4-26）。其中，式（4-23）表明出口商品的区域市场价格（PE_i）是包括出口补贴在内的国际市场价格（$\overline{PWE_i}$）与汇率（$\bar{R}$）的乘积；式（4-24）表明进口商品的区域市场价格（PM_i）是包括出口补贴在内的国际市场价格（$\overline{PWM_i}$）与汇率（$\bar{R}$）的乘积；式（4-25）、式（4-26）分别定义了部门总产出（XD_i）的均价（PX_i）和区域供应的综合商品（X_i）的价格（P_i）。

式（4-27）给出了商品（或服务）生产过程的成本构成定义。该定义由两部分组成：等式左边描述的是净产出，它等于商品（或服务）销售总额（$PX_i \cdot XD_i$）加上政府对该商品生产部门的补贴总额（$\overline{SUB_i}$）；等式右边描述的是总投入，它等于区域增值投入（$PVA_i \cdot XD_i$）、部门应缴纳的间接税总额（$PX_i \cdot XD_i \cdot tc_i$）、中间投入商品（或服务）的价值量（$XD_i \cdot \sum_{jp} a_{jp,i} P_{jp}$）、部门缴纳的排污税总额（$\sum_g PETAX_{g,i}$）以及部门投入污染消减的成本（$\sum_g PACOST_{g,i}$）的总和。

式（4-28）定义了单位资本投入的价格（PK_i）。它是按部门分类定义的，以反映不同部门资本投入用途与收益不同的事实。资本的这种特性可以用资本成分矩阵 $(b_{j,i})$ 的列向量来反映。例如，投入农业部门的单位资本与投入工业部门的单位资本显然具有不同的用途和表现。区别资本投入的这种部门性特征具有重要意义。在静态环境 CGE 模型中，通常假设资本是作为外生变量事先确定的，并且在模型运行阶段不再进行分配。不考虑中间过程，则投资结构仅仅受不同部门对资本最终需求量的影响，资本的部门性异同对模型影响不大。但是，在动态环境 CGE 模型中，由于要考虑中间过程，资本的部门性异同将影响经济增长的路径和方面，模型对部门资本异同的如实反映对模型的构建具有十分重要的意义。

式（4-29）定义了价格指数（PINDEX），它是由名义 GDP（GDPVA）除以实际 GDP（RGDP）得到，通过国民账户统计极易取得相应数据。价格指数为环境 CGE 模型的模拟计算提供了一个价格水平的计量单位。由于基于环境 CGE 模型求得的通常是各种相对价格，用价格指数对模型的解进行修正，就能够如实地反映环境经济系统的现实。当然，在实际工作中，一些类似的指数（如消费价格指数或生产价格指数），甚至某一特定标识物的价格（汇率或工资率）也常常被选择作为价格指数。

4.2.5　支付方程

支付方程是对所有经济主体的消费需求进行描述。在环境 CGE 模型中常用的消费需求函数包括：线性支出系统（linear expenditure system，LES）、扩展的线性支出系统（extended linear expenditure system，ELES）、CES（constant elasticity of substitution，CES）需求系统、几乎理想的需求系统（almost ideal demand system，AIDS）等。函数形式的选取取决于两个方面内容：经济主体实际的消费行为和数据的可获得性（霍尔斯和曼斯博格，2009）。本书选用 ELES 描述居民的消费需求，则环境 CGE 模型支付方程如式（4-30）～式（4-40）所示。

$$CD_i = \theta_i + \frac{\beta h_i \cdot HR^*}{P_i} \tag{4-30}$$

$$HR^* = (1-mps)(HR - YF_L \cdot t_{vL} - DTAX - \overline{DDEBT}) - \theta_i P_i \tag{4-31}$$

$$GD_i = \alpha g_i \left(\frac{PG}{P_i}\right)^{\beta g_i} \overline{GC}, i \in ip \tag{4-32}$$

$$PG = \left[\sum_i \alpha g_i \cdot P_i^{1-\beta g_i}\right]^{1/(1-\beta g_i)}, i \in ip \tag{4-33}$$

$$INT_i = \sum_j a_{i,j} \cdot XD_j, i \in ip \tag{4-34a}$$

$$INT_i = \sum_j PACOST_{i,j}/P_j, i \in ip \tag{4-34b}$$

$$XI = SAVING \tag{4-35}$$

$$DST_i = \alpha st_i \left(\frac{PST}{P_i}\right)^{\beta st_i} XI, i \in ip \tag{4-36}$$

$$PST = \left[\sum_i \alpha st_i P_i^{1-\beta st_i}\right]^{1/(1-\beta st_i)}, i \in ip \tag{4-37}$$

$$\text{FXDINV} = \text{XI} - \sum_i P_i \text{DST} - \overline{\text{EINV}} - \text{BSPLUS}, i \in ip \tag{4-38}$$

$$\text{PK}_{ip} \cdot \text{DK}_{ip} = \beta k_{ip} \cdot \text{FXDINV} \tag{4-39}$$

$$\text{ID}_{ip} = \sum_{jp} b_{ip,jp} \text{DK}_{jp} \tag{4-40}$$

式（4-30）确定了居民对整个环境-经济系统综合商品的消费需求量（CD_i）。该消费需求由两部分构成：最低基本生存消费量（θ_i）（subsistence minima）和额外收入的一定比例（βh_i）消费量。所谓额外收入是指不包括最低消费的剩余可支配收入部分，式（4-31）定义了这种收入。

政府预算（$\overline{\text{GC}}$）外生给定，假设政府支出函数为 CES 形式（允许弹性为 0）。式（4-32）定义了政府对不同商品的最终消费需求，而式（4-33）则决定了政府的支出价格（PG）。其中，αg_i 表示政府对 i 商品的支出比例，βg_i 表示政府消费的各商品之间的替代弹性。

式（4-34a）、式（4-34b）定义了各生产部门（包括污染消减部门）对最终产品的投资需求。式中，$\text{PACOST}_{i,j}$ 为污染消减的成本。

投资是由储蓄内生决定的。用 XI 来表示投资总额，与政府的消费需求支出类似，也采用 CES 函数来分配各部门的投资需求（DST_i），式（4-35）和式（4-37）给出了其计算公式。

式（4-38）定义了部门的社会名义投资总额（FXDINV），它等于总投资（INVEST）扣除各部门存货市场价值（$\sum_i P_i \text{DST}_i$）、污染消减部门的名义投资总额（$\overline{\text{EINV}}$）以及国际收支盈余（BSPLUS）的差额。方程（4-39）表明社会名义投资总额按一定比例（βk_{ip}）转化为各部门的实际投资（$\text{PK}_{ip} \text{DK}_{ip}$）。方程（4-40）进一步将部门投资需求转化为对基本投入要素（ID_{ip}）的需求。其中，$b_{ip,jp}$ 为资本成分矩阵，用来描述各部门的资本需求的组成情况。

4.2.6　污染处理方程

环境 CGE 模型的突出特点就是将污染消减作为独立部门，核算其投入产出情况，并将其产出——污染消减服务作为一类特殊的"商品"进行贸易。尽管该"商品"的产出总量以及价格表达在生产和价格方程部分已经作了明确说明，但由于该部门的特殊性，如排污税（费）的计算问题以及污染物的排放情况等在前面部分并没有提及，因此，环境 CGE 模型将污染处理相关的方程单独处理如下：

$$\text{PK}_{ia} \cdot \text{DKE}_{ia} = \beta k_{ia} \cdot \overline{\text{EINV}} \tag{4-41}$$

$$\text{IDE}_{ip} = \sum_{ia} b_{ip,ia} \cdot \text{DKE}_{ia} \tag{4-42}$$

$$\text{PETAX}_{g,i} = \text{tpe}_g \cdot d_{g,i} \cdot \text{XD}_i (1 - \text{CL}_{g,i}) \cdot \text{impl}_{g,i} \tag{4-43}$$

$$\text{ETAX} = \sum_i \sum_g \text{PETAX}_{g,i} \tag{4-44}$$

$$\text{DTAX} = \sum_g \text{tpd}_g \sum_{ip} \text{dc}_{g,ip} \text{CD}_{ip} \tag{4-45}$$

$$DSUB = \sum_{ia} \overline{SUB_{ia}} \tag{4-46}$$

$$PA_g = (X0_g / TDA0_g) P_g \tag{4-47}$$

$$PACOST_{g,i} = PA_g \cdot d_{g,i} \cdot XD_i \cdot CL_g \cdot adj_{g,i} \tag{4-48}$$

$$TDA_g = X_g \cdot TDA0_g / X0_g \tag{4-49}$$

$$DA_g = TDA_g - GD_g \cdot TDA0_g / X0_g \tag{4-50}$$

$$CL_g = DA_g / \sum_i d_{g,i} XD_i \tag{4-51}$$

$$DG_g = \sum_i d_{g,i} XD_i + \sum_i d_{g,i} (CD_i + GD_i) \tag{4-52}$$

$$DE_g = DG_g - TDA_g \tag{4-53}$$

式（4-41）表明，污染消减部门的实际投资总额（$PK_{ia} \cdot DKE_{ia}$）是由其名义投资总额（$\overline{EINV}$）按一定比例（βk_{ia}）转化而来的。式（4-42）进一步将该部门的实际投资需求转化为对基本投入要素（IDE_{ip}）的需求。其中，$b_{ip,ia}$ 为污染消减部门相关的资本成分矩阵。

污染消减部门进行独立经济核算的基础为排污税（费）的征收、污染消减部门的投入核算以及污染消减成本核算。生产部门的排污税（费）征收额（$PETAX_{g,i}$）等于部门排污税（费）率（tpe_g）与污染物排放总量 $[d_{g,i} \cdot XD_i (1-CL_g)]$ 的乘积。其中，$d_{g,i}$ 表示部门污染物排放强度，$CL_{g,i}$ 表示部门的污染物消减比例。但实际上，在我国全面展开排污税（费）的征收工作难度较大。通常情况下，我国征收到的排污税（费）仅为通过上述方法计算得到的总额的一半不到。因此，在处理排污税（费）项时，我们引进了一个调整参数——排污税（费）征收强度系数（$impl_{g,i}$），则部门排污税（费）的支付额可以用式（4-42）来表示。污染消减部门的总投入主要包括部门的排污税（费）总额（ETAX）、生活垃圾的处理费总额（DTAX）以及政府对污染消减部门的补贴总额（DSUB）。式（4-43）～式（4-46）分别给出了这几个分项的计算公式。式中，pd_g 表示生活垃圾的处理费率。此外，式（4-47）和式（4-48）中也给出了污染消减成本的计算方法。其中，方程（4-47）给出了污染消减的价格转换公式，即通过基期的污染消减部门的总产出（$X0_g$）和基准年的污染消减水平（$TDA0_g$）的比值，将污染消减部门产出的市场价格（P_g）转换为污染物的单位消减成本（PA_g）。式（4-48）给出了污染消减部门的总成本（$PACOST_{g,i}$）的计算公式，它等于单位污染物的消减成本（PA_g）与成本调整系数（$adj_{g,i}$）以及消减总量（$d_{g,i} \cdot XD_i \cdot CL_g$）的乘积。

污染消减部门产出水平的衡量是通过计算各污染物的消减总量、产生总量及其排放总量来确定的。相关的计算公式可用式（4-49）～式（4-53）来表示。式（4-49）定义了污染物消减总量（TDA_g）的转换公式，其计算原理同方程（4-47）。式（4-50）、式（4-51）分别定义了生产过程中消减的污染物总量（DA_g）以及消减率（CL_g）；而式（4-52）、式（4-53）则分别定义了整个经济系统的污染物产生总量（DG_g）及其排放总量（DE_g）。

4.2.7　宏观闭合方程

宏观闭合方程描述了市场出清条件下环境-经济系统必须满足的宏观闭合条件，即在价格机制作用下，所有的要素和商品市场都达到均衡。

$$X_i = \mathrm{CD}_i + \mathrm{INT}_i + \mathrm{GD}_i + \mathrm{ID}_i + \mathrm{IDE}_i + \mathrm{DST}_i \tag{4-54}$$

$$\sum_i \mathrm{INPUT}_{iL} = \overline{\mathrm{LS}} \tag{4-55}$$

$$\sum_i \mathrm{INPUT}_{iK} = \overline{\mathrm{KS}} \tag{4-56}$$

$$\sum_{im} \mathrm{PM}_{im} \cdot M_{im} + \mathrm{BSPLUS} = \sum_{ie} \mathrm{PE}_{ie} E_{ie} + \overline{\mathrm{PEMIT}} + \overline{\mathrm{FDEBT}} \tag{4-57}$$

$$\mathrm{XI} = \mathrm{SAVING} \tag{4-58}$$

式（4-54）定义了产品市场的出清条件，即各部门产品的市场总供给（X_i）等于总需求。结合 4.4.1～4.4.6 节中所列的方程可以看出，式（4-54）的均衡实现取决于 10 个价格变量：$\overline{\mathrm{PWE}_{ie}}$、$\overline{\mathrm{PWM}_{im}}$、$\mathrm{PE}_{ie}$、$\mathrm{PM}_{im}$、$\mathrm{PD}_i$、$P_i$、$\mathrm{PA}_g$、$\mathrm{PF}_{if}$、$\mathrm{PVA}_i$ 和 PX_i 的变动。其中，国际市场价格 $\overline{\mathrm{PWE}_{ie}}$ 和 $\overline{\mathrm{PWM}_{im}}$ 是根据实际情况外生标定的；而在其他 8 个变量中，PF_{if}（当 $f = K$ 时）设定为基准价格（设为"1"），此时求得其余 7 个变量的值都是相对于 PF_{if}（当 $f = K$ 时）的相对值。

式（4-55）、式（4-56）定义了劳动力和资本市场的均衡条件。劳动力和资本市场均衡意味着整个经济系统劳动力和资本的总需求等于总供给。在环境 CGE 模型中，通常假设基本要素——劳动力和资本的供给 $[\mathrm{INPUT}_{if}(f = L, K)]$ 是外生变量，并且假定其可以跨部门流动。市场均衡通过其相对价格 $[\mathrm{WF}_{if}(f = L, K)]$ 的变动和外生的部门分配系数（dist_{if}）来实现。

式（4-57）定义了国际收支的平衡条件，即国际收支平衡可以通过模型外生变量的确定来实现。例如，若选择外国储蓄（$\overline{\mathrm{FDEBT}}$）作为外生变量，则可以通过汇率（$R$）的变动实现国际市场的平衡，由于汇率变动将影响出口价格（PE_{ie}）、进口价格（PM_{im}）与国内价格（PD_i）的相对价格，从而影响进、出口数量，最终实现国际收支平衡；而若价格指数（PINDEX）外生确定，则可以通过内生确定 $\bar{R}$ 和 $\overline{\mathrm{FDEBT}}$ 来实现同样的目标。因此，模型要实现国际收支均衡，只需要在 $\bar{R}$、PINDEX 和 $\overline{\mathrm{FDEBT}}$ 三个变量中给定任何一个即可。在此处所建立的环境 CGE 模型中，我们选择第一种方法来实现整个环境经济系统的国际收支均衡。

最后一个宏观闭合条件如式（4-58）所示——要求总储蓄与总投资相等。总储蓄的构成在式（4-18）和式（4-35）中已经进行了定义，于是，总投资就可以表示为各独立主体（政府、家庭、企业和国外等主体）储蓄的总和。

观察环境 CGE 模型中方程和内生变量的数目可以发现，方程数多于内生变量数，且仅多一个。由此可见，以上所建立的模型中所有方程并非完全独立的，可以从中任选一个剔除，使得模型方程数目和内生变量数目相等，亦即模型"过度识别"问题。Decaluwé 和 Martens（1988）发现按一般均衡理论建立的经济模型中必然存在过度识别的问题，为保证解的唯一性，必须选择破坏一个模型所假设的均衡条件，才能达到一般均衡。但无论选择破坏哪一个均衡条件，都必须解决微观和宏观尺度相互作用和相互衔接的问题。在此处，选择破坏劳动力市场的均衡条件来实现整个环境-经济系统的一般均衡，即允许失业存在，通过产出与就业水平（或失业率 runemp）的变化使得模型中的投资与储蓄出清，因此方程（4-55）中所描述的劳动力市场的均衡就替换为方程（4-55'）。

$$\sum_i \text{INPUT}_{iL} = \overline{\text{LS}}(1 - \text{runemp}) \tag{4-55'}$$

4.2.8　社会福利方程

环境 CGE 模型是描述环境-经济系统相互作用规律的普适性方法。一般来说，经济学可以简单地定义为利用有限的资源，合理安排生产，对产出的商品进行合理分配，使得所有消费者达到现在与未来的最大满足程度。因此，一个完整的环境 CGE 模型还应包括描述消费者满足程度的函数，即效用函数[①]。可供选择的效用函数有很多，最常用的形式有 C-D 型、CES 型以及线性支出（linear expenditure system，LES）型等。在此，以 C-D 效用函数为例来阐述整个环境 CGE 模型，其方程形式如式（4-59）所示。

$$U = \prod_i \text{CD}_i^{\vartheta h_i} \prod_R \text{TDA}_g^{\vartheta p_i} \tag{4-59}$$

由于统计口径与数据来源的差别，通过查阅统计年鉴得到的 GDP 数据与环境 CGE 模型所表征的经济系统的实际值会存在一定的差异性。因此，在环境 CGE 模型构建中还分别增加了式（4-60）和式（4-61）补充定义名义 GDP 和实际 GDP 的计算方法（可以根据它们来计算价格指数 PINDEX，以衡量 GDP 的缩减指数）。其中，名义 GDP（GDPVA）由增值额加总得到，具体包括名义增值额（$\sum_i \text{PVA}_i \cdot \text{XD}_i$）、间接税（INDTAX）、排污税（ETAX）、关税（TARIEF），但要扣除净出口补贴部分（ESUB）、生产补贴（CSUB）以及污染消减补贴（DSUB）。实际 GDP（RGDP）根据支付额计算，包括私人消费（CD_i）、政府消费（GD_i）、中间投入消费（ID_i，IDE_i，INT_i）、存货（DST_i）、出口（E_{ie}），不包括进口货物（M_{im}）。

$$
\begin{aligned}
\text{GDPVA} = &\sum_i \text{PVA}_i \cdot \text{XD}_i + \text{INDTAX} + \text{ETAX} \\
&+ \text{TARIEF} - \text{ESUB} - \text{CSUB} - \text{DSUB}
\end{aligned} \tag{4-60}
$$

$$
\begin{aligned}
\text{RGDP} = &\sum_i (\text{CD}_i + \text{INT}_i + \text{GD}_i + \text{ID}_i + \text{IDE}_i + \text{DST}_i) \\
&+ \sum_{ie} E_{ie} - \sum_{im} M_{im}(1 - \text{tm}_{im})
\end{aligned} \tag{4-61}
$$

至此，一个完整的环境 CGE 模型就建立起来了。

---

① 效用函数是表示整个人类的满足程度和个人的满足程度的函数。

4.3　环境 CGE 模型参数估计

对于给定的模型结构和具体的方程形式，模型参数的估计是关键。目前，环境 CGE 模型已经在世界各国得到了广泛应用，其庞杂的参数估计是模型分析流程中至关重要的步骤。环境 CGE 模型参数少则数以百计，多则数以千计甚至万计，因此迫切需要寻找一套系统的参数估计方法。假设所研究的环境-经济系统在基年处于平衡状态，即所谓的基年均衡，模型的参数是以基年均衡观测值为基础确定的。基年均衡观测值必须满足数据与一般均衡条件一致的要求，但政府公布的各种统计数据不够具体、详细，有些甚至还与一般均衡条件不一致（如部门劳动力报酬的支出不等于居民劳动力收入），为了保证均衡条件的有效性，许多数据需要重新调整、估算。ESAM 作为环境 CGE 模型全面一致的均衡数据集，可用于模型参数的估计。

环境 CGE 模型参数估计的方法主要有两种：校准法和计量经济学方法。一般来说，在没有任何外生冲击的情况下，运行环境 CGE 模型应当能够生成与基期一致的均衡数据集，因此，模型的大部分参数（如储蓄率、补贴率等）都可以运用 ESAM 中的数据，通过校准法计算得到。然而，模型中还有部分参数（如要素、商品的替代弹性等）并不能通过该方法得到，而需要借助其他文献的研究成果来外生给定，或者通过对长时间序列的统计数据运用计量经济学方法得到。

4.3.1　校　准　法

校准（calibration）又称逆回归（inverse regression），是指为测量工具确定原始值和刻度值的过程。校准法最初源自自然科学中测量设备的校验。20 世纪 60 年代，该方法开始逐渐应用于经济学领域。Harberger（1962）在其开展的经济学研究中首次尝试了该方法，而其在宏观经济学中的正式引用则是从 Kydland 和 Prescott（1982）开始的。

经济学领域中所谓的校准法主要是指通过实际经济观测数据，结合模型的结构特征分析，给参数和变量赋值。一个完整的经济学校准模型主要包含以下几方面内容：首先，根据需要研究的经济问题建立一个线性的或非线性的经济模型，模型中有大量待确定的参数值（如边际消费倾向、要素替代弹性等）；然后，根据经济运行状况为模型选择一个基准解（basic solution），并将其代入模型，此时，模型中待确定的参数变为未知数，而原有待求变量变为常数；最后，依据基准解，通过技术处理，就可以确定模型所包含的所有参数的具体值（在校准的过程中假定模型可以无限次复制这些基准值）。通过该过程确定的模型参数值就可以用来模拟非现实政策（如税率变动与非关税壁垒的取消）对经济体的冲击效应，以此来预测经济体对现有政策体系变动的反应。

同样，校准法也可以引申到环境-经济政策模型的构建过程中。在环境 CGE 模型中，校准特指利用 ESAM 和外生弹性值确定模型中其他参数的过程。利用校准法对环境 CGE 模型进行参数估计的首要问题是 ESAM 中交易值度量单位的选取。由于 ESAM

是用价值量来表示账户间的交易值，为了分离价格和数量，通常首先采用 Harberger 法，把商品和要素的价格设为"1"（Harberger，1962）；这样，在确定了基期价格后，便可以得到所有商品和要素的实际数量，结合模型的相关方程进一步估算，又可以导出模型中的其他参数值。校准法主要适用于环境 CGE 模型中各种比率和份额参数名义值以及模型求解结果实际值的确定。

1. 各种比率和份额参数名义值的确定

ESAM 中各类"转移支付"交易都只有名义值而无相应的实际量，与之相关的各种比率和份额参数（如间接税、关税税率等）都是在名义值的基础上确定的。根据基期 ESAM 中的"转移支付"数据，结合对应账户的总投入或产出，可以直接计算出这部分参数的名义值。同时，模型中还有部分份额参数（如不同机构收入分配的份额参数）与要素及机构账户的收入有关，对于该类型参数，校准法是根据 ESAM 中相应的名义值数据，结合模型的收入方程确定的。

2. 模型求解结果实际值的确定

环境 CGE 模型求解结果实际值的确定第一步是要对基期数据（包括 ESAM 数据）中的价格和数量进行分离，形成基期均衡数据。由于模型中所有价格都是相对价格，根据 ESAM 估计得到的各参数值也都是名义值，因而，可以选择适当的单位使得商品和要素的初始价格等于 1，这样，基期 ESAM 中的各种流量数据的名义值就等于其实际值。待模型求解后，与价格基准（numeraire）相比较就可以得到对应价格的绝对值大小，进而求得模型的实际值结果（赵永和王劲峰，2008）。大多数环境 CGE 模型求解结果的确定都是采用这种方式进行的。

需要注意的是，通过校准法确定的相关参数及求解结果的值还需要进行复制性检验，以确定基期均衡数据是否为环境 CGE 模型的初始解。只有当基期均衡数据与初始解一致时，模型参数的标定才算完成，否则需要调整参数，直到满足要求为止（程海芳等，2003）。校准是一个确定性过程，不需要对模型设定相关的统计检验。

4.3.2　计量经济学方法

通常情况下，计量经济学的参数估计方法可以概括为：首先针对要估计的参数，收集相关的时间序列数据；然后在计量经济学的统计检验假设条件下，采用统计回归方法求出参数的估计值。用数学的语言可以描述为

$$F(\boldsymbol{Y},\boldsymbol{X},\boldsymbol{\beta},\boldsymbol{\varepsilon})=0 \tag{4-62}$$

式中：$\boldsymbol{Y}$ 为内生变量向量；$\boldsymbol{X}$ 为外生变量的向量；$\boldsymbol{\varepsilon}$ 为随机误差向量；$\boldsymbol{\beta}$ 为参数向量，即建模者所要解决的关键问题。给定 $F(\boldsymbol{Y},\boldsymbol{X},\boldsymbol{\beta},\boldsymbol{\varepsilon})$ 的函数形式和一组关于 $\boldsymbol{Y}$ 和 $\boldsymbol{X}$ 的观测值，以及对随机误差 $\boldsymbol{\varepsilon}$ 的合理假定（通常假设 $\boldsymbol{\varepsilon}$ 服从正态分布），则可以估算参数 $\boldsymbol{\beta}$ 使得其在某种意义上是"最好"的。

对于随机误差 $\boldsymbol{\varepsilon}$ 的存在，我们认为至少由两个方面因素导致：①任何模型都不可能

包括影响其内生变量值的所有因素，ε 用于表示被省略的因素；②外生变量因为测量方法的原因，可能存在误差，ε 用于表示误差的累积效应。如果在式（4-62）中利用校准法进行估计，则 ε 即被简单地设定为 0，β 通过 Y 和 X 的唯一基准均衡观测值估计。也就是说，在达到均衡状态时，除了已包括在模型中的因素外，绝对没有其他因素来影响模型内生变量的值，而且在将来也不会有其他因素来影响模型。这个强假设显然不符合环境-经济系统的现实。为了减少该假设对参数估计结果的影响，一些建模者选择采用多次评估取平均值的方法得到参数 β 的估计值。这个过程，从某种意义上说也相当于是计量经济学的方法。

运用计量经济学方法进行环境 CGE 模型参数估计还必须要解决一个均衡一致性问题。这是因为，如果 β 是用计量经济方法估计的，则有

$$F(Y, X, \hat{\beta}, 0) \neq 0 \tag{4-63}$$

即一般均衡要求无法得到满足。而环境 CGE 模型建立的基础即为一般均衡理论，这显然是矛盾的。要实现环境 CGE 模型参数的计量经济学方法估计就必须首先解决这个问题。

4.3.3　两种参数估计方法的比较

校准法和计量经济学方法是环境 CGE 模型最常用的参数估计方法，各有利弊。表 4-1 总结了两种方法在环境 CGE 模型参数估计方面的优缺点及它们的参数适用范围。

表 4-1　环境 CGE 模型的两种参数估计方法比较

项目	优　点	缺　点	适用范围
计量经济学方法	估计的数据可靠性程度高； 能把握数据的精度范围	需多年时序数据，数据收集困难	CES/CET 函数的替代弹性、转换弹性； 各种供给需求弹性
校准法	仅需基年数据即可，数据收集相对容易	对基年数据的可靠性依赖大； 数据的可靠性程度低； 标定的参数对所选取的基年数据敏感； 不能确定所有模型参数	CES/CET 函数的份额参数； 各种税率； 各种弹性函数的因子； 居民商品边际消费倾向

校准法的优点主要体现在对数据需求少且计算相对简单，缺点则主要有以下几个方面：其一，估计的参数值是由模型自身确定的，因此无法获得其标准差，也不能检测出参数的可靠性；其二，计算出的模拟结果对所选择的基期数据具有高度的敏感性；其三，在参数估计时会遇到一致性问题（即仅基于基期数据不能确定模型中所有参数），并且随着外生变量数量的增加，一致性问题将更加严重。因此，环境 CGE 模型中许多参数（通常为弹性参数）的确定还需要外生设定。而计量经济学的参数估计方法是基于对长时间观测数据的统计检验进行的，其结果一般比较准确。但该方法需要具有较完备详细的长时间经济数据，这通常在发展中国家较难满足。

4.4　关键参数的确定

环境 CGE 模型中最关键的参数是模型的有关弹性值（Mansur and Whalley, 1984），如生产要素的替代弹性值、Armington 弹性值以及 CGE 弹性值等。一般来说，环境 CGE 模型的模拟结果对弹性值较为敏感，弹性值的估计精度直接影响到参数校准结果和模型模拟结果的准确性和可靠性。环境 CGE 模型的弹性参数大致可以分为三类（表 4-2）：一是生产函数中的弹性；二是贸易函数（包括出口供给和进口需求函数）中的弹性；三是居民需求函数中的弹性。

表 4-2　环境 CGE 模型中通常需要外生给定的弹性值

弹性集	弹性类型	说明
生产	总产出	国内商品总产出层上的弹性值
	要素之间	生产函数中基本投入要素之间的替代弹性
	生产要素与中间投入	生产函数中基本投入要素与中间投入之间的替代性
贸易	Armington 弹性	商品消费的进口品与国产品之间的替代弹性
	CGE 弹性	国内商品的出口与内销之间的替代弹性
消费	Frisch 参数	LES 中定义为总收入与总收入减去基本需求之和的比值
	需求的支出弹性	居民需求函数中对商品需求的支出弹性

环境 CGE 模型对于弹性值的估计存在很大的随意性和不规范性，至今还没有找到令人满意的通用方法。在一些模型中，同一弹性类型的值之间甚至存在较大差异；而在有些模型中，某一弹性类型的值一旦确定就很少改变（这种弹性也被许多建模者戏称为"弹性的傻瓜定律"或"咖啡桌弹性"）。鉴于此，采用不同的数据分析方法进行对比研究，克服数据不足的限制，尽可能准确地估计出弹性值参数，是环境 CGE 模型建模者需要认真考虑的问题。

4.4.1　C-D 生产函数的参数估计

对于规模报酬不变条件下的两要素（包括资本和劳动力）C-D 型生产函数，

$$X_i = A_i \cdot L_i^{\alpha_i} \cdot K_i^{\beta_i} \tag{4-64}$$

式中：X_i 为总产出；L_i 为劳动力人数；K_i 为资本数量。需要估计的弹性参数包括：规模参数 A_i、劳动力的产出弹性 α_i 和资本的产出弹性 β_i，且满足 $\alpha_i + \beta_i = 1$。

比较经典的参数估计方法可以概括为：首先将 C-D 生产函数［式（4-64）］改写为对数线性形式，然后转化为计量经济模型进行估计，即

$$\ln X_i = \ln A_i + \alpha_i \ln L_i + \beta_i \ln K_i + \varepsilon_i \tag{4-65}$$

式中：ε_i 为误差项。若是可以收集到资本（K）和劳动力（L）要素的长时间序列数据，对式（4-65）可直接利用普通最小二乘（ordinary least square, OLS）估计法进行估

计。但由于 K 和 L 往往是相关的，因此，式（4-65）中的 $\ln L_i$ 和 $\ln K_i$ 往往会出现共线性。于是，对式（4-65）进行如下变换

$$\ln\left(\frac{X_i}{L_i}\right) = \ln A_i + \beta_i \ln\left(\frac{K_i}{L_i}\right) + \varepsilon_i \tag{4-66}$$

利用 OLS 方法对式（4-66）进行估计，即可得到 β_i 的值。结合 $\alpha_i + \beta_i = 1$ 进一步求解，进而可以得到 α_i。

当 $\alpha_i(\beta_i = 1 - \alpha_i)$ 已经通过上述方法确定后，在基准年份，由于 X_i、L_i、K_i 均可由 ESAM 直接得到，为已知，则有

$$A_i = X_i/(L_i^{\alpha_i} \cdot K_i^{\beta_i}) \tag{4-67}$$

4.4.2　CES 生产函数的参数估计

CES 生产函数能够区分不同要素之间的替代性质，因而在环境 CGE 模型中较多地选用该形式的函数对经济和污染消减活动的生产行为进行描述。对于 CES 生产函数，其参数估计主要有两种方法：一是利用边际生产条件进行估计；二是直接计算。由于基于第一种方法得到的参数值与实际情况通常有较大差异，故本书均采用直接计算方法对 CES 生产函数的参数值进行估计（李子奈，1992）。一般来说，直接计算主要有三种方法：Taylor 级数线性化方法、Bayesian 方法和广义最大熵方法（generalized maximum entropy，GME）。下面就分别对这三种估计方法的实现过程进行简单介绍。

1. Taylor 级数线性化方法

Talyor 级数线性化方法是应用最为广泛的 CES 生产函数直接计算方法（Maddla and Kadane，1967；Panas，1982）。所谓 Taylor 级数线性化就是对公式两边取对数，并在 $\rho = 0$ 处进行 Taylor 级数展开，取二阶线性部分（舍去三阶及三阶以上的高阶项），得到 CES 函数的线性近似表达。

考虑如下的规模报酬不变条件下的两要素 CES 生产函数：

$$Q_i = A_i[\delta_i K_i^{-\rho_i} + (1-\delta_i)L_i^{-\rho_i}]^{-1/\rho_i} \tag{4-68}$$

式中：A_i 为规模参数；$\delta_i(0 < \delta < 1)$ 为份额参数；ρ_i 为弹性参数。对式（4-68）两边同时取对数，于是有

$$\ln Q_i = \ln A_i + \ln L_i + \ln[\delta_i(K_i/L_i)^{-\rho_i} + 1 - \delta_i] \tag{4-69}$$

在 $\rho_i = 0$ 处进行 Taylor 级数展开，则

$$\ln Q_i = \beta_{i0} + \beta_{i1}\ln K_i + \beta_{i2}\ln L_i + \beta_{i3}[\ln(K_i/L_i)]^2 \tag{4-70}$$

式中：$\beta_{i1} = \delta_i$，$\beta_{i2} = 1 - \delta_i$，$\beta_{i3} = -0.5\rho_i\delta_i(1-\delta_i)$。结合 OLS 方法即可得到 CES 生产函数各参数的估计值。

2. Bayesian 方法

如果能够事先获取 CES 生产函数的相关先验信息，还可选用 Bayesian 方法对其参

数进行估计。Bayesian 方法是基于 Bayesian 定理（Bayesian Logic）发展起来的一类统计学分析方法，其基本原理可以表述如下

联合后验概率密度 ∝ 先验概率密度 × 似然函数

式中：∝表示成正比例，即联合后验概率密度是在集中了总体、样本和先验信息等中与参数有关的一切信息，而又排除了一切与参数无关的信息之后所得到的（茆诗松，1999）。先验信息通过概率密度函数进入后验概率密度，总体和样本信息通过似然函数进入。

现阶段，Bayesian 方法已经广泛应用于 CES 生产函数的参数估计中。例如，Zellner（1971）利用 Bayesian 方法对 CES 生产函数的相关参数进行了估计；H. Tsurumi 和 Y. Tsrumi（1976）利用 Bayesian 方法对日本和朝鲜工业的 CES 生产函数参数进行了估计；McKibbin 等（1999）采用 Bayesian 方法估计了多层嵌套的 CES 生产函数的参数。

与经典统计学方法仅利用样本信息进行参数估计不同，Bayesian 方法将未知参数的先验信息与样本信息综合，再根据 Bayesian 定理得出后验信息，然后根据后验信息去推断未知参数的取值（刘乐平和袁卫，2004）。基于 Bayesian 方法的 CES 生产函数参数估计可以概括如下。

对如式（4-68）的 CES 生产函数，两边同时取对数，引入误差 ε_i，并假设 K_i、L_i 是外生变量且独立于 ε_i，于是得到

$$q_i - k_i = \alpha_i - (1/\rho_i)\ln[\delta_i + (1-\delta_i)e^{-\rho_i(l_i-k_i)}] + \varepsilon_i \tag{4-71}$$

式中：$q_i = \ln Q_i$，$k_i = \ln K_i$，$l_i = \ln L_i$，$\alpha_i = \ln A_i$。假设 ε_i 服从均值为零，方差为 τ_i 的正态分布，记参数向量 $\boldsymbol{\theta}_i = (\alpha_i, \delta_i, \beta_i, \tau_i)$，则似然函数为

$$\ell(\boldsymbol{\theta}_i \mid q_i) \propto \tau_i^{n/2}\exp\left[-(\tau_i/2)\sum_{j=1}^{n}(q_{ij}-k_{ij}-\mu_{ij})^2\right] \tag{4-72}$$

式中：$\mu_{ij} = \alpha_i - (1/\rho_i)\ln[\delta_i + (1-\delta_i)e^{-\rho_i(l_{ij}-k_{ij})}]$；$n$ 为观测值的总数；下标 j 为第 j 组观测值。

对于未知参数的先验信息 $p(\boldsymbol{\theta}_i) = p(\alpha_i, \delta_i, \beta_i, \tau_i)$：假设 α_i 和 τ_i 分别服从正态先验分布和 Gamma 先验分布；对于 δ_i，由于其取值范围为（0，1），故把该区间上的均匀分布作为其先验分布；对于 ρ_i，由于 $\sigma_i = 1/(1+\rho_i)$ 取值大致在 0.1～2.0（郑玉歆和樊明太，1999），故取区间（0.5～1.9）上的均匀分布作为 ρ_i 的先验分布。

给定观测数据 Q_i、K_i、L_i 后，根据式（4-71），参数向量的联合后验概率密度可以表示为

$$p(\boldsymbol{\theta}_i | Q_i, K_i, L_i) \propto p(\boldsymbol{\theta}_i)\ell(\boldsymbol{\theta}_i | q_i) \tag{4-73}$$

基于式（4-71），运用积分方法，就可以得到感兴趣参数的后验密度。例如，如果对参数 α_i、δ_i、β_i 感兴趣，可以在式（4-71）中对 τ_i 进行积分，得到 α_i、δ_i、β_i 的联合后验密度；如果仅对 δ_i、β_i 感兴趣，可以继续对 α_i 积分，得到单个参数的边缘后验密度。

由于多重积分思想的运用，Bayesian 方法比一般的参数估计方法复杂许多（Meyer and Yu，2000），这在一定程度上增加了 Bayesian 方法的参数估算难度，而 WInBUGS 软件的出现正好弥补了该方面研究的不足。在 WInBUGS 软件的支持下，模型的任何

改动，包括先验和样本误差分布的变化，只需改动较少的代码就可轻易实现（Lancaster，2004）。

最后，需要特别指出的是，由于 $\ln K_i$、$\ln L_i$ 和 $[\ln (K_i/L_i)]^2$ 之间可能存在共同的变化趋势，而这种共同的趋势通常情况下会影响到参数估算的精度和在参数估计基础上对模型展开的各项检验（Caddy，1976；任若恩，1992）。因此，在利用式（4-71）估计 CES 生产函数的相关参数时，需要首先对相关参数和变量的观测值之间的多重共线性特征进行检验。

3. GME 方法

GME 作为 CES 生产函数的一种参数估计方法，具有许多突出的优势。第一，GME 方法对小样本、多重共线性问题具有良好的适应性（Judge et al.，1996；Golan et al.，1999）；第二，GME 方法可以灵活包含非线性约束和不等式约束条件；第三，GME 方法不需要误差项分布假设；第四，即使是在误差项不服从正态分布，或是与外生变量相关的情况下，GME 法也能保持稳健性特征（Golan et al.，2001）。但是，该方法也存在一定的局限性。例如，针对参数的合理值，如果没有或仅有极少量信息时，参考支持空间的设定就成了 GME 方法的主要瑕疵（Lence and Miller，1998a）。

GME 的基本思想是把所有未知参数变换为概率形式（Zhang and Fan，2001），其基本流程可以描述为：首先，把未知参数和误差重新参数化为离散型随机变量的凸组合；其次，用新参数重新改写模型的相关方程，并将改写后的等式作为模型的一致性约束条件；最后，对改动后的模型进行数值求解（Al-Nasser，2003）。用 GME 方法求解得到的参数解是关于拉格朗日乘子（该乘子与一致性约束条件对应）、参数支持空间和样本数据的函数。

GME 方法用数学的语言可以描述如下：对于如下的广义线性模型

$$Y = X\beta + e \tag{4-74}$$

式中：Y 为 $T \times 1$ 维因变量向量；X 为 $T \times K$ 维自变量矩阵；β 为 $K \times 1$ 维未知参数向量；e 为 $T \times 1$ 维误差向量。在 GME 中，把 β 的每个元素（即模型的每个参数）β_k 看成是 M 个支持空间点（$2 \leqslant M < \infty$）的离散随机变量，如果 z_{kl} 和 z_{kM} 是参数 β_k 的合理上下限，则可以把参数 β_k 表示为这两个点的凸组合，即存在 $p_k \in [0, 1]$，当 $M = 2$ 时，对每个元素 β_k 都有

$$\beta_k = p_k z_{kl} + (1 - p_k) z_{kM} \tag{4-75}$$

为了更一般的描述，设 $Z_k = [Z'_k]$ 是包含 M 个点的支持空间，$P_k = [p_k]$ 是 M 维权重向量，满足 $p_k \geqslant 0$ 和 $\sum p_k = 1$。则第 k 个参数可以表示为 Z'_k 和 p_k 的凸组合，所以这些凸组合可以写成矩阵形式，即

$$\beta = Z_p = \begin{bmatrix} Z'_1 & 0 & \cdots & 0 \\ 0 & Z'_2 & \cdots & \cdots \\ \vdots & \vdots & \vdots & \vdots \\ 0 & \cdots & \cdots & Z'_k \end{bmatrix} \begin{bmatrix} p_1 \\ p_2 \\ \vdots \\ p_k \end{bmatrix} \tag{4-76}$$

式中：Z_k' 和 p_k 都是 $T \times 1$ 维向量，而 Z_k 的维数是 $K \times KT$，P_k 的维度是 $KT \times 1$。

类似地，对于 T 个未知的误差项 e，存在 J（$2 \leqslant J < \infty$）维支持空间，则误差项 e 可以表示为

$$e = V_w = \begin{bmatrix} V_1' & 0 & \cdots & 0 \\ 0 & V_2' & \cdots & \cdots \\ \vdots & \vdots & & \vdots \\ 0 & \cdots & \cdots & V_T' \end{bmatrix} \begin{bmatrix} W_1 \\ W_2 \\ \vdots \\ W_T \end{bmatrix} \tag{4-77}$$

式中：V_k' 和 W_k 都是 $T \times 1$ 维向量，V 的维数是 $T \times TJ$，W 的维数是 $TJ \times 1$。

根据式（4-76）和式（4-77），广义线性模型式（4-74）可以写成

$$Y = X\beta + e = XZ_p + V_w \tag{4-78}$$

最大熵方法的目标就是通过权重 p_k 和 W_T 对未知参数进行估计。因此，GME 方法对式（4-74）的求解过程就可以转化为对如下优化问题的求解，

$$\max H(p_k, W_T) = -p_k' \ln p_k - W_T' \ln W_T \tag{4-79}$$

约束条件：

$$Y = XZ_p + V_w \tag{4-80}$$

$$l_k = (I_k \otimes l_M')p_k \tag{4-81}$$

$$l_T = (I_T \otimes l_J')W_T \tag{4-82}$$

式中：$\otimes$ 为矩阵的 Kronecker 乘积；I_k 为 K 维单位向量；I_T 为 T 维单位矩阵。

GME 方法可以借助 GAMS、SAS 9.0 等软件来实现。但是，在具体应用时，由于大多数情况下未知参数的符号和大小均无法确定。因此，我们通常以零为中心，对支持空间进行对称等间距取值。例如，当 $S = 5$ 时，取 $z_a = (-c, -c/2, 0, c/2, c)'$，$c$ 是一足够大的常数。此外，有关参数支持空间和先验权重的论述还可以参考 Judge 等（1996）的研究。

目前，GME 方法研究的重点主要集中于 GME 估算结果的敏感性分析。Lence 和 Miller（1998b）的研究表明，当 GME 研究采用的参数支持空间相对较大时，利用该方法估算的 CES 生产函数的参数结果对误差项的支持空间并不敏感。相反，Paris（2001）却认为，在 GME 方法中，支持空间的大小对参数以及误差估计结果较为敏感。

4.4.3　LES 需求函数的参数估计

对如下的 LES 型需求函数

$$C_i = \gamma_i + \beta_i(Y - \sum_{i=1}^{n} P_i\gamma_i)/P_i \tag{4-83}$$

式中：γ_i 为消费者对商品 i 的基本需求；Y 为消费总支出；β_i 为边际预算份额。

定义 $\text{COM} = \sum_{i=1}^{n} P_i\gamma_i$ 为基本需求支出，$\Phi = Y/(Y - \text{COM})$ 为外生参数（也称为 Frisch 参数），从而 LES 函数可以转变为

$$C_i = \gamma_i + \beta_i Y / P_i \Phi \tag{4-84}$$

式中：C_i、Y 均可以由 ESAM 直接得到；P_i 为商品 i 的初始价格，设置为"1"。因此，上述方程中有两个参数 γ_i 和 β_i 需要估计。

给定平均预算份额 α_i 和支出弹性 ε_i，则边际预算份额 β_i 可以表示为

$$\beta_i = \varepsilon_i \alpha_i \tag{4-85}$$

式中：$\varepsilon_i = Y \cdot \mathrm{d}\,(C_i P_i)/C_i P_i \mathrm{d}Y$，$\alpha_i = C_i P_i / Y$。这是因为

$$\beta_i = \frac{\mathrm{d}(C_i P_i)}{\mathrm{d}Y} = \left[\frac{\mathrm{d}(C_i P_i)}{\mathrm{d}Y} \cdot \frac{Y}{C_i P_i}\right] \cdot \frac{C_i P_i}{\mathrm{d}Y} \tag{4-86}$$

则 β_i 可以通过式（4-86）进行估计。

结合式（4-83），基本需求量 γ_i 可以表示为

$$\gamma_i = Y(\alpha_i - \beta_i / \Phi)/P_i = C_i - \beta_i(Y - \mathrm{COM})/P_i \tag{4-87}$$

又因为，$Y - \mathrm{COM} = Y/Q$，从而有

$$\gamma_i = C_i - \frac{\beta_i Y}{P_i \Phi} = \frac{Y}{P_i}\left(\frac{C_i P_i}{Y} - \frac{\beta_i}{\Phi}\right) = \frac{Y}{P_i}\left(\alpha_i - \frac{\beta_i}{\Phi}\right) \tag{4-88}$$

4.4.4　Armington 弹性估计

环境 CGE 模型通常假设来自不同地区的商品之间具有不完全替代性。商品之间的替代性可以用 Armington 弹性参数来描述。对 Armington 弹性的估计通常采用计量经济学方法展开，具体包括以下几个步骤：

首先，考虑 Armington 方程

$$\min \mathrm{PM}_C \cdot \mathrm{QM}_C + \mathrm{PDD}_C \cdot \mathrm{QD}_C$$
$$Q_C = \mathrm{ac}_C \left[\delta_C \mathrm{QM}_C^{-\rho_C} + (1 - \delta_C) \mathrm{QD}_C^{-\rho_C}\right]^{-1/\rho_C} \tag{4-89}$$

利用拉格朗日乘数法求解方程式（4-89）的一阶条件，于是有

$$\mathrm{QM}_C / \mathrm{QD}_C = \{\mathrm{PDD}_C \cdot \delta_C / [\mathrm{PM}_C(1 - \delta_C)]\}^{1/(1+\rho_C)} \tag{4-90}$$

其次，对方程（4-90）两边同时取对数得

$$y = \alpha + \beta x \tag{4-91}$$

此即为 Armington 弹性估计常用的标准对数线性方程（McDaniel and Balistreri，2003）。式中，$y = \ln(\mathrm{QM}_C/\mathrm{QD}_C)$，$\alpha = \ln[\delta_C/(1 - \delta_C)]/(1 + \rho_C)$，$x = \ln(\mathrm{PDD}_C/\mathrm{PM}_C)$。在估计时，只需确定 QM_C（商品的进口量）、QD_C（国内生产国内销售的商品量）以及 PM_C（进口商品的价格）和 PDD_C（国内生产国内销售商品的价格）的值，就可以得到 Armington 弹性参数 ρ_C 的值。

值得注意的是，利用该方法得到的 Armington 弹性估计值通常存在以下几方面特性：①长时间序列的估计值高于短时间序列；②商品划分得越细估计值越高；③截面数据的估计值高于时间序列数据的估计值。

4.5 小　　结

　　本章介绍了环境 CGE 模型的构建过程与关键参数的估计方法。环境 CGE 模型的构建涉及变量类型（内生变量或外生变量）确定、初始禀赋输入与方程系数标定三个方面的工作；通常分为问题界定、理论分析、模型构建、计算实现与政策模拟 5 个主要步骤；有自上而下、自下而上与混合型三种建模方法。方程的建立是构建环境 CGE 模型的核心。环境 CGE 模型中的方程通常可依据其所属功能模块划分为生产方程、收入方程、贸易方程、价格方程、支付方程、污染处理方程、宏观闭合方程和社会福利方程 8 类。这些方程有机的组合在一起，共同表述了环境-经济系统的动态均衡现象。

　　参数的确定是环境 CGE 模型构建的关键步骤。目前常用的参数估计方法主要有校准法与计量经济学方法，对方程弹性值的确定通常需要根据其所属弹性类型的不同选用不同的方法。本章详细介绍了 C-D 生产函数、CES 生产函数、LES 需求函数等有关弹性值的估计方法。总之，环境 CGE 模型涉及众多的参数变量与方程，科学、细致的归类能够极大地简化建模流程，便于选取恰当的参数估计方法提升模型的精度。

参 考 文 献

程海芳，张子刚，黄卫来. 2003. CGE 模型参数估计方法研究. 武汉大学学报（工学版），36（4）：141 - 144.

霍尔斯，曼斯博格. 2009. 政策建模技术：CGE 模型的理论与实现. 李善同，段志刚，胡枫译. 北京：清华大学出版社：51.

李继峰，张阿玲. 2007. 混合式能源-经济-环境系统模型构建方法论. 系统工程学报，22（2）：170 - 175.

李子奈. 1992. 计量经济学：方法和应用. 北京：清华大学出版社.

刘乐平，袁卫. 2004. 现代贝叶斯分析与现代统计推断. 经济理论与经济管理，6：64 - 69.

茆诗松. 1999. 贝叶斯统计. 北京：中国统计出版社.

任若恩. 1992. 计量经济学方法论：关于在中国应用的研究. 北京：中国人民大学出版社.

赵永，王劲峰. 2008. 经济分析 CGE 模型与应用. 北京：中国经济出版社.

郑玉歆，樊明太. 1999. 中国 CGE 模型及政策分析. 北京：社会科学文献出版社.

周建军，王韬. 2001. 可计算一般均衡（CGE）模型的几个前沿问题. 当代经济科学，23（5）：72 - 76.

周建军，王韬. 2002. CGE 模型的方程类型选择及其构建. 决策借鉴，15（5）：69 - 74.

Al-Nasser A D. 2003. Customer satisfaction measurement model: generalized maximum entropy approach. Pakistan Journal of Statistics，19（2）：213 - 226.

Ballard C L, Fullerton D, Shoven J B, et al. 1985. A General Equilibrium Model for Tax Policy Evaluation. Chicago: University of Chicago Press.

Caddy V. 1976. Empirical estimation of the elasticity of substitution: a review. Centre of Policy Studies/IMPACT Centre Working Papers op-09, Monash University, Centre of Policy Studies/ IMPACT Centre.

Decaluwé B, Martens A. 1988. CGE modeling and developing economies: a concise empirical survey of 73 applications to 26 countries. Journal of Policy Modeling，10（4）：529 - 568.

Dervis K, de Melo J, Robinson S. 1982. General Equilibrium Models for Development Policy. Cambridge: Cambridge University Press.

Golan A, Moretti E, Perloff J M. 1999. An information-based sample-selection estimation model of agricultural workers' choice between piece-rate and hourly work. American Journal of Agricultural Economics，81（3）：

735 – 741.

Golan A, Perloff J M, Shen E Z. 2001. Estimating a demand system with nonnegativity constraints: mexican meat demand. The Review of Economic and Statistics, 83 (3): 541 – 550.

Harberger A C. 1962. The incidence of the corporation income tax. The Journal of Political Economy, 70 (3): 215 – 240.

Higgs P J, Parmenter B R, Rimmer R J. 1988. A hybrid top-down, bottom-up regional computable general equilibrium model. International Regional Science Review, 11 (3): 317 – 328.

Judge G, Golan A, Miller D. 1996. Maximum Entropy Econometrics: Robust Estimation with Limited Data. New York: Wiley Series in Financial Economics and Quantitative Analysis.

Kydland F E, Prescott E C. 1982. Time to build and aggregate fluctuations. Econometrica, 50 (6): 1345 – 1370.

Lancaster T. 2004. An Introduction to Modern Bayesian Econometrics. Oxford: Blackwell Publishing.

Lence S H, Miller D J. 1998a. Estimation of multi-output production functions with incomplete data: a generalized maximum entropy approach. European Review of Agricultural Economics, 25 (2): 188 – 209.

Lence S H, Miller D J. 1998b. Recovering output-specific inputs from aggregate input date: a generalized cross-entropy approach. American Journal of Agricultural Economics, 80 (4): 852 – 867.

Maddla G S, Kadane J B. 1967. Estimation of returns to scale and the elasticity of substitution. Econometrica, 35 (3/4): 419 – 423.

Mansur A, Whalley J. 1984. Numerical specification of applied general equilibrium model: estimation, calibration and date. *In*: Scarf H E, Shoven J B. Applied General Equilibrium Analysis. New York: Cambridge University Press: 69 – 127.

McDaniel C A, Balistreri E J. 2003. A review of armington trade substitution elasticities. Economie Internationale, 2 (94 – 95): 301 – 314.

McKibbin W J, Shackleton R, Wilcoxen P J. 1999. What to expect from an international system of tradable permits for carbon emissions. Resource and Energy Economics, 21 (3 – 4): 319 – 346.

Meyer R, Yu J. 2000. BUGS for a Bayesian analysis of stochastic volatility models. Econometrics Journal, 3 (2): 198 – 215.

Panas E E. 1982. Kmenta's approximation form numerical analysis viewpoint. Decisions in Economics and Finance, 5 (1): 31 – 39.

Paris Q. 2001. Multicollinearity and maximun entropy estimators. Economics Bulletin, 3 (11): 1 – 9.

Partridge M D, Rickman D S. 1998. Regional computable general equilibrium modeling: a survey and critical appraisal. International Regional Science Review, 21 (3): 205 – 248.

Robinson S, Yúnez-Naude A, Hinojosa-Ojeda R, et al. 1999. From stylized to applied models: Building multisector CGE models for policy analysis. North American Journal of Economics and Finance, (10): 5 – 38.

Shoven J B, Whalley J. 1984. Applied general equilibrium models of taxation and international trade: An introduction and survey. Journal of Economic Literature, 22 (3): 1007 – 1051.

Shoven J B, Whalley J. 1992. Applying General Equilibrium. New York: Cambridge University Press.

Tsurumi H, Tsrumi Y. 1976. A Bayesian estimation of macro and micro CGE production functions. Journal of Economics, 4 (1): 1 – 25.

Zellner A. 1971. An Introduction to Bayesian Inference in Econometrics. New York: Whiley.

Zhang X B, Fan S G. 2001. Estimating crop-specific production technologies in Chinese agriculture: a generalized maximum entropy approach. American Journal of Agricultural Economics, 83 (2): 378 – 388.

第5章 环境CGE模型求解

环境CGE模型的求解实现包括求解策略的制定、求解算法的执行以及求解技术的应用等。求解策略是指建立模型的压缩替代方式,尽可能减少模型求解的复杂度;求解算法是对压缩替代模型的数学求解算法;求解技术是指模型求解所借助的计算机软件和硬件技术(Johansen,1960)。

5.1 求 解 策 略

环境CGE模型由于其特殊结构,在进行环境-经济系统耦合分析时,要素、产品以及对外贸易市场必须全部出清。其中,对外贸易市场的出清可以通过要素和产品市场的出清来实现(周焯华等,2002)。因此,在制定环境CGE模型的求解策略时,只需要考虑要素市场和产品市场即可。这两类市场的求解策略可分别用以下两个图形来表示(图5-1和图5-2)。

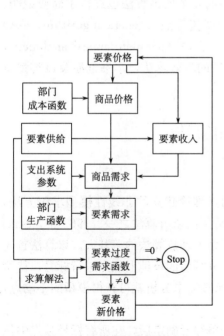

图 5-1　要素市场求解策略

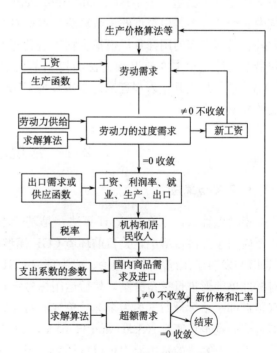

图 5-2　产品市场求解策略

5.2　求解算法

自一般均衡理论由抽象的经济描述转变为实用的分析工具——CGE 模型以来，方程的非线性特性、方程组规模的庞大、所涉及变量数量和种类的繁杂以及方程本身的复杂性等对模型的求解提出了较高的要求。CGE 模型求解算法的探索一直是该领域研究者们致力努力的方向。

数值求解 CGE 模型始自 Johansen（1960）的研究。1960 年，Johansen 首次采用线性化和逼近技术把具有非线性结构的 CGE 模型转化为一个对数线性方程组，通过对线性方程组的系数矩阵进行求逆运算得到 CGE 模型的均衡解。继 Johansen 之后，Dixon 等（1977）继承和发展了这种线性化数值计算方法，并基于澳大利亚的经济发展状况，建立了一个大型 CGE 模型，实现了对模型的求解。

环境 CGE 模型作为一种应用型 CGE 模型，其求解算法和 CGE 模型类似，都可以通过有约束的最优化问题的规划求解来实现。目前常用的环境 CGE 模型求解算法主要分为两大类：非线性规划法和导数法。参考相关文献，本书主要介绍几种常规求解算法，包括不动点算法（fixed point algorithm）、Tatonnement 算法和雅可比（Jacobian）算法等。由于在通用代数建模系统（general algebraic modeling system，GAMS）和一般均衡建模工具包（general equilibrium modelling PACKage，GEMPACK）等软件系统中还涉及很多其他类型的求解算法，本书对其中的几个典型算法也进行了简要说明。此外，当前兴起的用计算机模拟生物界进化过程的遗传算法（genetic algorithm，GA）和借鉴统计力学中物质退火方法而提出的模拟退火算法（simulate anneal arithmetic，SAA）也是最近几年发展起来的求解环境 CGE 模型的有效算法，本书也涉及该类型算法的介绍。

5.2.1　常规求解算法

1. 不动点算法

不动点算法，也称为 Scarf 算法，是基于不动点理论建立的非线性模型求解方法，广泛应用于经济模型中，是目前环境 CGE 模型最常用的求解算法之一。1967 年，Scarf（1967）发表了压缩不动点理论，成为环境 CGE 模型不动点算法的奠基人。该算法首先对标准单纯形进行三角分割，然后运用标号定理对分割后的单纯形顶点进行标号，待所有顶点都赋予标号后（称为全标号单纯形），结合超额需求分析就可获得模型的不动点，即近似的竞争均衡点（Scarf and Hansen，1973）。

不动点算法的基本原理可以概括为：当全标号单纯形确定后，在所有标号顶点中任选一点计算该点的超额需求，当超额需求充分小时，全标号单纯形中必存在一个不动点，此即为模型的均衡点；反之，当超额需求超过误差范围时，可重新对标准单纯形进行更细的三角分割，直至获得满足误差范围的不动点。

2. Tatonnement 算法

Tatonnement 算法是基于过程考虑的一种 CGE 模型求解方法。该算法通过对部门价格进行简单调整以反映超额需求。如果部门超额需求为正，则提高价格；如果为负，则降低价格。这个技巧实际上是高斯-塞德尔（Gauss-Seidel）迭代法的特殊形式。Tatonnement 算法不需要对超额需求函数求导，因而求解过程较为简单。该算法最大的优点在于：一旦模型满足了算法的基本条件，则利用其进行求解是相当有效的。目前，Tatonnement 算法已经广泛应用于 CGE 模型的求解过程中。例如，Adelman 和 Robinson（1978）使用 Tatonnement 算法解决了一个包含 29 个部门的 CGE 模型求解；Dervis（1975）也在 CGE 模型的求解过程中采用了该算法。

一般来说，Tatonnement 算法是通过迭代计算将环境 CGE 模型转化为一个方向向量长度极小化问题来进行求解的。考虑超额需求函数 $f(\boldsymbol{p})$，在执行 Tatonnement 算法时，方向向量简单地由其符号确定，而步长 d 则由使用者根据具体模型进行调整。令

$$\Phi(\boldsymbol{p}) = \sum_i [f_i(\boldsymbol{p})]^2 = [f(\boldsymbol{p})]' f(\boldsymbol{p}) \tag{5-1}$$

式中：$[f(\boldsymbol{p})]'$ 为 $f(\boldsymbol{p})$ 的转置；$\Phi(\boldsymbol{p})$ 为一个标量函数。Tatonnement 算法即求 $\boldsymbol{p}$ 使得 $\Phi(\boldsymbol{p})$ 达到最小。

用 Taylor 级数法展开 $\Phi(\boldsymbol{p}+\boldsymbol{d})$，有

$$\Phi(\boldsymbol{p}+\boldsymbol{d}) - \Phi(\boldsymbol{p}) \approx \boldsymbol{d}' \nabla\Phi \tag{5-2}$$

式中：$\boldsymbol{d}$ 为步长向量；$\nabla\Phi$ 为函数 Φ 的梯度向量，即

$$\nabla\Phi = \partial\Phi/\partial p \tag{5-3}$$

注意

$$\boldsymbol{d}' \nabla\Phi = \|\boldsymbol{d}\| \cdot \|\nabla\Phi\| \cdot \cos\theta \tag{5-4}$$

式中：$\|\boldsymbol{d}\|$ 和 $\|\nabla\Phi\|$ 为欧几里得模（即欧氏泛数）；θ 为向量 $\boldsymbol{d}$ 和 $\nabla\Phi$ 之间的夹角。则 $\Phi(\boldsymbol{p})$ 取最小值的问题就等价于 $f(\boldsymbol{p})=0$，即

$$\min\Phi(\boldsymbol{p}) \xlongequal{\text{等价}} f(\boldsymbol{p}) = 0 \tag{5-5}$$

于是，$f(\boldsymbol{p})=0$ 的解就是模型的均衡解。

3. Jacobian 算法

Jacobian 算法是求解环境 CGE 模型的一种比较常用的方法，其结果对导数矩阵（即 Jacobian 矩阵）的行列式较敏感。考虑如下的非线性方程组

$$f_i(P_1, P_2, \cdots, P_n) = 0, i = 1, 2, \cdots, m \tag{5-6}$$

用向量形式改写该方程组，得到 $f(\boldsymbol{P})=0$。其中，$\boldsymbol{P}=\{P_1, P_2, \cdots, P_n\}$ 是 n 维向量，f 是向量值函数。一般地，解该方程组的迭代过程可以表示为

$$\boldsymbol{P}^{(k+1)} = \boldsymbol{P}^{(k)} + \alpha^{(k)} \boldsymbol{d}^{(k)} \tag{5-7}$$

式中：k 与 $k+1$ 为迭代次数；$\boldsymbol{d}^{(k)}$ 为方向向量，$\alpha^{(k)}$ 为方向 $\boldsymbol{d}^{(k)}$ 的步长。

在 Jacobian 算法中，方向向量 $\boldsymbol{d}^{(k)}$ 由函数 $f(\boldsymbol{P})$ 的导数矩阵来确定，于是，定义矩

阵 $\boldsymbol{D}=\begin{bmatrix}D_{ij}\end{bmatrix}$：

$$D_{ij} = \partial f_i / \partial P_j \tag{5-8}$$

解方程组（5-6）的一个经典方法是使用 $f(\boldsymbol{P})$ 的线性 Taylor 展开式

$$f(\boldsymbol{P}) \approx f(\boldsymbol{P}^{(k)}) = \boldsymbol{D}(\boldsymbol{P}^{(k)})(\boldsymbol{P} - \boldsymbol{P}^{(k)}) \tag{5-9}$$

令 $\boldsymbol{P} = \boldsymbol{P}^{(k+1)}$，代入式（5-7），有

$$\boldsymbol{P}^{(k+1)} = \boldsymbol{P}^{(k)} + \boldsymbol{D}^{-1} f(\boldsymbol{P}^{(k)}) \tag{5-10}$$

式中：向量为 $\boldsymbol{d}^{(k)} = \boldsymbol{D}^{-1} f$；步长 $\alpha^{(k)} = 1$。经过逐次迭代，直至收敛即得到方程组（5-6）（即环境 CGE 模型）的解。

5.2.2　求解软件中的典型算法

GAMS 和 GEMPACK 是目前流行的 CGE 模型求解软件，分别是由世界银行和澳大利亚政府组织开发的，软件中集成了较多 CGE 模型求解算法，已经越来越广泛地应用于环境 CGE 模型的求解中（李彤等，2000）。

1. GAMS 软件的 MINOS 求解器

GAMS 软件中集成了多个规划问题求解工具，如 MINOS 主要用于求解非线性规划问题，ZOOM 用于求解混合整数规划问题，PATH 和 MILLS 用于求解混合补偿问题等。由于环境 CGE 模型中包含大量非线性方程，因而，常选用 MINOS 作为该类模型的求解工具。

MINOS 是 GAMS 软件的一个嵌入式大规模优化问题求解工具。该工具是基于 FOTRAN 语言编写的，主要采用投影拉格朗日算法对环境 CGE 模型进行求解，即通过循环求解线性约束的子问题来逼近非线性约束问题的解（Anthony et al.，1988）。MINOS 虽然不能从理论上保证解的收敛，但在实际求解过程中，由于变化后的外生变量通常不会与初始均衡值相差太大，所以收敛性一般较好。

MINOS 求解过程可以表述如下：求解如下的环境 CGE 模型

(a) 　　　　　　　　　　$\min_{x, y} F(\boldsymbol{x}) + \boldsymbol{cx} + \boldsymbol{dy}$

(b) 　　　　　　　　　s. t.　$f(\boldsymbol{x}) + \boldsymbol{A}_1 \boldsymbol{y} = \boldsymbol{b}_1$

(c) 　　　　　　　　　　　$\boldsymbol{A}_2 \boldsymbol{x} + \boldsymbol{A}_3 \boldsymbol{y} = \boldsymbol{b}_2$ 　　　　　(5-11)

(d) 　　　　　　　　　　　$\boldsymbol{l} \leqslant \begin{bmatrix} \boldsymbol{x} \\ \boldsymbol{y} \end{bmatrix} \leqslant \boldsymbol{u}$

式中：$\boldsymbol{c}$、$\boldsymbol{d}$、$\boldsymbol{b}_1$、$\boldsymbol{b}_2$、$\boldsymbol{l}$、$\boldsymbol{u}$ 为常向量；$\boldsymbol{A}_1$、$\boldsymbol{A}_2$、$\boldsymbol{A}_3$ 为常系数矩阵；$F(\boldsymbol{x})$ 为一个光滑的纯量函数；$f(\boldsymbol{x})$ 为一个光滑的函数向量，它反映模型中方程的非线性部分；$\boldsymbol{x}$ 为非线性部分变量；$\boldsymbol{y}$ 为线性部分变量。其中式（5-11）（b）为非线性约束条件，式（5-11）（c）为线性约束条件，式（5-11）（d）为变量的上下界。

设 m、n 分别表示约束条件和变量的个数，m_1、n_1 分别表示非线性约束条件和非

线性部分变量的个数，则 A_3 具有 $m-m_1$ 行和 $n-n_1$ 列。假设第 k 次循环中，x_k 是非线性变量的第 k 次估计值，λ_k 是非线性约束的拉格朗日乘子的估计值。将方程（5-11c）式中的非线性函数 $f(x)$ 按照如下形式取其近似值，于是有

$$\overline{f}(x,x_k) = f(x_k) + J(x_k)(x - x_k) \tag{5-12}$$

式中：$J(x_k)$ 为 Jaccobi 矩阵。则第 k 次循环的线性约束子问题即为

(a)
$$\min_{x,y} \left\{ \begin{array}{l} F(x) + cx + dy - \lambda_k^{\mathrm{T}}\big[f(x_k) - \overline{f}(x_k)\big] \\ + \dfrac{1}{2}\rho\big[f(x_k) - \overline{f}(x_k)\big]^{\mathrm{T}}\big[f(x_k) - \overline{f}(x_k)\big] \end{array} \right\}$$

(b)
$$\mathrm{s.\,t.}\ f(x) + A_1 y = b_1 \tag{5-13}$$

(c)
$$A_2 x + A_3 y = b_2$$

(d)
$$l \leqslant \begin{bmatrix} x \\ y \end{bmatrix} \leqslant u$$

式中：ρ 为惩罚因子，约束条件与式（5-11）一致。

式（5-13）是一个线性优化问题，可以用梯度法求解。当 $\{x_k,\ \lambda_k\}$ 收敛时，即可获得非线性约束问题式（5-11）的解。

2. GEMPACK 软件包中的线性多步法

GEMPACK 软件包采用多阶段线性模拟的方法（即线性多步法）来逼近模型的实际解。该软件包通过将模型外生变量的变化分解成多个小的变化，使模型的计算结果接近实际值。

运用线性多步法对环境 CGE 模型进行求解前，首先需要进行预处理，即将模型有关的非线性方程转换为线性方程（具体步骤参见本章 5.4）。假设预处理后的环境 CGE 模型包含 m 个方程，n 个变量（$m < n$），则将模型用向量的形式可以表示为

$$Q(X) = 0 \tag{5-14}$$

式中：Q 为 m 维函数向量，$Q = (q_1,\ q_2,\ \cdots,\ q_m,)^{\mathrm{T}}$；$X$ 为 n 维向量，$X = (x_1,\ x_2,\ \cdots,\ x_n)^{\mathrm{T}}$。方程组的具体形式为

$$\begin{cases} q_1(X) = q_1(x_1, x_2, \cdots, x_n) = 0 \\ q_2(X) = q_2(x_1, x_2, \cdots, x_n) = 0 \\ \vdots \\ q_m(X) = q_m(x_1, x_2, \cdots, x_n) = 0 \end{cases} \tag{5-15}$$

假设模型有 m 个内生变量，（$n-m$）个外生变量。当模型外生变量确定后，方程即可以转化为

$$AX_1 = -DX_2 \tag{5-16}$$

式中：X_1、X_2 分别为内生变量和外生变量组成的向量；A 为 $m \times m$ 阶矩阵；D 为 $m \times (n-m)$ 阶矩阵。

　　为方便说明，假设仅有一个外生变量 x 和一个内生变量 y，满足 $q(x, y) = 0$。外生变量由 x_0 变化到 x_1，相应地，内生变量会由 y_0 变化到 y_1。将模型在 $q(x, y) = 0$ 处作一阶导数线性化，则得值 y_j。此即为线性一步法。将求解区域分成多个小的求解区间，在每一个求解区间上沿曲线的切线方向移动，即不断调整移动方向和外生变量 x 的取值，即得到一组相应的内生变量 y 值，如此往复。此即为线性多步法。

5.2.3　近期发展的典型算法

　　尽管环境 CGE 模型的求解已经不是阻碍其发展的主要因素，但人们一直没有放弃寻找更简便有效的新算法，SAA 和 GA 就是典型代表。

1. SAA

　　考虑两要素多部门的简单环境 CGE 模型，设模型有 M 个消费者、N 种商品和两类生产要素（资本 K 和劳动力 L）。记 X_{ij} 为第 $j(j=1, 2, \cdots, M)$ 个消费者对商品 $i(i=1, 2, \cdots, N)$ 的需求；L_j、K_j 为消费者 j 对劳动力和资本两要素的贡献；p_i、w、r 分别为商品和劳动力、资本要素的价格；$U_j(\cdot)$ 为消费者 j 的效用函数，并假设其为严格凸函数。

　　从消费者来看，应满足消费者效用最大化条件，即

$$\max U_j(X_{1j}, X_{2j}, \cdots, X_{Nj}) \tag{5-17}$$

$$\text{s. t.} \sum_i p_i X_{ij} = w L_j + r K_j (i = 1, \cdots, N; j = 1, \cdots, M) \tag{5-18}$$

因此，可得到满足式（5-17）的一阶条件：$X_{ij} = X_{ij}(p_1, p_2, \cdots, p_N; r; w)$。由于 $U_j(\cdot)$ 为严格凸函数，这意味着式（5-17）的解对价格而言是零次齐次函数。

　　从生产者来看，生产过程采用 CES 型生产函数，于是有

$$Q_i = Q_i(L_i, K_i) = A_i [\alpha_i L_j^{-\rho} + (1 - \alpha_i) K_i^{-\rho}]^{-1/\rho} \tag{5-19}$$

式中：Q_i 为 i 产品的总产出。结合利润最大化法则，可以得到要素需求函数

$$\begin{cases} L_i = L_i(r, w, Q_i) \\ K_i = K_i(r, w, Q_i) \end{cases} \tag{5-20}$$

根据 Walars 均衡条件，产品和要素的超额需求小于或等于 0，即

$$(a) \qquad \sum_j \sum_i X_{ij}(p_1, p_2, \cdots p_n, r, w) - Q_i \leqslant 0$$

$$(b) \qquad \sum_i L_i(w, r, Q_i) - \sum_j L_j \leqslant 0 \tag{5-21}$$

$$(c) \qquad \sum_i K_i(w, r, Q_i) - \sum_j K_j \leqslant 0$$

那么，模型解空间即为确定 N 种产品或要素的价格 $S = (p_1, p_2, \cdots, p_N; r; w)$。

　　下面将以劳动力和资本要素的价格 w、r 的计算为例，给出采用 SAA 求解环境 CGE 模型的计算步骤。

第一，定义解空间，确定目标函数，定义冷却进度表，给出初始解。

（1）解空间：$S=(r,w)$；

（2）目标函数：生产要素的超额需求即为目标函数，记为

（a）
$$E(r,w)=|E_L(r,w)|+|E_K(r,w)|$$

（b）
$$E_L(r,w)=\sum_i L_i(w,r,Q_i)-\sum_j L_j \leqslant 0 \qquad (5\text{-}22)$$

（c）
$$E_K(r,w)=\sum_i K_i(w,r,Q_i)-\sum_j K_j \leqslant 0$$

则优化问题转化为

$$E(r,w)=0, f(r,w)=[1+E(r,w)]^{-1}=1 \qquad (5\text{-}23)$$

（3）冷却进度表：确定控制参数初值 t_0，控制参数的终值 t_f（即为停止法则），衰减参数 α 取值范围（0.50～0.99），马尔科夫链 $L_k=100n$；

（4）初始解的给定：初始解是算法迭代的起点，其选取应能使得算法导出较好的最终解。可任意指定一初始解 (r_0, w_0)。

第二，随机产生扰动，结合判断准则，通过退温操作迭代求解，计算得到 (r, w)。

（1）给定初始温度 T_0 和初始解 $f=(r_0, w_0)$，计算该点的函数值 f；

（2）随机产生扰动 Δx，得到新解 $x'=x+\Delta x$，计算新点的目标函数差 $\Delta f=f(x')-f(x)$；

（3）判断新解是否被接受。接受准则或接受概率 P 为

$$P=\begin{cases} 1 & \Delta f \leqslant 0 \\ \exp(-\Delta f/t) & \Delta f \geqslant 0 \end{cases} \qquad (5\text{-}24)$$

式中：t 为控制参数；Δf 为新解与当前解之间的目标函数差；若 $\Delta f \leqslant 0$，接受新点作为下一次模拟退火的初始点；若 $\Delta f \geqslant 0$，随机产生 $[0,1]$ 区间上均匀分布的伪随机函数 r，则计算新点接受概率：$P(\Delta f)=\exp[-\Delta f/(KL)]$，若 $P \leqslant r$，则接受新点作为下次模拟的初始点；

（4）判断抽样准则（马尔可夫链长）是否满足，若是则继续下步骤，否则返回（2）；

（5）进行退温操作：$t_{k+1}=\alpha t_k$，令 $k=k+1$；

（6）判断算法终止准则是否满足，若是则结束搜索并得到最终解，否则返回（2）。

2. GA

GA 是在模拟达尔文生物进化论的自然选择和遗传学机理的生物进化过程的基础上发展起来的，通过模拟自然进化过程搜索最优解。GA 从模型的一组相互竞争的试探解开始，首先通过随机地对试探解产生变异来得到新的解，并用新解的一个目标测度来对每个试探解进行评价，得到其"符合度"；然后结合某种选择机制确定哪些解被保留下来作为后续子代的"父代"。环境 CGE 模型中均衡价格的获取实际上也是一个"适者生存"的过程。用 GA 求解环境 CGE 模型不仅能够得到均衡解，而且还可以观察到均衡解的计算过程。

沿用 SAA 中描述的环境 CGE 模型，采用 GA 方法求解 w, r 的步骤可以概括为以下几点。

（1）种群的构造。设种群数为 G，则 G 个备选初始解中的每一组编码均是一个向量 x（该向量可以称为染色体，向量的各分量称为基因）。鉴于需求函数的零次齐次性，r 和 w 可取相对价格。令 $r+w=1$，则只需对 r 进行编码即可，然后进行解码和规范化使 $0 < r < 1$。

（2）目标函数的确定和解的符合度计算。以要素的超额需求为目标函数，该优化问题可以表示为

$$E(r,w) = 0 \tag{5-25}$$

$$f(r,w) = [1+E(r,w)]^{-1} = 1 \tag{5-26}$$

式中：$E(r, w)$ 为原始符合度；$f(r, w)$ 为选择符合度。

（3）种群中每一个染色体 $x_k(k=1, 2, \cdots, G)$ 都被解码为一种适宜于进行评价的形式（r_k 和 w_k），然后根据目标函数形式计算出符合度值 $f(r_k, w_k)$。

（4）对每个染色体均分配一个再生概率 $p_k(k=1, 2, \cdots, G)$，使得该染色体相对于种群中的其他染色体来说被选择的可能性正比于它的符合度。由符合度值可得每一染色体的再生概率

$$p_k = f(r_k, w_k) / \sum_{k=1}^{G} f(r_k, w_k) \tag{5-27}$$

（5）根据再生概率 $p_k(k=1, 2, \cdots, G)$，通过从现有染色体种群中随机选择编码串来产生一个新的染色体种群。被选择的染色体采用一定遗传算子（交换和位变异）产生子代。

（6）若 x_B 满足 $E = (r_B, w_B) < \delta(\delta$ 一般取 0.001），或者达到了预定的循环计算次数，则终止进化过程。否则，返回（3），产生新的染色体，重新进行循环计算。

5.2.4　各种算法的比较分析

压缩不动点算法的实质是在标准单纯性单元内，通过寻找满足一定误差条件的不动点来近似替代模型的均衡解。该方法属于环境 CGE 模型求解的第一代算法，具有确定的收敛性。压缩不动点算法的主要优点在于：①它能保证模型均衡解的存在性；②除满足 Walras 的一般均衡原理外，不动点算法对模型没有其他限制；③能保证模型在有限次迭代运算内收敛到均衡解的近似点。该方法的主要缺点在于随着超额需求函数数目的增加，算法实现的难度不断加大。因此，即使是一个中等模型（如包含 20～30 个超额需求函数的模型），压缩不动点算法也存在较大难度。并且，严格来讲，压缩不动点算法对那些不满足不动点理论假设的模型来说并不适合。例如，当模型不满足过度需求函数是价格的零次齐次函数时，则不能采用该算法进行求解。

继压缩不动点算法提出后，Johansen 经过实验研究提出了非线性方程的线性化方法。伴随着环境 CGE 模型规模的扩大，该方法逐渐成为环境 CGE 模型求解的主要途径之一。经典的线性化方法是在平衡点附近进行泰勒展开，通过线性近似对模型进行估

计，如目前常用的 Tatonnement 算法、Jacobian 算法和线性多步法等。其中，Tatonnement 算法是通过方向向量的计算来确定部门价格的调整方向和调整幅度，进而反映部门的超额需求。该算法是高斯-赛德尔迭代法的特殊形式，不要求利用超额需求函数的导数信息，实现起来较为简单，且一旦模型适合于该算法，则模拟结果相当有效。而 Jacobian 算法和线性多步法则是选用曲线上某点的切线来代替曲线。这两种算法均不能用于远离平衡点状态的研究，仅适用于局部研究。一般来说，区域越大，Jacobian 算法和线性多步法的误差也越大。此外，由于泰勒展开式截断误差的存在，两种算法必然也会存在一定误差，即使区域无限缩小，也不能彻底消灭误差。并且，若初值选择不当，在 $f(\boldsymbol{P}) = 0$ 的鞍点（非最优解）附近会停止迭代，因此需要通过反复尝试来确定变量的初始值。

MINOS 求解器是 GAMS 软件最常用的环境 CGE 模型求解工具。该求解器是基于投影拉格朗日算法实现的，即通过循环求解线性约束的子问题来逼近非线性约束问题的解。这一算法并不能从理论上保证解的收敛。但在实际求解过程中，由于变化后的外生变量通常与初始值相差不大，所以一般都能够收敛得到均衡解。

上述几种算法都是从搜索空间的单点出发，通过某些转换规则确定下一点，如此往复进行循环运算，直至计算结果满足给定的收敛规则。这种点到点的搜索方法在多峰值优化问题中容易陷入局部最优。此外，对于不同类型的优化问题，上述方法还需要建立不同形式的辅助信息，没有适合于所有问题的通用的规则。

SAA 是基于蒙特卡洛（Monte Carlo）迭代求解策略的一种随机寻优算法，能够结合概率突跳特性在解空间中随机寻找目标函数的全局最优解，即局部最优解能概率性的跳出并最终趋于全局最优。SAA 算法的主要优点在于其能以一定的概率接受目标函数值不太好的状态，这使得算法即使落入局部最优，理论上经过足够长的时间后也可跳出从而收敛到全局最优解。该算法的通用性较强，对初始信息的依赖性小，因此可任意指定初始解。但 SAA 在应用中为寻求最优解，需要反复迭代运算，特别是当问题规模较大时，运算时间较长，计算结果可能产生不均匀性。简而言之，SAA 采用串行优化结构，其搜索策略有利于避免陷入局部最优，但对整个搜索空间的状况了解不多，不便于大范围的搜索。

GA 是一种启发式搜索算法，通过对当前群体施加选择、交叉和变异等一系列遗传操作，产生新一代群体，并逐步使群体进化到包含或接近最优解的状态。GA 与传统优化算法的区别在于：GA 从串集开始搜索，覆盖面大，GA 的初始串集本身就带有大量与最优解相差甚远的信息，通过选择、交叉和变异操作能迅速排除与最优解相差极大的串，有利于全局择优；并且，GA 呈现的是一种不依赖于模型结构的通用框架，具有较强的鲁棒性和并行性；此外，GA 通常采用由目标函数变换来的适应值指导搜索，这使得该算法不仅能够方便地应用于那些有目标函数但很难求导数，或导数不存在的问题，而且适用于那些目标函数无明确表达形式，或有表达形式但不可精确估值的问题。然而，由于 GA 是以随机概率的方式寻求最优解，在应用中会因收敛较慢而陷入局部最优。换而言之，GA 采用群体并行搜索方法，倾向于扩大搜索空间进行大范围搜索；其局部搜索能力较差，容易过早收敛；并且该方法无法避免多次搜索同一可行解，降低了运算效率。

　　实践表明，现代优化算法通常比传统优化方法更能解决现实中许多问题，但其应用尚未得到广泛推广。由于现代优化算法结构的开放性以及与问题的无关性，使得各算法间较容易相互综合。现代优化算法之间、现代优化算法与其他优化方法、现代优化算法与传统方法、现代优化算法与投入产出分析法等的结合，都是未来值得关注的研究方向。

5.3　求解技术

　　求解环境 CGE 模型是一项庞大而复杂的工程，人工求解一般不可能实现，必须借助于计算机技术。伴随着计算机技术的飞速发展，针对环境 CGE 模型建模求解的新计算理论与程序（如 GAMS、GEMPACK 和 MPSGE 等）不断出现，与模型求解相关的一些具体算法已经被包含在相关的软件中（周建军和王韬，2002）。利用这些软件对环境 CGE 模型进行求解，根据需要对求解算法进行改造，可免除或大幅减少求解工作量。

5.3.1　GAMS

　　20 世纪 80 年代，世界银行开发了一套软件——GAMS，用以建立和求解大型经济数学模型。GAMS 软件具有较好的查错功能，能系统化输出文件，其强大的非线性规划求解能力极大地推进了环境 CGE 模型的发展。

　　采用 GAMS 软件编写环境 CGE 模型求解程序的流程可以概括如下：①定义集合与索引；②输入 ESAM 以及其他外生变量数据；③加载 ESAM 数据，对参数进行初始化；④模型校准估计，定义变量和方程；⑤设置初始值和内生变量的下限；⑥定义模型，并选择适宜的求解器。

　　下面我们将以两要素生产的环境 CGE 模型 GAMS 程序开发为例，简要介绍 GAMS 软件在环境 CGE 模型求解过程中的应用。表 5-1 给出了该模型的 ESAM 结构，模型实现的源程序参见附录二。

表 5-1　包含两要素生产的 ESAM

项目		活动		要素		机构	总计
		生产活动	污染治理活动	基本要素	自然资源要素		
活动	生产活动					15	15
	污染治理活动					35	35
要素	基本要素	5	20				25
	自然资源要素	10	15				25
机构				25	25		50
总计		15	35	25	25	50	

在介绍环境 CGE 模型的 GAMS 程序开发前，需要说明的是，GAMS 为它的输出文件提供了丰富的显示方式，如"＄on…，＄off"语句主要用于打开和关闭各种 GAMS 功能或显示方式。此外，程序中还有某些命令（如附录二第 4、5 行）是可选的，这些命令在输出文件中是无效的。

1. 集合与索引的定义

用 GAMS 软件求解环境 CGE 模型的一个重要工作就是将模型所需的数据（包括 ES-AM、结构参数及其他数据等）导入程序中。因为本例较为简单，我们将直接在 GAMS 程序中输入相关数据。但是，需要注意的是，在输入数据前必须对模型所涉及的集合、参数以及变量等进行声明。

集合的声明通常基于"set"命令实现。附录二中程序的 7~12 行，用 set 命令定义了模型中的集合变量（即有关索引参数，在本例中是指与活动、商品和要素等有关的下标），主要包括三个指标：u 指 ESAM 中的所有账户；i 指商品账户；h 指要素账户。其中，i 和 h 被定义为 u 的子集。程序的第 11 行用 alias 命令定义了集合 u，i 和 h 的别名。

GAMS 语言中包含两种列出集合元素的方法：①各元素分别单独列出，并以逗号隔开；②以范围的形式列出，第一个元素和最后一个元素之间用星号（＊）隔开。当然，这两种方法也可以同时使用。在本例中我们选用了第一种方法。

2. ESAM 的输入

将数据直接输入 GAMS 中的方法有 4 种：①scalar 语句，用来声明零维度参数（即不含下标的参数）并赋值；②赋值的 parameter 语句，用来声明模型的参数并赋值；③不赋值的 parameter 语句和 table 语句，用 parameter 语句来声明模型的参数，并用 table 语句实现参数的赋值；④不赋值的 parameter 语句和赋值语句，用 parameter 语句来声明模型的参数，通过赋值语句进行赋值。

程序的 14~23 行用 Table 命令——Table ESAM（u，v）定义了 ESAM 表。其中，ESAM 为矩阵的参数名；u、v 为索引名，u 是行索引，v 是列索引。u、v 对应的集合元素被用来产生矩阵 ESAM，矩阵中的空白处表示对应的元素为零。GAMS 在定义 Table 时，对行列的对应关系要求极为严格，必须把列（或行）数对应排列，并且保持与索引顺序一致。Table 语句以分号结束。与 Scalars 和 Parameter 语句不同的是，一条 Table 语句只能声明一个参数并对其进行赋值。

3. 从 ESAM 中加载初始值

从 ESAM 中加载初始值，也即对模型的外生变量和内生变量的初始参变量进行声明和赋值。程序的 25~35 行给出了由 Parameter 命令和赋值语句定义的外生变量、内生变量的初始参变量以及这些变量的初始值加载。其中，程序的 26~30 行用 Parameter 定义了变量的符号；31~34 行提供了由 ESAM 决定的内生变量初始值方程与外生变量赋值运算操作。赋值过程中对集合中的元素进行引用必须使用单引号或双引号。例如，程序的第 31 行给出了基准年机构对各活动产出的消费，它在数值上等于 ESAM 矩阵中

对应 i 行 "HOH" 列的数据；程序的第 32 行指定的是基准年生产活动的要素（资本和劳动力）投入，它在数值上等于 ESAM 矩阵中对应 h 行 j 列的数据；程序的第 33 行指定的是总产出的初始值（即基准年的总产出），该数据不直接显示在 ESAM 中，但可以通过下式计算得到

$$Z_t^0 = \sum_h F_{hj}^0 \tag{5-28}$$

程序的 34 行是要素对机构账户的转移支付，该变量属于外生变量，由 ESAM 矩阵中 "HOH" 行 h 列的数据决定。

除了本程序中所提到的 ESAM 初始值加载方式外，我们还可以利用 \$ 运算符来控制参数初始值的赋值。\$ 运算符在初始值加载应用中主要有两种表述方式（Anthony et al.，1988；霍尔曼和曼斯博格，2009）：①如果出现在赋值语句的左边，则表示该赋值语句为条件赋值，即 "如果逻辑关系为真，则执行该赋值语句；否则，参数保持现有值不变；如果该参数以前未被赋值，则令其为零"。②如果出现在赋值语句的右边，则相当于 if-then-else 次序，该赋值语句总被执行。

程序的第 35 行是输出语句，用来验证文件中的内生变量的初始值赋值是否正确。在用 display 语句列出参数值时，并不需要包括参数的集合域。

4. 校准

程序的 37～47 行通过校准法确定了模型的参数。在本例中，有三个未知参数（α_i、β_{hj} 和 b_j）需要确定。程序的第 38～42 行首先定义了这些参数；第 43 行通过赋值语句对 α_i 进行估算，其校准方程可以表述为

$$\alpha_i = p_i^{q0} X_i^{p0} / \sum_h r_h^0 FF_h - S^0 - T^{d0} = p_i^{q0} X_i^{p0} / \sum_i P_i^{q0} X_i^{p0} \tag{5-29}$$

程序的第 44 和 45 行是 β_{hj} 和 b_j 的估计式，其对应的计算方程分别是

$$\beta_{hj} = r_h^0 F_{hj}^0 / p_j^{y0} Y_j^0 = r_h^0 F_{hj}^0 / \sum_h r_h^0 F_{hj}^0 \tag{5-30}$$

和

$$b_j = Y_j^0 / \prod_h F_{hj}^{0\beta_{hj}} \tag{5-31}$$

程序的第 46 行是用来对校准值进行验证的，即检查共享参数的值是否与 ESAM 的原始数据统一。

需要注意的是，GAMS 程序在处理求和运算时，要求必须使用一致的索引。

5. 变量和方程的定义

在完成 GAMS 程序的数据导入和参数校准后，需要对模型的变量和方程进行定义和描述。程序的 49～78 行定义了模型的变量和所有方程式。其中，变量的声明采用 Variable 命令进行，在本例中，我们所声明的变量包括模型所有的内生变量和一个虚拟变量（具体程序见附录二第 50～55 行）；而方程的声明采用 Equation 命令进行（第 60～65 行）；方程具体形式的定义见程序的第 70～77 行。

在 GAMS 程序中，方程名与方程表达式之间需要插入符号 ".."。"=e=" 表示方

程为等式表达式，注意不要与前面提到的参数赋值符号"＝"相混淆。每个方程的定义对应一条 GAMS 语句，均以分号结束。方程的定义中还可以包括集合元素，可以同时定义一系列包含同一集合域中元素的方程。但是，当赋值语句或方程定义语句引用某个特定集合元素时，必须将该元素置于单（双）引号中。

需要注意的是，obj 对应的函数 UU 是为了求解问题的方便在 GAMS 程序设计中新增的。这主要是因为，环境 CGE 模型是一个联立方程组系统，不能直接用 GAMS 系统（或 MINOS 求解器）求解。为了克服软件系统功能的限制，需要将联立方程组模型转换成一个虚构的目标函数最大化问题（即此处的效用函数 UU）。目标函数的构建保持了环境 CGE 模型的原始结构，通过这样的转换就可以得到与原模型相同的结论。

6. 初始值、下限和计量单位的设置

程序的 80～87 行是内生变量的初始化，也即环境 CGE 模型在基准态的常解设定。其中，所有价格变量的初始值均设为"1"。程序的 89～96 行设置内生变量的下限（通过在变量名后加上".lo"来实现），其目的是为了避免非人为错误因素导致的程序运行错误或终止（例如除数为零）。然而，并不能为所有内生变量均设置下限。在设置下限时，需要知道预期平衡状态相应内生变量的价值范围。例如，如果我们在环境 CGE 模型求解中设置一个内生变量实行严格正下限为零，则会得到以下的运算结果：

－－－VAR PS supply price of the i-th good

LOWER LEVEL UPPER MARGINAL

COM 0.001 0.001＋INF EPS

TRE 0.001 0.001＋INF EPS

LEVEL 栏显示的信息表明，GAMS 在求解过程中将所有价格都处理为等量下限。基于该限制条件计算得到的最优解并不是环境 CGE 模型的可行解。

程序的 97 行定义了模型求解时的基准变量选择。利用 GAMS 软件求解得到的环境 CGE 模型均衡解均是相对于某一基准变量的相对值，在进行模型求解前必须先定义求解的基准变量。此处，选择单位劳动力的报酬作为模型求解计价的基准价格。

7. 模型及其求解方案设定

最后，在利用 GAMS 语言编写环境 CGE 模型求解程序时，还需要利用 model、solve 和 display 等语句来完成模型的求解以及均衡解的显示。程序的第 100 行用 model 语句声明了一个名为"Chapter05"的模型，该模型由以上所有已声明的方程构成；通过最大化目标 UU 来求解模型（第 101 行），由于 UU 是一个虚拟参数，最大化 UU 就相当于求解由以上所有约束方程组成的方程组；"nlp"表示此最大化问题为非线性规划，solve 语句调用 MINOS 求解器对其进行求解。因为本模型中的方程均为线性方程，所以很快就可以得到求解的结果。

5.3.2　GEMPACK 及其他求解软件

GEMPACK 是由澳大利亚莫纳什大学政策研究中心开发的多用途经济建模软件包，

已经被全球 400 余家机构广泛应用。GEMPACK 可以求解各种类型的 CGE 模型，具有求解过程简单、模块可变动性强及政策分析适用性等特点。

除了 GAMS 和 GEMPACK 等软件外，其他一些常用的环境 CGE 模型求解软件主要包括 MPS/GEMPS/GE 软件、Hercules、Mathematics 和 MATLAB 等。其中，MPS/GEMPS/GE 软件可以自动产生一般均衡系统的非线性方程组；Hercules 不仅可实现环境 CGE 模型的求解，而且能够进一步提高模型对经济系统的描述和分析能力；此外，现在常用的数学软件，如 Mathematics 和 MATLAB 中的非线性方程组求解程序也可用于环境 CGE 模型的求解。

5.4　简单应用一般均衡模型的求解

本节以简单应用一般均衡模型为例，具体阐述环境 CGE 模型的求解过程。应用一般均衡模型所涉及的方程主要包括两类，即描述性方程和优化方程，且大部分方程都是非线性形式。继 Johansen（1960）提出非线性方程的线性化处理过程后，应用一般均衡模型的求解通常是先将模型转换成一系列与模型变量百分比变化相关的线性方程组再进行求解的。

5.4.1　描述性方程的线性化

一般情况下，一个典型模型的所有描述性方程可以表达为下列形式

$$F(\boldsymbol{Y}, \boldsymbol{X}) = 0 \tag{5-32}$$

式中：$\boldsymbol{Y}$ 和 $\boldsymbol{X}$ 分别为由模型中所有内生变量和外生变量组成的向量；F 为非线性函数组。基于 F 的非线性特性，无法将 $\boldsymbol{Y}$ 表示为 $\boldsymbol{X}$ 的函数来实现方程的求解。

为了求解上述非线性问题得到 $\boldsymbol{Y}$ 的实验模拟值，国内外许多学者都展开了大量的研究工作，已经形成了一系列可行的求解技术。在此，主要介绍百分比线性化求解方法。

先考虑一个简单的非线性方程

$$Y = X^2 + Z \tag{5-33}$$

其百分比线性化过程可以概括为以下几个步骤：

首先，通过对式（5-31）两边同时取全微分，则有

$$dY = 2XdX + dZ \tag{5-34}$$

然后，定义百分比变化：

$$dY = Yy/100 \tag{5-35}$$

类似地，有 $dX = Xx/100$，$dZ = Zz/100$。于是，式（5-31）就转化为下列的百分比线性方程形式：

$$Yy = 2X^2x + Zz \tag{5-36}$$

对于方程组（5-32），其线性化过程与式（5-33）～式（5-35）类似，可以首先假设

其初始解存在，记为 $\{Y_0, X_0\}$（初始解主要是从历史数据中提取的），则

$$F(Y_0, X_0) = 0 \tag{5-37}$$

对于 X、Y 的微小变化 dX、dY 有

$$F_Y(Y_0, X_0)dY + F_X(Y_0, X_0)dX = 0 \tag{5-38}$$

式中：F_Y、F_X 分别为 F 关于 Y 和 X 的导数矩阵，二者均在 $\{Y_0, X_0\}$ 处可导。

对式（5-38）进行百分比变换，即令

$$y = 100dY/Y \tag{5-39}$$

$$x = 100dX/X \tag{5-40}$$

对应地，定义

$$G_Y(Y_0, X_0) = F_Y(Y_0, X_0)\hat{Y} \tag{5-41}$$

$$G_X(Y_0, X_0) = F_X(Y_0, X_0)\hat{Y} \tag{5-42}$$

式中：$\hat{Y}$、$\hat{X}$ 为对角矩阵。于是有

$$G_Y(Y_0, X_0)y + G_X(Y_0, X_0)x = 0 \tag{5-43}$$

此即为方程组（5-30）对应的线性化形式。

然而，环境 CGE 模型的实际求解并不完全遵照以上步骤进行。为了简化计算，模型中的非线性方程大多参照表 5-2 所示的百分比变化标准形式进行简化。表中第二列是第一列的全微分形式。当方程规模较小时，也可以直接采用第二列所示的形式。

表 5-2　常见方程的百分比变化标准形式

	(1) 原始形式	(2) 中间转换形式	(3) 百分比形式
1	$Y = 4$	$Xy = 4 \times 0$	$y = 0$
2	$Y = X$	$Yy = Xx$	$y = x$
3	$Y = 3X$	$Yy = 3Xx$	$y = x$
4	$Y = XZ$	$Yy = XZx + XZz$	$y = x + z$
5	$Y = X/Z$	$Yy = (X/Z)\,x - (X/Z)\,z$	$y = x - z$ 或 $100\,(Z)\,\Delta Y = Xx - Xz$
6	$X = M/4P$	$Xx = (M/4P)\,m - (M/4P)\,p$	$x = m - p$
7	$Y = X^3$	$Yy = X^3 3x$	$y = 3x$
8	$Y = X^a$	$Yy = X^a ax$	$y = ax$（a 为常数）
9	$Y = X + Z$	$Yy = Xy + Zz$	$y = S_X x + S_Z z$，其中 $S_X = X/Y$
10	$Y = X - Z$	$Yy = Xy - Zz$	$y = S_X x - S_Z z$ 或 $100\,(\Delta Y) = Xx - Zz$
11	$PY = PX + PZ$	$PY(y+p) = PX(x+p) + PZ(z+p)$ 或 $PYy = PXx + PZz$	$y = S_X x + S_Z z$，其中 $S_X = PX/PY$
12	$Z = \sum X_i$	$Zz = \sum X_i x_i$ 或 $0 = \sum X_i(x_i - z)$	$z = \sum S_i x_i$，其中 $S_i = X_i/Z$
13	$XP = \sum X_i P_i$	$XP(x+p) = \sum X_i P_i(x_i + p_i)$	$x + p = \sum S_i(x_i + p_i)$，其中 $S_i = X_i P_i/XP$

5.4.2　优化方程的线性化

环境 CGE 模型的另一类重要方程即为优化方程。一个完整的环境 CGE 模型通常是基于一系列优化条件建立的，即生产者成本最小化（或利润最大化）、消费者效用最大化、进口收益最大化以及出口成本最小化等。以生产者成本最小化问题为例，环境 CGE 模型优化方程的线性化过程可以概括如下：

选择 N 种价格分别为 P_k（$k=1,2,\cdots,N$）的中间品 X_k 投入生产，在成本最小化原则下，活动总产出为 Z，则该活动过程可以表述为

$$\min \sum_k P_k X_k \tag{5-44}$$

$$\text{s.t. } Z = \left(\sum_k \delta_k X_k^{-\rho} \right)^{-1/\rho} \tag{5-45}$$

式中：δ_k 和 ρ 为行为参数。求解该优化问题，可以得到活动对各种中间品投入的需求数量 X_k。

构建拉格朗日函数

$$L(X_k,\lambda) = \sum_k P_k X_k + \lambda \left[Z - \left(\sum_k \delta_k X_k^{-\rho} \right)^{-1/\rho} \right] \tag{5-46}$$

极值的一阶条件为

$$\begin{cases} \partial L/\partial X_k = P_k - \lambda \delta_k \left(\sum_k \delta_k X_k^{-\rho} \right)^{-(1+\rho)/\rho} X_k^{-\rho-1} = 0 \\ \partial L/\partial \lambda = Z - \left(\sum_k \delta_k X_k^{-\rho} \right)^{-1/\rho} = 0 \end{cases} \tag{5-47}$$

联立求解方程组（5-47），于是有

$$X_k = Z \delta_k^{1/(\rho+1)} \left[\frac{P_k}{P_{\text{ave}}} \right]^{-1/(\rho+1)} \tag{5-48}$$

其中：

$$P_{ave} = \left(\sum_{i=1}^N \delta_i^{1/(\rho+1)} P_i^{\rho/(\rho+1)} \right)^{(\rho+1)/\rho} \tag{5-49}$$

则原来的优化方程即转化为式（5-48）、（5-49）所示的描述性方程。

根据表 5-2，则式（5-48）可以改写为

$$x_k = z - \sigma(p_k - p_{\text{ave}}) \tag{5-50}$$

其中：

$$\sigma = 1/(\rho+1) \tag{5-51}$$

$$p_{ave} = \sum_{i=1}^N S_i p_i \tag{5-52}$$

$$S_i = V_i / \sum_{k=1}^N V_k \tag{5-53}$$

方程外生变量的每次微小变化流量数据 V_k 都需要通过

$$V_{k.\text{new}} = V_{k.\text{old}} + V_{k.\text{old}}(X_k + P_k)/100 \tag{5-54}$$

进行更新。

将式（5-50）、式（5-51）经过坐标变换，可以改写为

$$G_{x_k}(z, x_k) x_k + G_z(z, x_k) z = 0 \tag{5-55}$$

5.4.3 模型参数的确定

以式（5-48）、式（5-49）的求解为例，需要赋值的变量和参数包括外生变量、内生变量的初始参变量（即根据基期数据对内生变量赋初值）和各行为参数。

首先需要确定满足方程及其外生条件限制的 P_k、X_k 和 Z。记 $V_k = P_k X_k$，根据基期流量数据可以直接得到 V_k；通常选择对基期 P_k 赋值为 1；X_k 的基期赋值与 V_k 一致。

行为参数 ρ 通常利用计量经济学方法估计，详细的估计步骤参见 4.4.1 节。当 P_k、X_k、Z 和 ρ 求出后，就能够推断出 δ_k。

5.4.4 线性化模型的求解与改进

通过以上分析，AGE 模型的所有方程均可转化为式（5-37）的形式。则内生变量 y 的估计值可以表示为

$$y = -G_Y(\boldsymbol{Y}, \boldsymbol{X})^{-1} G_X(\boldsymbol{Y}, \boldsymbol{X}) x \tag{5-56}$$

该过程极易通过计算机技术实现。具体步骤可以概括为：①根据变化百分比确定导数矩阵 $\boldsymbol{G}_Y$ 和 $\boldsymbol{G}_X$；②结合式（5-56）对线性方程组（5-55）进行求解；③结合②中求解的结果对数据（$\boldsymbol{Y}$, $\boldsymbol{X}$）进行更新。

需要注意的是，利用该方法计算得到的数值解对 $\boldsymbol{Y}$ 和 $\boldsymbol{X}$ 的灵敏度较高。只有当 $\boldsymbol{Y}$ 和 $\boldsymbol{X}$ 的变动较小时，所得到的数值解才较为精确，否则将会出现图 5-3 中所示的线性化误差。

从图 5-3 中可以发现，当 $\boldsymbol{X}$ 越大时，$\boldsymbol{Y}$ 的变化百分比例误差越大。鉴于 $\boldsymbol{X}$ 和 $\boldsymbol{Y}$ 的这种变化规律，一般首先将 $\boldsymbol{X}$ 的变化分解成若干个分段；然后在每一分段上利用线性化近似方法提取 $\boldsymbol{Y}$ 的对应分段变化；进而利用 $\boldsymbol{X}$ 和 $\boldsymbol{Y}$ 的新值重新计算倒数矩阵 $\boldsymbol{G}_X$ 和 $\boldsymbol{G}_Y$，得到下一分段 $\boldsymbol{Y}$ 的近似估计值，依此类推（图 5-4）。

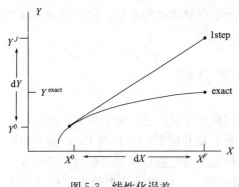
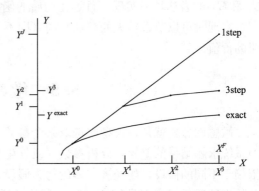

图 5-3　线性化误差　　　　　　图 5-4　降低线性化误差的多步过程

　　图 5-4 中显示了利用三步分段线性估计方法对 AGE 模型进行求解所得误差的变化情况。采用多步线性化求解方法估计得到的 Y 的近似值 Y^3 要比 Johansen 的单步线性化方法估计的值 Y^J 更接近 Y^{exact}。这也同时说明了，对 $F(Y, X)$ 的导数进行合理限定，通过把传统的线性化方法分解足够多步，就能够得到更为精确的解。这一技术数学上通常称为"Euler 方法技术"。

　　Euler 方法技术是环境 CGE 模型几种相关的数值计算技术中最简单的一种。在 Euler 方法技术实现时，要求使用者能提供一组初解 $\{Y_0, X_0\}$、导数矩阵 G_Y 和 G_X 以及外生变量 X 的百分比变化。尽管 $F(Y, X)$ 是 G_Y 和 G_X 的计算基础，但在运用 Euler 方法技术进行求解时并不需要给出其函数形式。

　　大量实验研究发现，利用 Euler 方法技术有助于提高模型的求解精度。例如，分别利用 4 步、8 步、16 步 Euler 方法技术对同一 AGE 模型重复同样的计算机模拟实验，产生的内生变量 Y 的变化百分比估算结果如下：

$$Y(4 \text{ 步}) = 4.5\%,$$
$$Y(8 \text{ 步}) = 4.3\% \quad (\text{减少 } 0.2\%)$$
$$Y(16 \text{ 步}) = 4.2\% \quad (\text{减少 } 0.1\%)$$

利用 Euler 方法技术进行 32 步模拟得到的结果为

$$Y(32 \text{ 步}) = 4.15\% \quad (\text{减少 } 0.05\%)$$

而模型的精确解为

$$Y(\infty \text{ 步}) = 4.1\%。$$

如果 Euler 方法技术用 28（$=4+8+16$）步来计算，其结果比单一的 28 步计算更精确。因此，Euler 方法技术能使我们利用较少步骤获得给定的精度。

　　实际上，在多步计算过程中，没必要记录每步运算得到的 X、Y 值。在环境 CGE 模型的求解过程中，可以通过定义一系列和 X、Y 有关的函数 $V = H(X, Y)$（且 V 的大部分元素都能够从 IO 表中的成本或费用流中得到），将 G_Y 和 G_X 变成 V 的简单函数，对模型的求解过程进行简化。这样，在 X 的每个小变化之后，均可利用方程 $V = H_Y(X, Y)y + H_X(X, Y)x$ 对 V 进行更新。存储 V 而非 X、Y 的优势是双重的：①V 对 G_Y 和 G_X 的表达较易实现，且远比初始的函数 F 简单；②V 中元素较 X、Y 中少，在计算机实现时可以节省较大的存储空间（即不用分别存储价格和数量，仅存储商品或要素流的价值）。

5.5　敏感性分析

　　敏感性分析就是在模型中选取某个参数（或外生变量）进行微量调整，通过观察模型系统求解结果的差异，分析参数（或外生变量）变化的影响。环境 CGE 模型的建立依赖于不同的假设，如经济主体的行为假设、外生变量的选择（如闭合规则的选取）以及数据的质量（特别是行为方程中参数的质量）等，这些假设带有建模者较强的主观性，基于这些假设建立的模型，结果的可信度还需要进一步探讨。并且，环境 CGE 模型的大部分参数都是通过校准法标定的。校准法主要以 ESAM 为依据，ESAM 的特性使得由校准法得出的参数不具有统计意义，不能得到对参数可靠程度的度量（Canova，1994）。此外，模型还有部分参数由于缺少相应的数据，一般采用统计方法或经验值进行估算，因而难免存在一定的误差，会对模拟结果产生严重影响。因此，在环境 CGE 模型求解实现后，对模型展开敏感性分析也是不可或缺的部分。

5.5.1　敏感性分析原理

对于环境 CGE 模型来说，敏感性分析即考察关键参数的微小变化对最优解的影响。可能引起环境 CGE 模型最优解发生较大变动的关键参数主要包括生产要素的替代弹性、Armington 弹性等。环境 CGE 模型的敏感性分析主要是基于这些关键参数展开的。此外，由于环境 CGE 模型是基于一系列宏观经济学基本假设建立的，关键假设的改变也会引起模型均衡解的大幅变化，因此，环境 CGE 模型的敏感性分析还包括模型的关键假设检验（Hertel，1997；Hertel et al.，2007）。环境 CGE 模型的关键假设主要是指模型的宏观闭合规则、要素闭合规则，以及价格基准的选择等。下面将以基于关键参数变动的环境 CGE 模型敏感性分析为例，讨论环境 CGE 模型的敏感性分析原理。

考虑如下的最优化问题

$$\begin{aligned} &\min f(\boldsymbol{x}, a) \\ &\text{s. t. } g_i(\boldsymbol{x}, a) \leqslant 0, i = 1, 2, \cdots, m \end{aligned} \tag{5-57}$$

式中：a 为参数，$\boldsymbol{x} = (x_1, x_2, \cdots, x_n)$。

求解上述优化问题，构建拉格朗日函数，于是有

$$L(\boldsymbol{x}, \boldsymbol{\lambda}, a) = f(\boldsymbol{x}, a) + \boldsymbol{\lambda} \boldsymbol{g}^{\mathrm{T}}(\boldsymbol{x}, a) \tag{5-58}$$

式中：$\boldsymbol{\lambda} = (\lambda_1, \lambda_2, \cdots, \lambda_m)$；$\boldsymbol{g}(\boldsymbol{x}, a) = [g_1(\boldsymbol{x}, a), g_2(\boldsymbol{x}, a), \cdots, g_m(\boldsymbol{x}, a)]$。

对于给定的参数 a，如果存在最优解及相应的拉格朗日系数，由 Kuhn-Tucker 最优性一阶条件及互补松弛条件知，

$$\begin{cases} L_{x_j}(\boldsymbol{x}, \boldsymbol{\lambda}, a) = 0, j = 1, 2, \cdots, n \\ \lambda_i g_i(\boldsymbol{x}, a) = 0, i = 1, 2, \cdots, m \end{cases} \tag{5-59}$$

式中：$x_j = x_j(a)$；$\lambda_i = \lambda_i(a)$。

若假设 f，g 二次连续可微，对于给定的参数 $a = a^*$，存在满足下面三个条件的局部最优解 $\boldsymbol{x}^*$ 与相应的拉格朗日系数 $\boldsymbol{\lambda}^*$：

① 二阶最优性充分条件：拉格朗日系数 $\boldsymbol{\lambda}^*$ 满足

$$\begin{cases} \nabla_x L(\boldsymbol{x}^*, \boldsymbol{\lambda}^*, a^*) = \nabla_x f(\boldsymbol{x}^*, a^*) + \sum_{i=1}^{m} \boldsymbol{\lambda}_i^* \nabla_x g_i(\boldsymbol{x}^*, a^*) = 0 \\ g_i(\boldsymbol{x}^*, a^*) \leqslant 0, \boldsymbol{\lambda}_i^* \geqslant 0 \qquad\qquad , i = 1, 2, \cdots, m \\ \boldsymbol{\lambda}_i^* \nabla_x g_i(\boldsymbol{x}^*, a^*) = 0 \end{cases}$$

$$\tag{5-60}$$

且

$$\boldsymbol{y}^{\mathrm{T}} \nabla_{xx} L(\boldsymbol{x}^*, \boldsymbol{\lambda}^*, a^*) \boldsymbol{y} > 0, \forall \boldsymbol{y} \in C(\boldsymbol{x}^*, a^*), \boldsymbol{y} \neq 0 \qquad (5\text{-}61)$$

其中：

$$C(\boldsymbol{x}^*, a^*) = \left\{ y \left| \begin{array}{l} \nabla_x g_i^{\mathrm{T}}(\boldsymbol{x}^*, a^*) y = 0 \\ \nabla_x g_i^{\mathrm{T}}(\boldsymbol{x}^*, a^*) y \leqslant 0, i \in I(\boldsymbol{x}^*, a^*) - I^+(\boldsymbol{x}^*, a^*) \end{array} \right. \right\}$$

$$I(\boldsymbol{x}^*, a^*) = \{i \,|\, g_i(\boldsymbol{x}^*, a^*) = 0\}, I^+(\boldsymbol{x}^*, a^*) = \{i \,|\, \lambda_i^* > 0\}$$

② 线性独立约束规范：$\nabla_x g_i(\boldsymbol{x}^*, a^*)$，$i \in I(\boldsymbol{x}^*, a^*)$ 线性无关。

③ 狭义互补松弛条件：$I(\boldsymbol{x}^*, a^*) - I^+(\boldsymbol{x}^*, a^*)$，即 $g_i(\boldsymbol{x}^*, a^*) = 0 \Leftrightarrow \lambda_i^* > 0$。

于是，在 a^* 的某领域 Ω 内，存在连续可微的函数 $\boldsymbol{x}(a)$，$\boldsymbol{\lambda}(a)$，使得 $\boldsymbol{x}(a^*) = \boldsymbol{x}^*$，$\boldsymbol{\lambda}(a^*) = \boldsymbol{\lambda}^*$，且对任意的 $a \in \Omega$，$\boldsymbol{x}(a)$ 和 $\boldsymbol{\lambda}(a)$ 为满足条件①～③的问题［式(5-57)］的局部最优解及对应的拉格朗日系数。

设

$$N(\boldsymbol{x}, \boldsymbol{\lambda}, a) = \begin{bmatrix} \nabla_x L(\boldsymbol{x}, \boldsymbol{\lambda}, a) \\ \lambda_1 g_1(\boldsymbol{x}, a) \\ \vdots \\ \lambda_m g_m(\boldsymbol{x}, a) \end{bmatrix} \qquad (5\text{-}62)$$

在 $N(\boldsymbol{x}, \boldsymbol{\lambda}, a) = 0$ 的两边同时对 a 求导数，于是，有

$$\nabla_a N(\boldsymbol{x}, \boldsymbol{\lambda}, a) + \nabla_{(x,\lambda)} N(\boldsymbol{x}, \boldsymbol{\lambda}, a) \begin{bmatrix} \nabla \boldsymbol{x}(a)^{\mathrm{T}} \\ \nabla \boldsymbol{\lambda}(a)^{\mathrm{T}} \end{bmatrix} = 0 \qquad (5\text{-}63)$$

则

$$\begin{bmatrix} \nabla \boldsymbol{x}(a)^{\mathrm{T}} \\ \nabla \boldsymbol{\lambda}(a)^{\mathrm{T}} \end{bmatrix} = - \nabla_{(x,\lambda)} N(\boldsymbol{x}, \boldsymbol{\lambda}, a)^{-1} \nabla_a N(\boldsymbol{x}, \boldsymbol{\lambda}, a) = \nabla_{(x,\lambda)} N(\boldsymbol{x}, \boldsymbol{\lambda}, a)^{-1} \begin{bmatrix} \nabla_{xa} L(\boldsymbol{x}, \boldsymbol{\lambda}, a) \\ \lambda_1 \nabla_a g_1(\boldsymbol{x}, a) \\ \vdots \\ \lambda_m \nabla_a g_m(\boldsymbol{x}, a) \end{bmatrix}$$

对于给定的 a^*，有

$$\begin{bmatrix} \nabla \boldsymbol{x}(a^*) \\ \nabla \boldsymbol{\lambda}(a^*) \end{bmatrix} = -M(\boldsymbol{x}^*, \boldsymbol{\lambda}^*, a^*)^{-1} \begin{bmatrix} \nabla_{xa} L(\boldsymbol{x}^*, \boldsymbol{\lambda}^*, a^*) \\ \lambda_1^* \nabla_a g_1(\boldsymbol{x}^*, a^*) \\ \vdots \\ \lambda_m^* \nabla_a g_m(\boldsymbol{x}^*, a^*) \end{bmatrix} \qquad (5\text{-}64)$$

其中：

$$M(\boldsymbol{x}^*, \boldsymbol{\lambda}^*, a^*) = \begin{bmatrix} \nabla_{xx} L(\boldsymbol{x}^*, \boldsymbol{\lambda}^*, a^*) & \nabla_x g_1(\boldsymbol{x}^*, a^*) & \cdots & \nabla_x g_m(\boldsymbol{x}^*, a^*) \\ \lambda_1^* \nabla_x g_1^{\mathrm{T}}(\boldsymbol{x}^*, a^*) & g_1(\boldsymbol{x}^*, a^*) & \cdots & 0 \\ \vdots & \vdots & & \vdots \\ \lambda_m^* \nabla_x g_m^{\mathrm{T}}(\boldsymbol{x}^*, a^*) & 0 & \cdots & g_m(\boldsymbol{x}^*, a^*) \end{bmatrix}$$

通过式（5-64）就可以考察最优解对参数的变化率，即模型均衡解对参数的敏感程度。

5.5.2　环境 CGE 模型的敏感性分析方法

对环境 CGE 模型进行敏感性分析主要集中于模型主要参数（如弹性值）设定对模拟结果的影响分析，即在弹性值等自由参数偏离取值点的情况下，考察感兴趣变量对模拟结果的稳健性（Roberts，1994）。敏感性分析大体上可以分为两大类：一类是有限敏感性分析（limited sensitivity analysis，LSA），LSA 只考虑部分自由参数对环境 CGE 模型模拟结果的影响，该领域研究的代表人物包括 Shoven 和 Whalley（1984）；另一类是系统敏感性分析（systematic sensitivity analysis，SSA），SSA 综合考虑所有自由参数对模拟结果的影响，且可以进一步分为条件系统敏感性分析（conditional systematic sensitivity analysis，CSSA）和非条件系统敏感性分析（unconditional systematic sensitivity analysis，USSA）（Harrison et al.，1993）。

CSSA 和 USSA 是目前环境 CGE 模型敏感性分析研究中应用最广泛的分析方法。CSSA 是指每个自由参数在所有其他自由参数不变的条件下，考察感兴趣变量对模拟结果稳健性的影响；而 USSA 是指在一个自由参数不断变化的同时其他自由参数也变化的情况下，考察所感兴趣变量对模拟结果稳健性的影响。由于 USSA 所涉及的变化参数较多，展开敏感性分析时就会面临一个难以克服的缺点——需要大量的运算，从而大大削弱了该方法的可操作性。例如，对于一个包含 50 个自由参数的中小型环境 CGE 模型，如果每个参数的取值变化两次，则模型的敏感性分析就需要求解 2^{50} 次。为了简化 USSA 的计算量，Pagan 和 Shannon（1985）发展了一种近似算法。他们不是按照传统方法在弹性值值域内选择任意点来求解模型并观察模型解的变化情况，而是在模型的均衡解领域内通过变化弹性参数来观察解的变化。由于他们的敏感度性分析过程依赖于模型解的线性近似（即解是弹性的函数），所以计算量远小于 CSSA。继 Pagan 和 Shannon 之后，该领域其他学者的一些相关研究也证明了该方法的优越性。

除了上述所提到的方法外，敏感性分析的其他方法还包括：蒙特卡洛法，如 Abler 等（1999）的相关研究；高斯积分法，例如，Arndt 和 Person（1996）、DeVuyst 和 Preckel（1997）的研究；确定性等价建模法，例如，Webster 和 Sokolov（1998）的相关研究。Abler 等（1999）结合实际案例分析，认为可推荐的敏感性分析方法仅有蒙特卡洛法和高斯积分法。他们的研究结果表明，当计算可行时，宜采用高斯积分方法进行敏感性分析；不可行时，宜采用蒙特卡洛方法。

需要补充说明的是，关于敏感性分析，Harrison 等（1993）认为需要分两步进行：首先选择感兴趣的内生变量子集，如消费、福利等；然后对所选内生变量进行敏感性分析结果的统计性描述，如均值和方差等。此外，由于敏感性分析是环境 CGE 模型应用中的重要一环，从政策建议上来看，一般能够给出模拟结果的可信度表示或置信区间。这样，模型结果将不再是一个点估计，而是一个区间估计，这同时也给政策制定者带来了一定的弹性思考空间。

5.6　小　　结

本章介绍了环境 CGE 模型的求解策略、求解算法、求解技术和敏感性分析。求解策略是指通过建立环境 CGE 模型方程的压缩与替代方式，尽可能地简化模型的求解过程；求解算法是指完成模型方程压缩与替代后，进行模型求解的具体算法；求解技术则是环境 CGE 模型求解所借助的计算机软件与硬件技术；敏感性分析是指在模型中选取某个参数（或外生变量）进行微量调整，通过对模型系统进行求解，以观察参数（或外生变量）变化对求解结果的影响。本章概括了要素市场和产品市场的求解策略问题；详细介绍了包括不动点算法、Tatonnement 算法、Jacobian 算法以及目前流行的 CGE 模型求解工具软件 GAMS 中的 MINOS 求解器、GEMPACK 中的线性多步求解算法和新近发展起来的 SAA 算法与 GA 算法；并以 GAMS 软件为代表，介绍了环境 CGE 模型的求解技术及其实现过程；同时，以 AGE 模型为例，介绍了基于线性多步法的环境 CGE 模型具体求解过程；最后，基于最优化问题的 Kuhn-Tucker 最优性一阶条件及互补松弛条件推导，对环境 CGE 模型求解结果的敏感性进行了分析，总结了常用的敏感性分析方法的特点和适用范围。

参 考 文 献

霍尔斯，曼斯博格. 2009. 政策建模技术：CGE 模型的理论与实现. 李善同，段志刚，胡枫译. 北京：清华大学出版社：51.

李彤，冯珊，陈树柏. 2000. 可计算一般均衡 CGE 模型的遗传算法研究. 系统工程理论与实践，6：1-7.

周焯华，杨俊，张林华，等. 2002. CGE 模型的求解方法、原理和存在问题. 重庆大学学报（自然科学版），25（3）：142-145.

周建军，王韬. 2002. CGE 模型的方程类型选择及其构建. 决策借鉴，15（5）：69-74.

Abler D G, Rodríguez A G, Shortle J S. 1999. Parameter uncertainty in CGE modeling of the enviromental impacts of economic policies. Environmental and Resource Economics, 14（2）：75-94.

Adelman I, Robinson S. 1978. Income Distribution Policy in Developing Countries：A Case Study of Korea. California：Stanford University Press.

Anthony B, David K, Meeraus A. 1988. GAMS：A User's Guide. Redwood City, CA：Scientific Press：72.

Arndt C, Pearson K R. 1996. How to carry out systematic sensitivity analysis via Gaussian quadrature and GEMPACK. GTAP Technical Paper No. 3. Center for Global Trade Analysis, Purdue University, Indiana.

Canova F. 1994. Statistical inference in calibrated models. Journal of Applied Econometrics, 9（S1）：123-144.

Dervis K. 1975. Planning capital-labor substitution and intertemporal equilibrium with a non-linear multi-sector growth model. European Economic Review, 6（1）：77-96.

DeVuyst E A, Preckel P V. 1997. Sensitivity analysis revisited：a quadrature-based approach. Journal of Policy Modeling, 19（2）：175-185.

Dixon P B, Parmenter B R, Ryland G J. 1977. ORANI：a General Equilibrium Model of the Australia Economy-Current Specification and Illustrations of Use for Policy Analysis. Canberra：Australia Government Publishing Service.

Harrison G W, Jones R, Kimbell L J, et al. 1993. How robust is applied general equilibrium analysis. Journal of

Policy Modeling，15（1）：99－115.

Hertel T W. 1997. Global Trade Analysis：Modeling and Applications. Cambridge：Cambridge University Press.

Hertel T，Hummels D，Ivanic M，et al. 2007. How confident can we be of CGE-based assessments of Free Trade Agreements. Economic Modelling，24（4）：611－635.

Johansen L. 1960. A Multi-Sectoral Study of Economic Growth. Amsterdam：North-Holland.

Pagan A R，Shannon J H. 1985. Sensitivity analysis for linearised computable general equilibrium models. *In*：Piggott J，Whalley J. New Developments in Applied General Equilibrium Analysis. Cambridge：Cambridge University Press：104－118.

Roberts B M. 1994. Calibration procedure and robustness of CGE models：simulation with a model for Poland. Economics of Planning，27（3）：189－210.

Scarf H E. 1967. The approximation of fixed points of a caontinuous mapping. SIAM Journal on Applied Mathematics，15（5）：1328－1343.

Scarf H，Hansen T. 1973. The Computation of Economic Equilibrium. New Haven：Yale University Press.

Shoven J B，Whalley J. 1984. Applied general equilibrium models of taxation and international trade：an introduction and survey ture. Journal of Economic Literature，22（3）：1007－1051.

Webster M D，Sokolov A P. 1998. Quantifying the uncertainty in climate predictions. MIT Global Change Joint Program Report No. 37. Joint Program on the Science and Policy of Global Change，Massachustts Institute of Technology.

第6章　鄱阳湖流域氮磷减排调控研究

在湖泊富营养化形势日益严峻的情况下，探索富营养化控制与经济发展的协调关系，开展湖泊流域氮磷减排调控研究，探寻从根本上缓解湖泊流域水环境压力的可能途径，是对"先污染后治理"传统发展模式的反思和调整，为转变长期困扰我国区域经济发展的粗放型增长方式提供理论依据。所谓协调是在充分尊重湖泊自然演替规律的基础上，综合运用工程、技术、生态措施以及经济、法律和必要的行政手段，提出新的减排调控方案，推进社会经济发展规律和自然规律指导下的湖泊富营养化治理工作。顺利开展湖泊流域氮磷减排调控与经济增长的协调关系研究需要统筹兼顾经济发展与环境保育，创新发展模式、提高发展质量。现阶段，湖泊流域氮磷减排调控研究的重点集中于调整产业结构，控制"两高一资"产业的过快增长，加快淘汰落后生产能力，关闭浪费资源、污染环境的违法排污企业，推动循环经济和清洁生产，促进产业结构优化升级。

6.1　中国湖泊富营养化现状

6.1.1　湖泊富营养化危机

中国是一个多湖泊国家，面积在 $1km^2$ 以上的湖泊约有 2300 个，湖泊总面积约 $717\ 871km^2$，约占全国总面积的 0.8%，湖泊储水量约为 7088 亿 m^3，其中淡水储量为 2261 亿 m^3，占湖泊储水量的 31.9%（刘连成，1997）。湖泊在我国防洪、灌溉、养殖、航运、生活用水和观光旅游等国民经济活动中占据重要地位。

近年来，伴随着我国经济的迅速发展，排污量日益增加，加之长期以来人们对湖泊资源不合理的开发，给湖泊环境造成了极为严重的不良影响。目前我国湖泊面临着五大主要环境问题（王开宇，2001），即富营养化、有机污染、西部湖泊咸化、湖泊萎缩与水量减少以及生态系统破坏，其中影响最严重的是湖泊富营养化。《中国水资源公报》数据显示，我国湖库富营养化非常严重且呈恶化趋势。截至 2000 年，在重点评价的 24 个湖泊中，4 个湖泊部分水体受到污染，11 个湖泊水体污染严重。其中，国家重点治理的太湖，优于Ⅲ类水质的断面仅占 12.0%，富营养化水域占太湖总面积的 83.5%，与历年相比富营养化趋势明显、形势严峻；而云南滇池也处于重度富营养化状态。同时，对 93 座水库营养状况的评价结果也显示，处于中营养状态的水库为 65 座，处于富营养状态的水库 14 座。这些大型湖库富营养化带来的危害十分严重，治理难度亦很大。

6.1.2　氮磷排放与控制现状

我国湖泊流域富营养化的关键因素在于氮、磷浓度偏高。氮、磷是浮游植物生长的主要营养元素，对藻类生产力的发展具有重要的控制作用。研究表明，如果氮、磷浓度超过一定的临界值（即超过湖体的自净能力），在光照、水温等外在条件适宜的情况下，会刺激藻类生长，发生水华、赤潮，引起水体富营养化。

我国湖泊流域氮、磷的来源非常广泛，最具代表性的两个为城镇点源和农村面源。城镇点源污染主要是指在工业生产与部分城市生活过程中产生的污染，一般又可以进一步划分为工业废水和城镇生活污水的排放。工业废水，尤其是城镇污水处理厂的尾水排放，是城市湖泊氮、磷的主要来源之一。我国污水处理技术水平总体偏低、除磷脱氮能力较差，即使按照《城镇污水处理厂污染物排放标准》（GB 18918-2002）的一级 A 标准，尾水中氮、磷浓度仍然是湖库Ⅲ类水质标准的 10 倍以上。而农村面源污染则主要是指在种植和养殖过程中，由于化肥、农药、畜禽粪便等不合理使用与处置，使得氮、磷等营养物质随降水或灌溉流失，经地表径流、农田排水、地下渗漏等途径进入水体造成的污染。一般可以进一步划分为农田种植、畜禽养殖和农村生活污染等。我国农村分布广，覆盖面积大，随着经济的发展，农田氮肥、磷肥等的施用比例不断提高，流失系数不断增加；并且面源污染防治缺乏可靠的技术，因而造成了越来越多的氮、磷等营养物质流向湖泊。

富营养化防治是一项十分复杂而又耗资巨大的难题，多数富营养化治理是从减少或截断外界营养盐的输入着手进行考虑的。对于城镇点源污染，主要根据污染源排放的途径和特点，因地制宜采取集中处理和分散处理相结合的方式；建立以湖库为受纳水体的城镇污水处理设施，采取脱氮除磷工艺，降低氮、磷等营养物质的排放；逐步完善现有城镇污水处理设施的脱氮除磷工艺，提高氮、磷等营养物质的去除率，稳定达到国家或地方规定的城镇污水处理厂水污染物排放标准；对湖泊流域范围内排放氮、磷等营养物质的工业污染源（如化肥、磷化工、医药、发酵和食品等行业），采用先进生产工艺和技术，提高水的循环利用率，减少生产过程的污水排放和污染物富集。然而，由于我国生产技术水平的限制，对城镇点源污染的控制大多局限于通过加大投资力度、扩大城镇污水处理厂的规模、严格控制企业的排污力度等来实现，而忽略了对氮磷消减技术本身的发展，这势必会在一定程度上阻碍我国的经济发展。

对于农村面源污染，我国由于农村面源污染所引起的湖泊富营养化问题十分严重。越来越多的研究显示，不控制农村面源污染就不可能从根本上解决湖泊富营养化问题。在农村面源污染的来源中，化肥、农药、畜禽粪便等在径流中的流失，氮、磷等营养元素在地面中的富集与向湖泊水环境的输送是农村面源污染贡献最大且最难控制的项目（王东胜和杜强，2004）。一般来说，农村面源污染的发生具有较强的随机性，所产生的营养盐的排放途径及方式具有极大的不确定性，再加上其机理过程较为复杂、污染负荷具有时空分异特征，导致了对农村面源污染进行监测、模拟与控制具有较高的难度。此外，农村面源污染严重的地区分布较为分散，不具有普遍的规律性；同时，污染源的地理边界（或具体位置）难以识别和确定，污染潜伏周期较长且涉及范围广，控制难度大。因而，农村面源污染已经成为影响湖泊富营养化的重要污染源，开始逐渐引起许多国家的重视。

由于我国湖泊流域城镇点源污染控制中忽视了氮、磷消减技术的发展，而农村面源污染防治难度较高，因此，长期以来氮、磷等营养物质的排放并未得到有效控制，富营养化状况极其严重。据此，要从根本上解决我国湖泊流域富营养化现状，必须从源头上控制湖泊流域氮、磷的输入。

6.2 氮磷排放调控的技术与经济可行性

对氮、磷排放调控的技术与经济可行性进行分析是湖泊流域氮、磷减排调控研究的关键，为湖泊富营养化的治理与调控提供了一定的基础。一般来说，湖泊流域氮、磷排放调控的技术与经济可行性分析可以从 4 个方面展开，即排放标准对控制指标的约束性、污水处理工艺对氮（主要是 NH_3-N、TN）、磷（主要是 TP）的去除效率、污水处理指标的改造以及污水处理设计指标的确定。

6.2.1 排放标准对控制指标的约束性

根据《城镇污水处理厂污染物排放标准》（GB 18918-2002），结合城镇污水处理厂排入地表水域环境功能和保护目标，以及污水处理厂的处理工艺，城市污水的常规污染物标准值可以分为三类：一级标准、二级标准和三级标准（表 6-1）。其中，一级标准又进一步分为 A 标准和 B 标准，而 A 标准是出水作为回用水的基本要求。当污水处理厂出水引入稀释能力较小的河、湖作为城镇景观用水或一般回用水等时，执行一级 A 标准；当排入地表水①Ⅲ类功能水域（饮用水水源保护区和游泳区除外）、海水②Ⅱ类功能水域和湖、库等封闭或半封闭水域时，执行一级 B 标准；当排入地表水Ⅳ、Ⅴ类功能水域或海水Ⅲ、Ⅳ类功能海域时，执行二级标准；非重点控制流域和非水源保护区的污水处理厂，根据当地经济条件和水污染控制要求，采用一级强化处理工艺时，执行三级标准。我国大多数污水处理厂执行的都是二级标准或一级 B 标准。

表 6-1 城市污水的氮、磷营养盐排放标准值（日均值）

序号	基本控制项目		一级标准/(mg/L)		二级标准/(mg/L)	三级标准/(mg/L)
			A 标准	B 标准		
1	NH_3-N（以氮计）*		5 (8)	8 (15)	25 (30)	—
2	TN（以氮计）		7	15	20	
3	TP（以磷计）	2005 年 12 月 31 日前建设的	1	1.5	3	5
		2006 年 1 月 1 日起建设的	0.5	1	3	5

*括号外数值为水温大于 12℃时的控制标准，括号内数值为水温小于等于 12℃时的控制标准。

污水处理厂排放标准的制定和实施对污水中氮、磷等元素（主要是指 NH_3-N、TN

---

① 地表水质量标准按照"地表水环境质量标准（GB 3838-2002）"划定。
② 海水质量标准按照"海水水质标准（GB 3097-1997）"划定。

和 TP 等）的减排调控具有一定的约束性。一级 A 标准规定污水处理厂的出水中 NH_3-N 浓度在水温大于 12℃时不得超过 5mg/L，在水温小于或等于 12℃时不得超过 8mg/L；TN 浓度不得超过 7mg/L；2006 年前建立的污水处理厂 TP 排放浓度不得超过 1mg/L，2006 年后建立的浓度不得超过 0.5mg/L。一级 B 标准规定 NH_3-N 浓度在水温大于 12℃时不得超过 8mg/L，在水温小于或等于 12℃时不得超过 15mg/L；TN 浓度不得超过 15mg/L；2006 年前建立的污水处理厂 TP 排放浓度不得超过 1.5mg/L，2006 年后的浓度不得超过 1mg/L。二级标准规定 NH_3-N 浓度在水温大于 12℃时须低于 25mg/L，在水温小于或等于 12℃时须低于 30mg/L；TN 浓度须低于 20mg/L，TP 浓度须低于 3mg/L。三级标准未对 NH_3-N 和 TN 排放浓度进行规定，但规定 TP 浓度不得超过 5mg/L。

6.2.2 污水处理效率

现阶段，我国已建成的城镇污水处理厂设计标准多为二级标准或一级 B 标准，对脱氮除磷的技术要求较高。按一级 B 标准设计的污水处理厂，在处理过程中好氧处理超过 2~3h，硝化过程比较充分，NH_3-N 基本能够达到标准，处理率在 80% 左右。但是，针对高氮磷，尤其是南方低碳、高氮磷的城市污水，采用传统的硝化反硝化工艺处理，因碳源不足，脱氮效率较低，但一般也能达到 40%~50% 的处理率。截至 2008 年底，我国工业废水排放达标率达 92%，城市污水处理率达 50%，城市污水处理设施平均运行负荷率为 71.8%，污水处理效率还有一定的提升空间。

6.2.3 污水处理指标改造

污水处理指标改造是根据新的环保要求，贯彻以人为本、节能减排和可持续发展的理念，综合运用新技术、新设备、新材料完成污水处理厂的改造。伴随我国污水处理技术的不断发展，相应的水质标准也在不断改造。根据城市污水脱氮除磷的机理，对现有污水处理指标进行改造只需具备三个条件即可（Solley and Barr, 1999）：①提供足够的碳源；②提供必需的反应容积；③提供缺氧、厌氧和好氧环境。

6.2.4 污水处理的设计指标

伴随污水处理要求的提高，新建污水处理厂必须满足一定的污水处理设计指标。概括起来主要包括：①整体技术能够体现当代技术水平；②主要处理单元的建设满足节地、节能原则，采用生物除氮脱磷技术；③沉淀过滤技术的改进能够从根本上提高处理效率，发展二次沉淀池，开发深度处理技术；④消毒过程满足成本低、使用方法简单的原则；⑤深度处理的曝气生物滤池技术的开发能够兼具多种处理技术的优点。

1. 整体技术

污水处理的设计是一项综合性工作，它不是将新技术、新设备、新材料进行简单替换，而是在尊重已有工程的基础上，基于污水排放要求，经综合比较分析确定不同技术经济方案的最佳组合，将先进的科学设计理念与新技术有机结合起来。技术改造的检验标准是工程量小、运行管理简单、成本低。

2. 主要处理单元

节约土地是污水处理设计的一条重要原则。我国人口多、土地资源匮乏，城市建设中节约用地十分重要，它不仅关系到国家政策的落实，还与污水处理的投资运行成本密切相关。污水处理场地的布置要求做到分区合理、布置紧凑、附属建筑数量合理，尽量利用社会化服务减少污水处理的成本；生产性建筑物要做到平面和空间的合理充分利用，减少占地面积。此外，还需要尽量采用高效处理技术，以实现整体占地最小的原则。

污水处理设计的核心部分是生物处理单元。通过增加生物处理单元的处理能力（包括增加或提高氮、磷指标以及 COD、BOD_5 和 SS 等的去除能力），从根本上实现新的排放调控标准下 NH_3-N、TN、TP、COD、BOD_5 和 SS 等的去除率要求。最常用的方法是将原来以去碳为主的工艺改为除磷脱氮工艺，能力不足部分通过对原生物池挖潜、填料投加、生物池体积增加等实现。目前国内污水水质普遍存在碳氮比率低的问题，通过预处理提高碳氮比率、结合工艺优化组合提高碳源的有效利用率等是保证氮磷达标和降低运行费用的关键。

3. 沉淀过滤技术

沉淀单元广泛用于污水生物处理的活性污泥分离和污水的深度处理过程，而过滤单元则用于污水的深度处理过程。常用的沉淀过滤技术包括二次沉淀池和深度处理沉淀池。

二次沉淀池技术的发展主要体现在沉淀效率和回流污泥浓度的提高上。一般来说，沉淀效率的提高有助于减少污水处理厂的占地面积；回流污泥浓度的提高则有助于减小生物池体积，提高生物处理效率、节约能耗。提升二次沉淀池技术的方法很多，如在传统幅流式沉淀池的基础上增加防止异重流的措施以及在进水导流筒出口处设置配水消能板等都能够帮助提高沉淀效率；同时，配置扫描式单管吸泥机的双周边沉淀池既能大幅度提高沉淀效率，又能提高回流污泥浓度，其效率较普通幅流沉淀池提高近一倍。

深度处理沉淀池多采用给水处理用的斜板（管）沉淀池，结合原水中 SS 的特性，调整沉淀负荷、斜板（管）的间距以适应污水的特点。一种新型的高密度沉淀池，其沉淀效率可达斜板（管）沉淀池的 4～10 倍。目前，深度处理沉淀池技术在传统砂过滤池的基础上又开发了多项技术，如微滤机技术。用微滤机替代砂过滤池就能够实现污水处理排放控制的一级 A 标准。同时，微滤机技术还具有占地面积小、水头损失少、能耗低、管理运行简单、自清洗用水少等优点。随着技术的进步，微滤机技术的应用不断增加。此外，纤维滤料滤池也是近年来发展起来的一种深度处理沉淀池技术。该技术具有深层截污、深度脱氮功能，其滤速为砂滤池的两倍多，自清洗用水少、能耗低，在深度处理中存在一定的应用前景。

4. 消毒技术

目前污水处理的消毒单元所采用的技术主要有三种：氯气消毒、二氧化氯消毒和紫外消毒等。其中，紫外消毒仅需将紫外模块安装在出水渠道上即可，不需要建立特定的接触池，占地面积少，设备也相对简单。同时，该技术还不会产生消毒副产物，仅需按时更换灯管即可，使用方法简单，运行成本低，在污水处理中应用广泛。

5. 深度处理的曝气生物滤池技术

曝气生物滤池是一种新型高负荷淹没式三相反应器，兼具活性污泥法和生物膜法的优点。曝气生物滤池集污水好氧接触氧化法和给水快滤池的优点于一体。除常用的生物处理吸附和生物代谢作用之外，该技术还兼具过滤功能。

6.3 氮磷排放调控技术路线

湖泊流域的氮磷排放调控技术研究是一项系统工程，主要包含 4 方面内容，即问题的识别、调控目标值的确定、污染源的评价以及环境容量的估算。

6.3.1 问题的识别

在湖泊流域氮磷排放调控研究中，问题识别是识别影响水体水质的关键指标和背景信息、识别湖泊流域富营养化程度及其影响因素，为湖泊流域氮磷排放调控计划的制订提供足够的信息，统领并指导湖泊流域的富营养化治理。一般来说，问题的识别需在收集相关监测数据的同时，集成数据分析方法和污染控制措施、氮磷减排技术信息等，并与当地职能部门沟通合作，了解当地富营养化的主要问题和关键指标，建立水体富营养化的基础数据库。

问题的识别通常需要考虑 4 方面内容：湖泊流域水环境功能识别与富营养化、氮磷营养盐源解析、不确定性因素及安全临界值识别以及季节变化的水环境影响识别。

1. 水环境功能识别与富营养化

制定和实施湖泊流域氮磷排放调控策略的目的是使目标水体达到相应的水质标准，从而保证水环境的正常使用功能。因此，湖泊流域氮磷排放调控研究必须首先识别湖泊流域水环境功能以及氮磷过量排放引起的水体富营养化对水环境功能的影响。

2. 氮磷营养盐源解析

氮磷营养盐源解析主要是指识别氮磷等营养盐的排放活动、进入水体的途径与方式等。氮磷营养盐源解析过程通常还包括对沉积物循环、地表水污染源及大气沉降污染源的量化与评估。

3. 不确定性因素及安全临界值识别

不确定性因素，尤其是农村面源污染的不确定因素，对富营养化的影响不容忽略。农村面源污染是湖泊流域富营养化的最主要因素，对流域氮磷营养盐积累的贡献率多达 60%～80%[①]。农村面源污染受降雨时间影响较长，污染的发生具有较大的随机性和不确定性；再加上面源污染过程较为复杂，排放途径难以确定排出的氮磷等营养盐总量难以确定；同时，面源污染与径流过程呈现一致的变化趋势，而径流的时空变化规律显著、且带有很强的不确定性。因此，为确保湖泊流域氮磷排放调控计划的制订和实施，必须对引起富营养化的不确定性因素及氮磷的安全临界值进行合理分析。

4. 季节变化的水环境影响识别

湖泊流域氮磷排放调控计划的制订必须考虑季节变化对水流状况、水环境功能以及氮磷排放速率等的影响。通常情况下，在不同的时间范围内，季节因素对城镇点源和农业面源污染的氮磷排放强度影响存在一定差异。并且，湖泊流域水生植物的生长也会随季节变化而改变。例如，浮游植物和藻类在春季温和的气候条件下会大量繁殖（或加速生长），而在冬季少光、低温的条件下生长速率会大大减少，甚至可以完全忽略。因此，湖泊流域的富营养化状况与季节因素密切相关，考虑季节变化对水环境的影响对于湖泊流域氮磷排放调控研究尤为重要。

6.3.2　调控目标值的确定

调控目标值充分揭示了湖泊流域氮磷排放调控研究所要达到的水质目标，是富营养化治理的总体控制标准，也是检验湖泊流域氮磷排放调控成果的考核依据。只有确立了明确的调控目标值，才能够进一步展开富营养化的分类、分期、分级减排调控研究。

调控目标值的确定有很多方法，但总体上应遵循科学性、技术可行性和经济合理性的原则，针对不同的水体用途

图 6-1　不同的水体用途

确定调控目标值，评价湖泊流域水体水质标准的可达性（图 6-1）。

6.3.3　污染源评价

一般来说，展开污染源评价需要综合考虑以下几个方面内容：污染源类型、污染源位置和污染物负荷排放量、迁移转化机制、污染物进入水体的时间尺度和效应等（图

---

① 数据来源：环保部"全国重点湖泊水库生态安全调查与评估"项目。

6-2)。具体来说，在展开湖泊流域氮磷排放的污染源评价时，首先需要综合利用现场调查、监测数据、卫星影像、研究报告等资料，确定对氮磷排放产生影响的污染源并列出污染源清单；在列出污染源清单后，还需要结合实地监测、统计分析、模型模拟等方法进行氮、磷营养盐负荷分析与评价，展开污染物的迁移转化规律研究；最后，在迁移转化规律研究的基础上，还需要将与氮磷排放相关的污染源进行分类，并在此分类基础上分别形成湖泊流域氮磷排放的污染源评价技术方法体系。

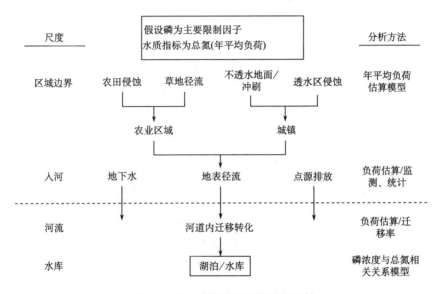

图 6-2　氮、磷营养盐迁移转化机制

1. 污染源及污染物迁移转化规律

结合土地利用专题图、航空像片、土地调查和排污许可等信息，借助遥感、地理信息系统等技术手段，对湖泊流域内的污染源进行分组和分类管理，并建立污染源清单。进而建立污染源信息数据库，对氮、磷等营养盐的产生机理、迁移转化规律和排放总量进行研究，所涉及的关键内容包括迁移机制（包括大气沉降、侵蚀、融雪和地下水等的作用机制）、负荷可变性（涉及氮、磷等营养盐的稳态、与降水和融雪的相关性、季节变化规律）和生化物理过程（包括吸附、硝化和反硝化等过程）的识别。

2. 污染源分类

根据污染物的迁移机制、污染源的类型及与水体的相对位置、管理体制、流域的物理特征等对污染源进行分类管理。

3. 污染源评价的技术方法

由于研究的时空尺度不同，富营养化过程存在差异，形成了一系列污染源评价技术方法。常见的模型方法如图 6-3 所示。

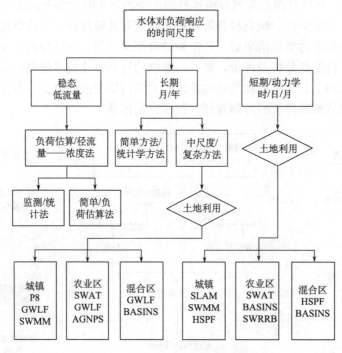

图 6-3　污染源评价中的模型选择

6.3.4　环境容量估算

环境容量是在人类生存和自然生态系统不被破坏的前提下，某一环境所能容纳的污染物的最大负荷量。环境容量包括绝对容量和年容量。绝对容量是指某一环境所能容纳的污染物的最大负荷量；而年容量是指某一环境在污染物积累浓度不超过环境标准规定的最大容许值的情况下，每年所能容纳的污染物的最大负荷量。环境容量的概念是在环境管理中实行污染物浓度控制时提出的，是环境污染调控研究不可缺少的重要组成部分，在湖泊流域氮磷排放调控研究中至关重要。

环境容量估算的步骤可以概括为：第一，确定研究区湖泊水环境质量与纳污水体水质之间的响应关系（这种关系可能随着季节的变化而变化）；第二，综合考虑污染物的排放调控目标值、排放监测数据和水体的水力学特征等可能影响环境容量的因素；第三，应用专业判断、模型构建等方法建立污染物来源和氮磷排放调控目标值之间的输入-响应关系；第四，利用输入-响应关系推断氮磷排放达标时水体可接受的最大污染负荷量，确定安全临界值，即环境容量。对于湖泊流域而言，环境容量的确定宜通过结合实测数据建立的污染物负荷（或污染物浓度）与藻类生长之间的相关关系来实现。当无法利用浓度响应建立污染源与调控目标之间的直接响应关系时，需要结合污染物浓度变化进一步模拟实现。

6.4　鄱阳湖流域基本概况

鄱阳湖位于北纬 $28°22'\sim29°45'$，东经 $115°47'\sim116°45'$，地处江西省北部、长江中下游南岸（图 6-4）。湖泊南北长 173km，东西宽 16.9km（最宽处达 74km），湖岸线长 1200km。卫星遥感监测显示，湖区最大丰水期面积 5100km²，平均水深 6.4m，最深处 25.1m 左右，容积约 300 亿 m³，是我国最大的淡水湖泊。鄱阳湖承纳了赣江、抚河、信江、饶河和修河五大河流来水，流域面积 16.22 万 km²，占江西省土地面积的 97% 左右。经鄱阳湖调蓄注入长江的水量超过黄、淮、海三河水量之和。1950～2001 年，鄱阳湖平均径流量 152.5 亿 m³，占大通站长江同期平均径流量的 16.4%。鄱阳湖属季节性、过水性吞吐湖泊，其水位受五河入湖水量和长江水位顶托双重影响。无论年内还是年际间，水位变幅较大，最大年变幅 9.59～15.36m，最小 3.80～9.79m，具有"高水是湖，低水是河"的独特自然地理景观（朱海虹和张本，1997）。

图 6-4　鄱阳湖水系现状遥感影像

鄱阳湖是国际重要的湿地，在长江流域中发挥着特殊的生态功能，如调蓄洪水和生物多样性保护等，是中国最大的"大陆之肾"。同时，鄱阳湖流域生物资源丰富，是我国十大生态功能保护区之一。长期以来，鄱阳湖流域独特的气候和生态条件，已经使之成为世界著名的候鸟栖息地。2006 年，在江西省召开的第十一届湖泊大会上，鄱阳湖被世界生命湖泊网接受为我国唯一的正式成员，奠定了鄱阳湖的全球重要生态地位。此外，鄱阳湖流域自古以来即为我国经济较为发达的富裕地区，是我国传统的粮、棉、油、渔产区，是江西省的生态资源"聚宝盆"。对鄱阳湖流域的水环境状况及其引起的生态环境变化展开研究，对维系区域和国家生态安全具有重要意义，探索湖泊流域的氮磷减排调控行动以及针对湖泊流域制定的保护政策对社会经济的影响，直接关系到国家的长治久安。

现阶段，鄱阳湖水质在我国五大淡水湖中尚属较好。但伴随着流域经济的迅速发展，工、农业废水及生活污水大量排放，造成大量营养物质（如氮、磷等）不断流入湖泊，使得鄱阳湖水质逐步下降、富营养化态势日显突出，并逐渐成为当地经济协调发展的制约因素（李博之，1996）。根据"中国湖泊富营养化调查规范"推荐的评分办法，结合历年的调查资料显示[①]（吕兰军，1994；曾慧卿等，2003；李昌花和林波，2005），鄱阳湖 1989 年富营养化评价值为 36，全年处于中营养状态，其中主湖区为贫营养状态，赣江南支入湖口为富营养化状态（富营养化评价为 52），其他入湖河口为中营养状态；1998 年富营养化评价值为 39，属中营养状态；1999 年富营养化评价值为 39，仍属中营养状态；2000 年富营养化评价值为 40，富营养化程度加剧；2006 年富营养化评价值为 47，富营养化程度进一步增加。这也同时表明了鄱阳湖流域正在缓慢地向富营养化状态发展。

近年来，伴随"环鄱阳湖生态经济区"和"保护一湖清水"战略思想的提出，为鄱阳湖流域的水生态环境保护带来了新的机遇和挑战。如何在流域氮磷排放调控和经济增长之间寻找一个平衡点，在控制氮、磷等营养盐富集、消减污染负荷、防治水环境污染、提高水资源承载力的同时，为区域经济提供更大的发展空间，已经成为现阶段"环鄱阳湖生态经济区"建设的主要内容，是鄱阳湖流域生态环境保护和区域经济协调发展的首要任务，为科学规划流域经济发展和湖泊富营养化控制提供理论依据，促进流域环境-经济协调发展。

6.4.1 流域氮磷排放现状

鄱阳湖是鄱阳湖流域的汇水中心。鄱阳湖的水大部分是由流域五大河流汇集后流入，约占入湖水量的 87%，不经五河直接入湖的水量约占 13%。由于江河地表水是城市生活污水、厂矿企业工业废水、农业面源与地表径流的主要纳污水体，因而造成了鄱阳湖水质的严重污染。1991～2000 年，鄱阳湖水体 BOD_5 浓度相对较小且呈下降趋势；TP 和 NH_3-N 处于超标状态，且浓度较大呈上升趋势（李博之，1996）。江西省鄱阳湖水质断面监测结果显示（表 6-2），截至 2006 年，鄱阳湖全年的水质已发展成为劣Ⅲ类水，主要超标因子为氮、磷（余进祥等，2009）。根据已有文献报道（金相灿，2002），

---

① 1998 年、1999 年和 2000 年的富营养化评价值是以当年 4～9 月的湖泊富营养化调查数据为基础确定的。

当水体氮、磷营养盐浓度分别达到无机氮（包 NH_3-N 和 NO_3-N）0.2mg/L 和无机磷（PO_4^{3-}）0.015mg/L，并且在其他条件具备时，就会出现"藻华"现象，引起水体富营养化。

表 6-2　2006 年鄱阳湖流域水质断面监测结果

月份	Chla /(μg/L)	TP /(mg/L)	TN /(mg/L)	BOD_5 /(mg/L)	COD /(mg/L)	SD /m
1	6.46	2.00	1.07	0.8	9.5	0.64
2	7.21	1.90	1.78	1.3	11.7	0.62
3	8.79	0.14	2.53	1.6	13.0	0.55
4	9.39	0.14	2.58	1.7	12.4	0.41
5	10.51	0.06	0.43	2.1	11.2	0.46
6	12.98	0.06	0.46	2.8	10.8	0.54
7	21.36	0.11	1.60	1.3	10.0	0.50
8	20.26	0.12	1.53	1.3	10.0	0.58
9	16.67	0.14	2.25	1.0	11.2	0.59
10	7.64	0.16	2.38	1.6	11.8	0.52
11	6.69	1.89	1.51	1.4	10.8	0.64
12	6.34	2.06	1.01	1.0	9.9	0.65
平均	11.19	0.73	1.59	1.5	11.0	0.56

1. 流域氮、磷等营养盐的排放

鄱阳湖流域氮、磷等营养盐主要来源于点源和面源排放。

1）点源排放

点源排放是指有固定排放点的污染物排放，包括工业废水及城市生活污水由排放口集中汇入江河湖泊的现象。2007 年江西省全年废水排放总量 14.13 亿 t，其中工业废水排放量 7.14 亿 t，排放达标率 93.89%；城镇生活污水排放量 6.99 亿 t，处理率 26.02%。工业废水中 NH_3-N 排放量 0.84 亿 t；城镇生活污水中 NH_3-N 排放量 2.87 亿 t。

2）面源排放

面源排放是指农业生产活动产生的污染物及农村人畜禽粪便与生活垃圾等在降水和灌溉过程中，通过地表径流、农田排水、地下渗漏和淋溶等多种途径进入受纳水体所形成的污染物排放（Merrington et al.，2002）。鄱阳湖流域面源排放归纳起来主要有三类，即农业化肥农药污染、畜禽水产养殖粪便和废水的排放，以及农村生活污染的排放等。

（1）农业化肥农药污染。江西省是一个农业大省，是中国重要的粮食产地。农业氮、磷流失是鄱阳湖水体富营养化的主要原因（张小兵等，2006）。尤其是近年来，伴随着当地经济的发展，江西省农业化肥、农药的施用量呈逐年递增趋势，加剧了鄱阳湖流域的富营养化发展。2005 年末，鄱阳湖流域实有耕地 212.67 万 hm^2，耕地生产过程中需要施用大量的农药、化肥。同年，仅江西省农业化肥施用量即为 132.6 万 t（折合纯氮施用量为 228kg/hm^2，折合纯磷施用量为 121kg/hm^2），农药施用量为 7.5 万 t（平均约 35.9kg/hm^2），均超过国际上公认的施用上限。而各种作物对氮肥的平均利用率仅为 30%～35%，对磷肥的利用率更低，为 10%～25%，剩余的肥料除部分以氨和氮氧化物的形态进入大气外，其余大部分随地表径流等进入湖泊水体。

湖泊流域的富营养化成因除与农药化肥的过量施用有关外，还与营养元素的地下渗漏以及农田排水和暴雨径流引起的氮、磷流失密切相关。调查显示，氮肥的平均地下渗漏损失率约为 10%，农田排水和暴雨径流损失率为 15%；磷肥的地表径流损失率大于氮肥；并且农药的损失也较为严重，平均约有大于 120t/a 的农药通过地下渗漏和农田排水进入水环境。2005 年，鄱阳湖流域有效灌溉面积高达 183.64 万 hm^2，农田排水引起的氮、磷等营养盐的流失对湖泊富营养化的贡献突出。此外，富营养化还与暴雨径流存在一定的联系，而暴雨具有一定的季节性特点，这也造成了富营养化在不同的季节表现出一定的差异性。例如，夏季双抢施肥时，正是多暴雨时，化肥的流失量增加，富营养化治理形势严峻。

（2）畜禽水产养殖粪便和废水的排放。畜禽水产养殖粪便和废水的排放污染包括水产养殖业和畜禽养殖业的污染。其中，水产养殖业是鄱阳湖流域富营养化的重要影响因素，其氮、磷等营养盐的主要来源是鱼类粪便、饵料沉淀以及为使水生植物生长而撒播的各种肥料等。鄱阳湖是淡水类动植物繁养生息的好场所，也是各种淡水蟹类、鱼类的繁养基地。近年来，伴随着经济的高速发展，湖区的水产养殖业不断发展，对周边水环境的影响日渐突出。水产养殖导致了湖区残留饲料及排泄物的增多，增加了湖泊中氮、磷等营养盐的浓度，极易引起水体富营养化。此外，禽畜养殖也是湖区氮、磷等营养盐的重要来源之一。禽畜粪便未经有效处理便直接排入河道，不仅使得鄱阳湖水体遭到严重污染，也使得附近河水变浑甚至发黑、发绿、发臭，水中生物也无法生存。

（3）农村生活污染的排放。农村生活污染主要是指人粪尿、生活污水和生活垃圾等。由于小城镇建设中环保设施相对滞后，再加上农村农业生产方式的转变，农药化肥用量大大增加，人粪尿作为农用肥已不被重视，人粪尿的污染开始成为鄱阳湖流域水体富营养化的突出因素。此外，流域多数乡镇都没有专门的污水处理厂，农民住房家用卫生化粪池处理水和农村大部分生活污水大多直接排入水环境，给周边湖泊水体带来了大量的氮、磷等营养元素。

2. 氮磷的主要分布

鄱阳湖流域的氮、磷主要分布在沿湖岸带和五河入湖周围地带。据调查，五河入湖口污染较重的断面是赣江南支口和信江东支口。王毛兰等（2008）通过对鄱阳湖湖水及其主要支流下游的地表水进行系统采样和实验室测定，对鄱阳湖流域氮、磷的主要分布进行了探索。研究结果表明，鄱阳湖流域主要河流无机氮（包括 NH_3-N 和 NO_3-N）的平均浓度已达 1.06mg/L，TN 浓度达 1.28mg/L。由此可见，鄱阳湖流域主要河流入湖口河水已达到一定程度的氮污染。饶河段氮含量（0.89～3.15mg/L）明显比其他河流高，其原因主要与鄱阳县发达的渔业有关。据统计（江西省统计局，2006），2005 年鄱阳县渔业生产总值高达 87 670 万元。鱼虾的养殖将大量含有氮、磷等营养盐的废水排入湖泊流域，致使河水中氮含量明显偏高。而信江受其上游处上饶市朝阳磷矿（华东第一大磷矿）的影响 TP 含量偏高（0.098～0.22mg/L）。相关资料显示，朝阳磷矿年产过磷酸钙 10 万～15 万 t，磷矿生产废水的直接排放也是信江下游 TP 含量偏高的主要原因（张维球，2000）。

3. 氮磷入湖途径分析

鄱阳湖水体无机氮（包括 $NH_3\text{-}N$ 和 $NO_3\text{-}N$）的平均浓度为 0.92mg/L，TN 浓度为 1.06mg/L（王毛兰等，2008）。鄱阳湖入湖氮、磷主要来源于流域五大河流入湖水携带入湖或湖区产生的氮、磷直接入湖。据《2002 年江西省生态环境现状调查报告》，鄱阳湖入湖氮、磷主要由五大河流入湖水携带入湖，入湖 TP、TN 所占比例分别为 80.5%、66.4%。

就 $NH_3\text{-}N$ 的富集来说，乐安河和赣江的贡献率最大，昌江和抚河次之，修河的贡献率最小。乐安河虽然流量相对较小，但其入湖 $NH_3\text{-}N$ 平均浓度为 2.04mg/L（最高时达到了 3.63mg/L），因而贡献率较大；而赣江由于流域大，经济发达，排污量大，排污口多，且主要集中在赣江南支上，赣江南支上的江西氨厂对河口处的 $NH_3\text{-}N$ 贡献率不容小视，其 $NH_3\text{-}N$ 入湖平均浓度 0.32mg/L（最大达到了 0.65mg/L）；昌江和抚河的入湖 $NH_3\text{-}N$ 浓度也较高，平均浓度分别为 0.46mg/L 和 0.25mg/L（最大时分别达到了 0.63mg/L 和 0.81mg/L），对鄱阳湖流域 $NH_3\text{-}N$ 富集的贡献率仅次于乐安河和赣江；$NH_3\text{-}N$ 入湖贡献率最小的是修河。

就 TP 的富集来说，贡献率最大的是信江，入湖 TP 平均浓度为 0.18mg/L；其次是乐安河，入湖平均浓度为 0.16mg/L；再次是赣江和抚河，平均浓度分别为 0.09mg/L 和 0.06mg/L；贡献率最小的依然是修河，入湖平均浓度仅为 0.03mg/L。信江的 TP 污染主要是因为其上游有江西省最大的磷矿企业，导致高浓度的含磷废水进入信江；而乐安河由于常年污染严重，磷的沉降作用已经使之成为严重的内源污染源，导致乐安河 TP 本底值较高，入湖水质较差。

4. 水质现状及污染分担率

（1）水质现状。20 世纪 80 年代，鄱阳湖的水质以 I、II 类水为主；1996～1999 年平均 II 类水占 64.2%，III 类水占 30.5%，IV 类水占 5.3%；2000 年全湖平均 II 类水占 26.5%，III 类水占 42.1%，IV 类水占 5.3%；2007 年鄱阳湖 4 个省控监测断面有两个为劣 III 类水，两个为 IV 类水。

（2）污染分担率。结合 2005 年鄱阳湖监测资料分析，在评价项目中，污染分担率排前两位的污染物是 TP、TN，污染分担率分别为 33.8%、30.9%。

5. 水体纳污现状及边界条件

结合《江西统计年鉴 2006》数据，运用平衡法分析，2006 年鄱阳湖水体中 TN 的点源和非点源的污染负荷分别 11.54 万 t 和 25.73 万 t，污染贡献率各为 31.0% 和 69.0%；TP 的点源和非点源负荷分别为 3.38 万 t 和 14.97 万 t，污染贡献率为 18.4% 和 81.6%。其中点源污染中生活污水中 TN、TP 的负荷为 10.78 万 t、3.27 万 t，各占点源污染源的 93.4% 和 96.7%。这显示鄱阳湖水体中 TN、TP 的负荷主要来源于点源污染中的生活污水和非点源污染，且非点源污染的贡献率明显大于点源污染，是鄱阳湖富营养化的主要污染源。

现阶段，鄱阳湖区水体各污染物指标的纳污量（表 6-3）：TN 为 37.27 万 t/a、TP 为 18.35 万 t/a。其中，TN 的现纳污量介于Ⅲ类与Ⅳ类水质控制纳污量之间，TP 的现纳污量大于Ⅳ类水质控制纳污量。

表 6-3　鄱阳湖流域水质控制纳污量和现状纳污量

污染物	TN/(万 t/a)	TP/(万 t/a)
Ⅲ类水控制纳污量	28.67	14.34
Ⅳ类水控制纳污量	43.00	28.67
现状纳污量	37.27	18.35

6. 污染物负荷容量

鄱阳湖是一个面积较大的浅水湖泊，湖区降水量与蒸发量大致相等，出入湖水量亦基本相同，属于非均匀混合且较易降解的水环境。根据水利部《水域纳污能力计算规程》（SL 348-2006），鄱阳湖 TP、TN 负荷容量的估算选用 Dillon 模型，Dillon 模型是在 Vollenweider 模型基础上克服磷沉积系数测定困难后推导出的。

湖泊 TP 负荷容量估算是以水体质量平衡基本方程为基础展开的。

$$W = (A \times C_S \times \bar{Z} \times \frac{Q_C}{V})/(1-R) \tag{6-1}$$

式中：W 为湖泊最大允许纳污量；A 为湖泊水面面积；C_S 为水质标准；V 为湖泊容积；Q_C 为湖泊年出水量；$\bar{Z}$ 为湖泊平均深度；R 为滞留系数，$R = 0.426e^{-0.27q_{es}} + 0.574e^{-0.009\,49q_{es}}$，$q_{es} = Q_i/V$；$Q_i$ 为湖泊年入水量。

鄱阳湖流域集工、农业供水和生活、渔业、景观、生态环境用水等多种功能于一体。为保证湖区社会、经济、环境协调可持续发展，保持湿地生态过程和生命支持系统，保护生物的多样性，保障人类对湿地生态系统和生物物种的持续利用，鄱阳湖水环境质量应综合控制在国家《地面水环境质量标准》（GB 3838-2002）Ⅲ类或Ⅲ类以下。基于该水质目标，可以计算鄱阳湖 TN、TP 的污染负荷容量（表 6-4）。

表 6-4　鄱阳湖 TP、TN 不同年份、不同控制目标水环境容量　（单位：t/d）

时间		现状纳污量	控制目标	水环境容量	超排量	现状纳污量	控制目标	水环境容量	超排量
			TP				TN		
1990 年	全年	18	II 类水	13.4	4.6	28.3	II 类水	244.7	38.3
			III 类水	26.8	0		III 类水	489.4	0
	丰水期	8.85	II 类水	13.4	0	329.3	II 类水	485.7	0
			III 类水	26.8	0		III 类水	971.4	0
	枯水期	7.9	II 类水	7.6	0.3	220.8	II 类水	141.6	79.2
			III 类水	15.5	7.6		III 类水	283.1	0
2005 年	全年	22.6	II 类水	9.2	13.4	424.3	II 类水	192	232.3
			III 类水	21	1.6		III 类水	384	40.3
	丰水期	10.7	II 类水	14.8	0	426.1	II 类水	269	156.2
			III 类水	29.6	0		III 类水	539.8	0
	枯水期	10.9	II 类水	9.9	1	393.6	II 类水	180.5	213.1
			III 类水	19.8	8.9		III 类水	361	32.6

注：鄱阳湖丰水期为 184d，枯水期为 181d；水质标准为国家《地表水环境质量标准》。

6.4.2　产业经济发展状况

长期以来，江西省已经形成了以粮食生产为主，油菜、油桐、茶叶等亚热带经济作物生产为辅的农业生产格局。20 世纪 70 年代以后，"工业-农业型"的经济格局才形成。进入 21 世纪，随着国民经济快速增长，经济运行质量明显提高。2001 年，江西省委、省政府作出了"以工业化为核心、以大开放为主战略，把江西建设成为沿海发达地区的产业梯度转移基地、优质农产品供应基地、劳动力输出基地和旅游休闲的后花园"的战略定位。在对接长珠闽、融入全球化的过程中，江西经济开始全面腾飞。2002～2007年，江西省 GDP 平均年增长率达 12.5%。

从外资利用情况来看，由于以大开放为主的发展战略的确定，江西省的外资贸易进入了一个持续的快速发展阶段。2001～2007 年江西省累计利用外商直接投资 134.8 亿美元，超过了 2000 年之前的外资利用总和。截至 2007 年，江西省外资依存度已从 2001 年的 5.0% 上升到 7.2%，开放型经济实现增加值占 GDP 的比重达 33.9%。统计显示，江西招商引资的大部分资金和项目投向了工业。2007 年，江西省工业园区引进境外资金 21.5 亿美元，占全省利用外资的 69.1%；实现工业增加值 1239.8 亿元，占全部工业增加值的 54.8%。同年，在规模以上工业企业中，外商投资和港、澳、台商企业 682 家、总资产 861.9 亿元，实现工业增加值 280 亿元，分别占规模以上工业的 11.3%、18.4% 和 15.4%（2000 年仅为 4.5%、8.4% 和 8.5%）。21 世纪以来，江西省工业化进程不断推进，工业增加值占 GDP 的比重由 2000 年的 27.2% 上升到 2007 年的 41.4%。2007 年，全省工业园区从业人员 126.4 万人。其中，外商投资企业从业人员 10.82 万人，与 2000 年相比，增长 2.2 倍，大大高于全省全社会从业人员 2.0% 的增速。

江西省属于欠发达省份，工业发展水平相对较低，经济运行过程中存在许多问题。例如，经济结构欠协调，城乡差别悬殊，区域经济发展不平衡；工业增长速度及效益基础不扎实；能源供应日益紧张；"三农"问题比较突出等。江西省要实现经济腾飞，必须紧抓工业化战略核心，形成以工业为主导的经济发展格局。经过多年的经济发展与产业结构调整，目前，江西省产业结构已渐趋合理，农业的基础地位得到加强，工业和建筑业飞速发展，汽车航空及精密制造、特色冶金和金属制品、中成药和生物医药、电子信息和现代家电、食品加工、精细化工及新型建材六大支柱产业日益壮大，交通运输、通信邮电、金融保险等第三产业稳步发展。

现阶段，江西省一方面通过招商引资带来一批先进实用技术，填补许多产品生产的技术空白，促进部分产业产品的更新换代，推进一批新兴产业的发展。通过大力开展产业招商，实施产业错位发展，初步形成一批特色产业，如南昌的应用软件业和现代家电业、樟树和新干的盐化工产业、萍乡的化工陶瓷产业，吉安的电子产业、景德镇和宜春的品牌陶瓷产业、九江的港口工业以及赣州的钨和稀土深加工产业等。另一方面，在大力发展工业项目的同时，增加第三产业项目。2007 年，江西省在物流项目方面引入了香港中羽集团在昌北机场建设南昌国际航空货运枢纽中心；同时，外资金融担保企业先后进入江西省多个地区，如香港大新银行、渣打银行已向国家银监会提出申请，将在南昌设立分行。

尽管江西省经济发展取得了一系列显著成果，但个别产业的发展仍然存在一定的问题。作为承接产业转移的重要平台，除特色工业园外，江西省多数工业园区引进的企业大同小异，各园区内企业之间产业关联度小，难以形成有效的工业发展产业链。行业配套能力差，如有的园区引进了一定数量的服装加工企业，但缺少生产纽扣、拉链的配套厂家，并且周边地区也没有专业市场为之服务，生产的协作伙伴多在外地；园区产业结构层次普遍较低，在全省工业园区中，诸如采选业、农副食品加工业、食品制造业、家具制造业和工艺品及其他制造业等劳动密集型、简单加工业或低端产业比重较大。并且，江西省第三产业总体规模偏小，竞争力不强，处于低水平发展阶段。与中部省份相比，2007 年，江西省第三产业 GDP 的比重仅高于河南，比比重最高的湖北、湖南低 8%；从第三产业内部结构看，江西省现代服务业发展明显滞后，除批发零售贸易、餐饮业、交通运输业和部分社会服务业等传统服务产业市场化程度较高外，其他服务业的市场化程度均较低，尤其是知识密集型的金融、信息传输、物流、咨询等现代服务业发展滞后。

6.5　经济发展与氮磷减排的均衡分析

随着产业经济的发展，鄱阳湖流域水环境面临严峻挑战。尽管目前鄱阳湖水体富营养化程度相对较低，但富营养化威胁仍不容忽视（黄文钰和吴延根，1998；金相灿和任丙相，1999；秦伯强，2002；赵亮等，2002；Yan et al.，2003；成小英和李世杰，

2006)。鄱阳湖流域水体富营养化状态与 TN、TP 等水质参数直接相关。朱海虹和张本（1997）的研究表明，1988 年鄱阳湖水体中 TN 和 TP 含量平均值分别为 0.076mg/L 和 0.684mg/L；而李博之（1996）的调查则显示，1996 年鄱阳湖水体 TN 和 TP 含量最高分别达 2.38mg/L 和 0.148mg/L。由此可见，随着鄱阳湖流域经济的快速增长，水体 TN、TP 浓度也在不断上升。吕兰军（1996）研究表明，鄱阳湖早在 20 世纪 90 年代初就已面临富营养化威胁，全湖每年约有一半时间处于富营养化状态。在鄱阳流域谋求一条以调整产业结果为主要调控手段的入湖氮、磷营养盐源头控制路线已经成为目前迫切需要解决的关键问题之一。

由于氮、磷营养盐主要是通过流域水循环进入邻近湖泊，引起湖泊水体富营养化，为此选择从流域尺度探讨氮、磷营养盐消减与经济增长之间的协调关系并提炼湖泊富营养化控制策略。为了便于定量化研究可以通过定制一个多区域环境 CGE 模型，以占鄱阳湖流域 97％的江西省为案例区，通过刻画经济增长与氮、磷营养盐减排调控之间的反馈关系，评估鄱阳湖流域不同富营养化控制方案对江西省及我国其他地区经济的影响。多区域环境 CGE 模型的建模环境为 GEMPACK 软件平台，数据资料来源于我国 2007 年中国投入产出表（input-output table，IO 表）以及 2007 年各省社会经济统计资料。

6.5.1　模型定制

多区域环境 CGE 模型的构建主要用于研究鄱阳湖流域入湖氮、磷排放调控对经济的影响。该模型在保持环境 CGE 模型 6 个基本模块——生产模块、收入模块、贸易与价格模块、支付模块、污染处理模块以及市场均衡和宏观闭合模块的基础上，对模型的具体方程按研究内容的不同重新调整为 4 类，即名义流方程、实物流方程、价格方程和均衡方程。通过对鄱阳湖流域不同的氮磷营养盐源头控制方案与经济增长的关系展开均衡研究，选取最适合流域经济发展和富营养化治理的可行方案。

1. 模型的结构

多区域环境 CGE 模型的基本结构包括名义流方程、实物流方程、价格方程和均衡方程等。

（1）名义流方程。名义流方程主要用以描述各经济主体之间的价值计量关系，包括收入、支出和税收等。名义流方程对整个环境-经济系统的收入分配、居民和政府的消费/储蓄行为以及政府的各种税收来源等分别进行了假设。

（2）实物流方程。实物流方程用以描述国内外（或区域间）的产品供需情况以及不同来源产品间的替代与转换关系。模型假设所有生产部门在规模收益不变的生产技术约束下，分别按照成本最小化原则展开国产中间品投入和进口中间品投入、区域内生产中间品投入和国内其他区域流入中间品投入、初级要素投入和中间品投入以及初级要素投入之间的配置决策研究，按照收入最大化原则对商品的内销和出口销售、自销和国内其他区域销售之间的份额进行配置。此外，模型还通过引入核心贸易矩阵，充分考虑了商品区域间贸易的便利程度对区际贸易的影响。

（3）价格方程。价格方程用以描述联系实物流与名义流的价格关系，包括商品的生产者价格、贸易价格和消费者价格等。模型假设市场呈竞争性，这意味着每个生产部门只能作为均衡价格的接受者。同时，模型还假定进口到岸价格外生给定，进口供给在该价格下呈无限弹性供给；出口离岸价格由国内生产成本、出口税率和汇率决定，出口需求用固定价格弹性的向下倾斜曲线描述。

（4）均衡方程。均衡方程用以描述商品、要素、资本等的供需均衡关系。模型假设市场最终会出清，即总投资等于总储蓄，劳动力要素可以在区域间自由流动。

基于上述结构构建的多区域环境 CGE 模型，所涉及的区域包含了 31 个省、直辖市、自治区、135 个产业部门，能够实现对江西省氮磷减排调控与全国各分省经济增长关系的定量分析。模型共有 156 类方程、152 个公式、115 个系数、149 个变量（表 6-5）。

表 6-5　多区域环境 CGE 模型部分数据集描述表

索引	数据集	描述	个数
c	COM	商品*（来源于一、二、三产业）	135
s	SRC	商品来源（国内生产为 1；国外生产为 2）	2
m	MAR	边际商品（服务于商品流通的贸易与运输）	8
r	ORG	商品生产/提供地（国内 31 个省、直辖市、自治区**）	31
d	DST	商品消费地（国内 31 个省、直辖市、自治区**）	31
p	PRD	边际商品生产/提供地（国内 31 个省、直辖市、自治区**）	31
f	FINDEM	最终消费者（居民，投资，政府，出口）	4
i	IND	产业（分属一、二、三产业）	135
u	USER	消费者（产业与最终消费者合计）	139
o	OCC	技术水平（熟练为 1；不熟练为 2）	2

*此处商品包含服务；**台湾、香港、澳门因数据缺乏暂不计算在内。

2. 模型的关键方程和核心矩阵估计

一般来说，多区域环境 CGE 模型的核心矩阵是基于 IO 表及中国统计年鉴或地方统计年鉴数据建立的，其他矩阵则是通过变量间的相互作用关系由核心矩阵推导而来的。这些矩阵（核心矩阵和其他矩阵）均是 ESAM 的重要组成部分，涵盖了多区域环境 CGE 模型所有变量之间的经济贸易关系，是模型关键方程及外生变量、弹性参数等确定的基础。式（6-2）~式（6-11）描述了模型的核心矩阵的创建过程及与之相关的关键方程。

$$\sum_{c \in \text{COM}} \sum_{s \in \text{SRC}} \text{USE}_{c,s,i,d} + \sum_{c \in \text{COM}} \sum_{s \in \text{SRC}} \text{TAX}_{c,s,i,d} + \text{FACTORS}_{i,d} = \text{VTOT}_{i,d} \quad (6\text{-}2)$$

$$\text{DELIVRD}_{c,s,r,d} = \text{TRADE}_{c,s,r,d} + \sum_{m \in \text{MAR}} \text{TRADMAX}_{c,s,m,r,d} \quad (6\text{-}3)$$

$$\sum_{i \in \text{IND}} \text{MAKE}_{c,i,r} = \text{TRADE}\_D_{c,\text{dom},r} \quad (6\text{-}4)$$

$$\text{MAKE}\_I_{m,p} = \text{SUPPMAR}\_RD_{m,p} + \text{TRADE}\_D_{m,\text{dom},p} \tag{6-5}$$

$$\sum_{p \in \text{PRD}} \text{SUPPMAR}_{m,r,d,p} = \text{SUPPMAR}\_P_{m,r,d} \tag{6-6}$$

$$\text{TRADMAR}\_CS_{m,r,d} = \text{SUPPMAR}\_P_{m,r,d} \tag{6-7}$$

$$\sum_{c \in \text{COM}} \text{MAKE}_{c,i,d} + \text{STOCKS}_{i,d} = \text{VTOT}_{i,d} \tag{6-8}$$

$$\text{USE}\_U_{c,s,d} = \text{DELIVRD}\_R_{c,s,d} \tag{6-9}$$

$$\text{INVEST}_{c,d} = \text{PUR}\_S_{c,\text{Inv},d} \tag{6-10}$$

$$\text{PUR}_{c,i,d} = \text{USE}_{c,i,d} + \text{TAX}_{c,i,d} \tag{6-11}$$

式（6-2）是单区域 IO 表的结构表达，其左侧的 USE 表示 d 区域产业 i 生产过程中的中间商品投入；TAX 表示对应于 USE 的税收；FACTORS 表示 d 区域产业 i 生产过程中的要素投入；右侧的 VTOT 表示 d 区域产业 i 的产出。式（6-3）是区域间商品贸易的表达，其左侧的 DELIVRD 表示 d 区域对 r 区域商品的需求；右侧的 TRADE 表示从 r 区域到 d 区域的商品贸易流；TRADMAR 表示服务于从 r 区域到 d 区域的商品贸易流的边际商品总和。式（6-4）是对区域间商品供需平衡的表达，其左侧表示 r 区域所有产业的产出；右侧表示国内对 r 区域的产品需求总和。式（6-5）描述了边际商品的供需平衡，其左侧表示 p 区域边际商品 m 的总产出；右侧描述 p 区域服务于商品流通的边际商品 m 的总需求。式（6-6）为服务于从 r 区域到 d 区域商品流通的所有边际商品的总和。式（6-7）表示服务于商品流通的边际商品等于所有区域边际商品的总产出。式（6-8）表示商品产量与存货之和等于产业的总产出，其左侧 MAKE 表示产业 i 的商品产量；STOCKS 表示产业 i 的存货；VTOT 表示产业 i 的产出。式（6-9）描述了区域 d 的商品 c 消费总量（包括中间品投入和最终消费）等于其他区域（包括 d 区域）运输到 d 区域的商品总量。式（6-10）表示商品 c 作为投资要素时以 d 区域商品市场价格来核定投资额。式（6-11）表示 d 区域产业 i 生产的商品 c 的市场价值为其使用价值与税收之和。

在多区域环境 CGE 模型中，商品贸易矩阵（TRADE）和边际商品贸易矩阵（TRADMAR）是最关键的参数矩阵，它们在很大程度上决定了整个环境-经济系统价格和贸易体系的形成。然而，由于省际贸易数据的统计缺乏，经常会给 TRADE 和 TRADMAR 的确定带来一定的困难。为了从根本上解决该方面问题，可以采用引力模型假设对其进行构造。

TRADE 和 TRADMAR 矩阵均为 31×31 的方阵，其中行代表商品的运出地，列表示商品的消费地，矩阵对角线元素表示了产品的本地消费。在构建 TRADE 和 TRAD-MAR 矩阵时通常假定

$$V(r,d)/V(*,d) \propto \sqrt{V(r,*)}/D(r,d)^k \quad r \neq d \tag{6-12}$$

式中：k 为与参与贸易的商品属性相关的参数，表示商品区域间贸易的便利程度，取值为 0.5～2.0。k 的值越大，表示该类商品越难进行贸易。$V(r,d)$ 表示从 r 区域到 d 区域的贸易价值流，亦即核心贸易矩阵 TRADE(r,d)。$V(r,*)$ 表示 r 区域生产的商品在贸易过程中产生的价值（贸易价值流）的总和；$V(*,d)$ 表示 d 区域需求的商品的贸易

价值流总和。

TRADE 和 TRADMAR 矩阵的对角线元素由以下公式来设定：

$$V(d,d)/V(d,*) = \min\{V(d,*)/V(*,d),1\} \times F \tag{6-13}$$

式中：F 为与商品属性相关的参数，表示商品在区域内贸易的便利程度，其值为 0.5～1.0。一般来说，商品在区域内需求越少、越难交易，F 的值就越接近于 1.0。

利用式（6-12）和式（6-13）可以容易地估计出 $V(r, d)$ 的初始值，进而形成矩阵 TRADE(r, d)。

然而，由于核心贸易矩阵是 ESAM 的一个子阵，需要其满足

$$\sum_r V(r,d) = V(*,d) \tag{6-14}$$

$$\sum_d V(r,d) = V(r,*) \tag{6-15}$$

但通常基于上述方法得到的矩阵 TRADE(r, d) 并不平衡，需要继续使用 RAS 方法对其进行平衡。

对于边际商品（服务于普通商品贸易的特殊商品，如铁路运输、公路运输以及航空运输等），其贸易价值流与普通商品贸易价值流的比值正比于距离的开方，即

$$T(r,d)/V(*,d) \propto \sqrt{D(r,*)} \tag{6-16}$$

式中：$T(r, d)$ 等同于模型中边际商品的贸易矩阵 TRADMAR(r, d)。

此外，厘清国内外、区域间商品的替代和边际商品的转换关系也是环境 CGE 模型构建的基础。对于确定政策调控措施的区域及区际影响至关重要。在多区域环境 CGE 模型中，商品间的替代和转换关系主要通过贸易的嵌套结构进行描述（图 6-5）。每一层嵌套都伴随着价值流动，这些价值流描述放在左侧矩形里。其中，以小写字母 p 开头的表示价格，以 x 开头的表示投入数量，其后的字母表示了模型中部分价格及实物流变化率。

消费者对进口和国内商品的选择遵循 Armington 假设。消费者对商品的需求依靠商品的市场价格来调节（市场价格矩阵 PUR 是 USE 和 TAX 两矩阵之和）。模型中，国内外商品之间的替代关系使用常替代弹性（$\sigma = 2$）。整个区域的商品总需求是国内所有消费（即产业中间品投入和最终消费）需求之和，用矩阵 USE_U 表示，以贸易价格测算，不含税收。

最终消费在各个区域上的分配取决于 CES 函数和 PDELIVRD(c, s, r, d) 中 r 的值（即运输到 d 区域的商品在 r 区域的贸易价格）。其中，CES 函数的替代弹性值通常为 0.2～5.0。这意味着，若商品在某区域的生产成本比其他区域低，则会增加它在该区域的市场份额。因此，即使生产价格固定，运输成本的改变也会影响到商品的市场份额。

商品贸易价格是其生产价格和为该商品贸易服务的边际商品价格的 Leontief 函数。图 6-5 中只展示了公路和铁路运输类边际商品的嵌套，其他类边际商品的处理与此相似。考虑到运输公司一般倾向于在费用相对低廉的车站配送商品，此处替代弹性近似取为 0.5。若大部分边际商品都直接来源于产品的生产地而非边际运输成本相对较低的区域，此处的替代弹性值则可取为 0.1。

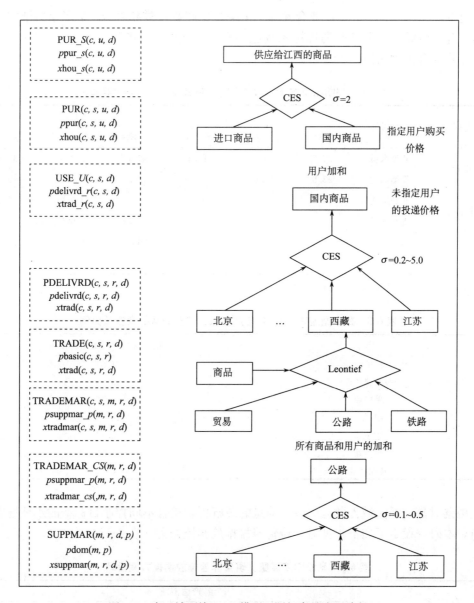

图 6-5　多区域环境 CGE 模型区际间商品流通路径

6.5.2　方案设计与模拟分析

1. 方案设计

　　本研究收集并整理了鄱阳湖流域在不同水质控制目标下的氮磷纳污现状、水环境容量及超排量信息（表 6-6），并基于全国第一次污染源普查数据，对 IO 表中 135 个产业的生产工艺进行了概算，计算了各个产业的氮、磷营养盐综合排放比例。为了提高模型运行速度，本研究将 135 个产业合并为 7 个综合性产业，并依据 135 个产业的排放比例数据对合并生成的 7 个产业的排污系数进行折算，获得了 2007 年江西省 7 个产业氮、磷营养盐综合排放比例（表 6-7）。

表 6-6 鄱阳湖流域 TN、TP 不同控制目标下的水环境容量　　　（单位：t/d）

时间	控制目标	TP			TN		
		现状纳污量	水环境容量	超排量	现状纳污量	水环境容量	超排量
全年	Ⅱ类水质	22.6	9.2	13.4	424.3	192.0	232.3
	Ⅲ类水质	22.6	21.0	1.6	424.3	384.0	40.3
丰水期	Ⅱ类水质	10.7	14.8	0	425.2	269.0	156.2
	Ⅲ类水质	10.7	29.6	0	539.8	539.8	0.0
枯水期	Ⅱ类水质	10.9	9.9	1.0	393.6	180.5	213.1
	Ⅲ类水质	10.9	19.8	8.9	393.6	361.0	32.6

资料来源：据方豫等（2008）与余进祥等（2009），有删改。

表 6-7 鄱阳湖流域 2007 年各产业氮、磷营养盐综合排放比例

产业	氮、磷综合排放比例/%
种植业	31.04
畜禽养殖业	33.93
采矿业	6.42
制造业	18.9
建筑业	2.77
服务业	1.46
其他产业	5.48

根据对鄱阳湖流域入湖氮、磷营养盐的源解析，结合不同控制目标下的水环境容量分析，本研究设定了如下 4 种氮、磷营养盐排放调控方案（表 6-8）。

表 6-8 鄱阳湖流域氮、磷营养盐排放调控方案设计

调控方案	产量/产值消减/%			
	种植业	畜禽养殖业	采矿业	制造业
调控方案一	20.0	40.0	—	—
调控方案二	10.0	20.0	10.0	20.0
调控方案三	3.3	6.7	—	—
调控方案四	1.7	3.3	1.7	3.3

调控方案一：以Ⅱ类水质为控制目标，仅对氮、磷营养盐高排放产业实施减排调控。具体为：种植业消减 20%，畜禽养殖业消减 40%。

调控方案二：以Ⅱ类水质为控制目标，对氮、磷营养盐主要排放产业实施减排调控。具体为：种植业消减 10%，畜禽养殖业消减 20%，采矿业 10%，制造业 20%。

调控方案三：以Ⅲ类水质为控制目标，仅对氮、磷营养盐高排放产业实施减排调控。具体为：种植业消减 3.3%，畜牧业消减 6.7%。

调控方案四：以Ⅲ类水质为控制目标，对氮、磷营养盐主要排放产业实施减排调控。具体为：种植业消减 1.7%，畜牧业消减 3.3%，采矿业 1.7%，制造业 3.3%。

2. 模拟结果

在模拟过程中，本研究把鄱阳湖流域与氮、磷排放相关产业的产量作为外生变量，税收作为内生变量，对污染企业按照总产出征税。此处，总产出以产量（如种植业）或者产值（如服务业）计。模拟结果表明，在调控方案一中，为了使鄱阳湖水质达到Ⅱ类，种植业的产量减少 20%，畜禽养殖业的产量减少 40% 时，其他产业产量（或产值）均有所提高（表 6-9）。究其原因主要是，种植业和畜禽养殖业产量的减少引起产业劳动力与资本投入降低，降低的部分劳动力、资本要素流向其他产业，提高了这些产业产品的生产力度，促进了产业产量（或产值）的提高。从全国范围来看，该方案对 GDP的影响存在显著的空间分异（图 6-6）。总体来看，在该调控方案控制下，江西省 GDP减少了 5.54%，而其他省份的 GDP 则呈小幅增长。造成该现象的主要原因是，各省产业结构存在一定的差异，且生产要素在地区间的可流动性不同。例如，该方案对二、三产业发达的东部地区的影响相比中、西部地区要弱。分析其原因，可能是由于江西省农村剩余劳动力流向东部沿海工业发达城市，而国家层次的农业基础设施建设投资和农产品的需求则偏向中、西部地区。这样的模拟结果同时也暗含了"资本流动及产品需求变动对 GDP 的影响要大于劳动力要素的流动"的结论。

表 6-9　鄱阳湖流域氮、磷排放调控对江西省各产业影响

产业	产量/值变化/%			
	调控方案一	调控方案二	调控方案三	调控方案四
种植业	−20.00	−10.00	−3.30	−1.70
畜禽养殖业	−40.00	−20.00	−6.70	−3.30
采矿业	3.62	−10.00	0.65	−1.70
制造业	1.98	−20.00	0.37	−3.30
建筑业	1.89	0.68	0.33	0.14
服务业	0.33	−0.73	0.08	−0.09
其他产业	5.06	7.53	0.89	1.33

在调控方案二中，对种植业和畜禽养殖业减产的幅度进行了调整，假设排污许可额度在几个重点产业之间进行分配，对采矿业和制造业采取一定的生产控制，其结果造成江西省 GDP 大幅度减小，其中，建筑业及其他产业产量（或产值）均有所上升，而服务业产值略有减少（表 6-9）。相对于调控方案一，该方案对其他各省 GDP增长的贡献率有所加强。对于工业发达的东部省份，江西省剩余劳动力的流入增加了其劳动力的市场供给，在一定程度上降低了东部省份的制造业生产成本、带来了其产值的增加。

　　调控方案三与调控方案四是在鄱阳湖水质满足Ⅲ类水的目标控制下进行的，对产业和区域造成的影响与调控方案一和调控方案二类似，但江西省 GDP 变化幅度较小，分别为 0.84% 与 1.55%。同时，这两个方案还造成了相邻东部发达地区各省 GDP 略减（减少幅度集中在 0.001% 左右）。究其原因，主要是由于江西省产业结构与相邻地区具有互补性，江西省消减的重点产业需要为发达地区提供生产原料。此外，调控方案三的模拟结果还表明，除受控产业的产量（或产值）有所减少外，江西省其他产业产量或产值均小幅上涨，并且该调控方案对其他省份的影响不大，且大多为正面影响；而在调控方案四中，江西省大部分产业产量（或产值）将减少（表 6-9）。

　　综合四个调控方案，产业减排策略之所以会对区域经济造成影响，主要是因为区域各产业生产过程中的污染物排放与某些生产因素（诸如工艺技术、产量、产品特性以及原料品质等）密切相关。因此，执行产业减排策略，必然会直接影响污染性产业产品的产量与价格，进而通过产业间的"投入-产出"关系以及市场运作机制，间接影响非污染性产业与其他社会经济活动，如消费、储蓄及投资等。比较各调控方案对经济增长的影响不难发现，在特定的经济发展水平和水质标准控制下，调控方案三不失为一种调节经济增长与入湖氮、磷排放调控关系的可取策略。

6.6　小　　结

　　对湖泊流域的氮磷排放进行调控具有一定的技术和经济可行性，调控计划的制订是一项系统工程。氮磷排放调控技术路线的制定通常是按照"问题的识别—调控目标值的确定—污染源的评价—环境容量的估算"的思路来执行的。为了全面探索湖泊流域入湖氮磷营养盐减排调控与经济增长之间的关系，本章以鄱阳湖流域为案例区，构建了一个多区域环境 CGE 模型来展开研究。多区域环境 CGE 模型是基于可计算一般均衡理论与数学优化求解思想建立的，模型主要包含了名义流方程、实物流方程、价格方程和均衡方程等，可用于模拟不同氮、磷营养盐减排调控方案对研究区（或与研究区存在贸易关系的其他地区）经济增长的影响。模拟结果表明，以满足用水要求的Ⅲ类水质为控制目标、采取仅对高排污产业实施减排调控策略，实现了对江西省及国内其他地区经济增长影响最小的目标，不失为协调鄱阳湖流域经济增长与富营养化控制的一种可选策略。通过对本研究结论的进一步分析，可以为环保部门制订各产业氮、磷减排调控方案提供决策参考信息。

　　需要说明的是，本章对鄱阳湖流域氮磷减排调控的研究中部分参数直接引用了他人的研究结果，所得结果尚需在应用中进一步验证。同时，由于作者水平限制，模型所编制的基年数据还需要结合 2007 年全国各省统计年鉴和地方统计公报数据进行修正。尽管如此，本章的研究也将为环境-经济系统相关专题的研究提供一定的方法借鉴，基于本研究所形成的鄱阳湖流域氮、磷营养盐排放调控方案对经济增长影响的基本结论，仍将服务于当地入湖氮、磷营养盐减排达标与经济增长双重目标的实现。

参 考 文 献

成小英，李世杰. 2006. 长江中下游典型湖泊富营养化演变过程及其特征分析. 科学通报，51 (7)：848-855.

方豫，邢久生，谭胤静. 2008. 鄱阳湖水环境容量及水环境管理研究. 江西科学，26 (6)：977-981.

黄文钰，吴延根. 1998. 中国主要湖泊水库的水环境问题与防治建议. 湖泊科学，10 (3)：83-90.

江西省统计局. 2006. 江西统计年鉴 2006. 北京：中国统计出版社.

金相灿，任丙相. 1999. 太湖重点污染控制区综合治理方案研究. 环境科学研究，12 (5)：1-5.

金相灿. 2002. 湖泊富营养化控制和管理技术. 北京：化学工业出版社.

李博之. 1996. 鄱阳湖水体污染现状与水质预测、规划研究. 长江流域资源与环境，51 (1)：60-66.

李昌花，林波. 2005. 利用生物修复技术防治鄱阳湖水体富营养化初探. 江西化工，1：35-37.

刘连成. 1997. 中国湖泊富营养化的现状分析. 灾害学，12 (3)：61-65.

吕兰军. 1994. 鄱阳湖富营养化评价. 水资源保护，3：47-52.

吕兰军. 1996. 鄱阳湖富营养化调查与评价. 湖泊科学，8 (3)：241-247.

秦伯强. 2002. 长江中下游浅水湖泊富营养化发生机制与控制途径初探. 湖泊科学，14 (3)：193-202.

王东胜，杜强. 2004. 水体农业非点源污染危害及其控制. 科学技术与工程，4 (2)：123-124.

王开宇. 2001. 我国湖泊的主要环境问题及综合治理对策：中国湖泊富营养化及其防治研究. 北京：中国环境科学出版社.

王毛兰，周文斌，胡春华. 2008. 鄱阳湖区水体氮、磷污染状况分析. 湖泊科学，20 (3)：334-338.

余进祥，刘娅菲，钟晓兰，等. 2009. 鄱阳湖水体富营养化评价方法及主导因子研究. 江西农业学报，21 (4)：125-128.

曾慧卿，何宗健，彭希珑. 2003. 鄱阳湖水质状况及保护对策. 江西科学，21 (3)：226-229.

张维球. 2000. 解决用朝阳磷矿湿法生产过磷酸钙水分超标的问题. 磷肥与复肥，15 (1)：22-23.

张小兵，张洁，计勇，等. 2006. 鄱阳湖区农业面源污染现状及对策措施. 亚热带水土保持，18 (4)：12-14.

赵亮，魏皓，冯士筰. 2002. 渤海氮磷营养盐的循环和收支. 环境科学，23 (1)：78-81.

朱海虹，张本. 1997. 鄱阳湖——水文·生物·沉积·湿地·开发整治. 合肥：中国科学技术大学出版社：125-128.

Merrington G，Winder L，Parkinson R，et al. 2002. Agricultural Pollution：Environmental Problems and Practical Solutions. New York：Spon Press.

Solley D，Barr K. 1999. Optimise what you have first. Low cost upgrading of plants for improved nutrient removal. Water Science and Technology，39 (6)：127-134.

Yan W J，Zhang S，Sun P，et al. 2003. How do nitrogen inputs to the Changjiang basin impact the Changjiang River nitrate：a temporal analysis for 1968~1997. Global Biogeochemistry Cycles，17 (4)：1091-1100.

第7章　乌梁素海面源污染控制研究

面源污染调控在湖泊富营养化治理中占据重要地位。长期以来，人们对富营养化控制研究的重点都集中于点源污染。通过加大重点污染企业的关停力度、对城市污水进行集中处理等，有效降低了点源污染源营养物质的负荷，但尽管如此，水体水质状况仍未得到显著改善（秦伯强，1998）。至此，人们才开始意识到面源污染在水体富营养化中扮演的重要角色（高超和张桃林，1999）。特别是20世纪60年代以来，伴随着化肥工业的突飞猛进，农业生产开始走向高投入、高产出的道路，造成了土壤氮、磷等营养物质的盈余。农业生产多余的氮、磷一经流失就会给受纳水体带来大量的营养物质（黄文钰和吴延根，1998）。现阶段，农业面源污染已经成为水体富营养化的主要污染源之一。

乌梁素海是一个富营养化程度极其严重的湖泊，农业面源是其营养盐的主要来源。富营养化不仅加速了乌梁素海的沼泽化进程，而且直接威胁到湖泊的各项生态系统服务功能，给区域水环境系统与经济发展均造成了巨大损失。因此，研究乌梁素海面源污染控制与经济增长的平衡关系，并在流域范围内寻求一条经济发展与富营养化治理协调发展的道路已成为当地水体富营养化调控的重点问题之一。

7.1　氮、磷与富营养化

7.1.1　富营养化成因

湖泊是大气圈、生物圈、土壤圈和陆地水圈相互作用的连接点。湖泊的形成与消失、扩张与收缩及其引起的生态环境的演化过程均是地质构造变动和气候事件共同作用的结果。湖泊对环境变化的敏感性使之不仅成为全球环境变化研究的重点区域，而且是湖区气候变化、环境变异的指示器。湖泊湿地生态系统，作为地球最重要的生态系统，在调节河川径流、减轻洪涝灾害、改善和维护区域生态环境方面具有独特的功能，同时还具有灌溉农田、提供工农业生产和饮用水源、繁衍水生动植物、维持生物多样性等众多功能，沟通着航运和蓄能发电等多个产业部门的发展。因此，维护湖泊良好的生态环境，对于促进可持续发展具有十分重要的意义。

近些年来，由于经济的快速发展、资源利用强度加大，我国湖泊原有的生源要素严重畸变、生态系统急速退化，湖泊富营养化呈现迅猛发展态势。研究湖泊富营养化的发生机制与控制对策已成为我国环境领域亟待解决的重大科学问题之一，为湖泊生态环境治理提供理论基础。

长期研究表明，湖泊富营养化主要是由于水体中营养元素超负荷引起湖泊水生生态系统初级生产力异常发展造成的。富营养化通常是多种因素共同作用的结果。影响湖泊富营养化的因素众多，但在诸多因素中必有一种或几种因素的变化起主导作用。目前研究较多的是关于氮、磷营养元素在富营养化中的贡献，并普遍认为这两种元素是导致湖泊富营养化的主要因素，其输入输出量大小以及含量分布特征将直接决定湖泊的营养状态和植物的初级生产力（Liebig and Gerhardt，1840；Likens，1972；Paerl et al.，2001；Vollenweider and Kerekes，1982）。近年来，我国学者也开始逐渐展开对水体富营养化及其防治工作的研究。有关成果指出，氮和磷是水生植物生长所需要的主要营养盐。若湖泊水体中生物可利用磷的浓度低于 5mg/L，磷就成为制约水生植物生长的限制性因子；若湖泊水体中生物可利用氮的浓度低于 2mg/L，氮就成为制约水生植物生长的限制性因子；如果二者浓度都低于上述标准，则二者都可能成为限制性营养盐（金相灿等，1990；金相灿，1995）。由此可见，氮、磷营养元素是湖泊生态系统中极其重要的生态因子，也是引发江河湖泊等永久性湿地发生富营养化的决定性因素，显著影响着湖泊湿地的富营养化进程。

7.1.2　氮、磷元素的存在形态

不同形态氮、磷元素的空间分布格局显著影响着湖泊湿地的诸多生态过程，是研究氮、磷营养元素行为过程的重要前提，为探索湖泊富营养化的发生机制奠定了基础。湖泊沉积物作为湖泊湿地生态系统中氮、磷营养元素的重要源与汇，对湖泊富营养化研究具有重要意义。氮、磷元素在湖泊水—沉积物系统中存在多种存在形态，并表现出丰富的地球化学行为，对湖泊生物地球化学循环和富营养化进程意义重大。现阶段富营养化湖泊水质的改善与恢复往往集中于减少外源氮、磷的负荷，然而，沉积物中氮、磷的释放（即内源氮、磷负荷）也可能极大地延缓或抵消相关措施的实施效应。对沉积物中的氮、磷存在形态及各形态间的相互转化进行研究是控制湖泊氮、磷营养盐富集的主要途径之一，对于解释和预防富营养化现象、制定有效的面源污染控制策略意义重大，已经成为目前国内外学者的研究热点。

对于氮元素来说，沉积物中氮的化学形态包括有机态和无机态（NH_3-N、NO_2-N、NO_3-N）。若湖泊中同时存在 NH_3-N 和 NO_3-N，则浮游植物会优先选择吸收 NH_3-N。NH_3-N 的含量水平直接决定着浮游生物的初级生产力，是水体富营养化发生的关键因素。并且，如果沉积物的还原程度较高，反硝化和氨化作用较强，也会造成 NH_3-N 的富集，加大湖泊富营养化的潜在风险。因此，在制定面源污染控制策略时，就要相应地加大对氮元素的消减比例。

对于磷元素来说，沉积物中的磷是以多种复杂的结合形式存在的，并且各种形态的磷在水-沉积物界面间不断地相互转换（例如，上覆水中的磷可被沉积物中的铁铝水化物、黏土矿物、磷灰石或有机质吸附和固定），能够进入间隙水中的磷大部分是无机可溶性磷。磷形态的分布特征及其相对含量的差异反映了污染源化学的组分及污染程度，是探索富营养化治理措施的重要基础。沉积物中磷的形态通常可以分为 5 类，即可溶性磷（DP）、铁结合态磷（Fe-P）、铝结合态磷（Al-P）、钙结合态磷（Ca-P）和有机磷（OP）。其中，Al-P 和 OP 是藻类等浮游植物优先选择吸收的形态，可以作为评价浮游植物（以磷作为限制因子的浮游植物）水体初级生产力水平的重要指标；而 Fe-P 的含量可以作为水环境污染指标之一，用来评价不同历史时期水环境的污染状况。然而，这 5 类磷并不是保持一定形态不变的。在厌氧过程中，沉积物中的 OP 会向无机磷转化、Fe-P 和 Al-P 也会向 Ca-P 和 OP 转化。这种转化最终将引起沉积物中 TP 浓度的不断减少。沉积物中磷形态的这种转化规律同时也是磷形态迁移转化动态平衡的结果。此外，还需要注意的是，沉积物中磷的释放具有无序性，并不与沉积物中的 TP 量成正比。

7.1.3　农业面源污染概况

农业面源污染的成因在于土壤扰动引起农田中土粒、氮磷、农药及其他有机或无机污染物质在降水或灌溉过程中，借助农田地表径流、农田排水和地下渗漏等途径大量进入水体（崔海英，2008）。农业面源污染是由大范围的分散污染造成的，主要包括农业面源污染、林地和草地的养分流失、农田径流和固体废物的淋溶污染等（何萍和王家冀，1999）。从本质上来看，农业面源污染物主要来自于土壤中的农用化学物质，因此，污染物的产生、迁移与转化过程实质上是其从土壤圈向其他圈层（特别是水圈）扩散的过程（李其林等，2008）。农业面源污染发生的条件主要包括营养物质过量、杀虫剂大量使用、农村生活污水和废物的任意排放、水动力作用、土壤侵蚀、水和沉积物运输等。农业面源污染的主要原因可以概括为：①作物种植面积在流域总面积中占有较大比例；②由于土壤、气候和水文因素，促使养分从土地向水体转移；③化学肥料投入增多，致使大量养分流失（Smis et al.，1998）。尽管目前人们对农业面源污染的识别和治理能力都有所加强，但农田养分的投入和农田土壤养分的积累与流失量却在不断增加，农业面源污染所占的负荷比例增大，农业面源污染逐渐成为水体富营养化最主要的污染源。

7.2　乌梁素海及其水体中的 TN、TP 分布

乌梁素海位于内蒙古自治区巴彦淖尔盟乌拉特前旗境内（图 7-1），处于黄河河套平原的末端，西临河套灌区，东靠乌拉山西麓，是镶嵌在内蒙古中西部干旱半干旱草原上的一颗明珠，同时也是我国目前富营养化现象最为严重的淡水湖泊之一。

乌梁素海南北长 35～40km，东西宽 5～10km，湖面高程 1018.5m，库容量 2.5 亿～3 亿 m³，现有水域面积约 293km²。目前，乌梁素海挺水植物分布面积约 162km²，沉水植物分布面积约 97.5km²，群落盖度 100%。乌梁素海湖水的主要排泄方式是水面蒸发和植物蒸腾，通过总排干泄入黄河，亦有部分渗漏。

7.2.1　乌梁素海水体特征

乌梁素海的补给水源主要是黄河河套灌区的农田退水，其次是工业废水和生活污水，其中农田退水占三者总量的 96%（表 7-1）。乌梁素海的年总入水量 7 亿～9 亿 m³，而每年的天然降水补给量约 1.2 亿 m³，其余大部分由黄河河套灌区补给（孙惠民等，

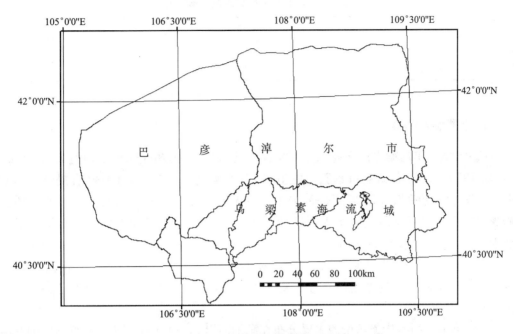

图 7-1　乌梁素海流域位置图

2006)。大量的农田退水给乌梁素海带来了丰富的氮、磷等营养元素。统计资料显示，2002 年黄河河套灌区的化肥施用量已超过 52 万 t，但其有效利用率仅为 30%。流失的化肥、农药以及上游工业废水和城市生活污水随农田退水经西岸自北至南的总排干、八排干、九排干等主要灌渠和排水沟进入乌梁素海。每年排入乌梁素海的 TN 超过 1000t，TP 超过 65t。截至 2006 年，乌梁素海中的氮、磷营养盐总和已达到 11 万~56 万 t，按国家地表水环境质量标准（GB 3838-2002）达到 Ⅳ~Ⅴ 类水标准。

表 7-1　乌梁素海水源补给状况

项目	排干系统	降水、山洪	地下水
水量/(亿 m³/a)	6.18	0.66（降水）、0.52（山洪）	0.18
TN/(mg/L)	3.18	2.8	1.12
TP/(mg/L)	0.32	0.2	0.10

由于人类活动产生了大量的氮、磷排放，乌梁素海的氮、磷营养盐含量急剧攀升。水质监测与实地考察核证，乌梁素海氮、磷营养盐浓度分别为国际通用判断富营养化发生标准的 30 倍和 8 倍（表 7-2）。氮、磷营养盐的富集使得湖泊中大型水生植物生长过量，腐烂的水草正以每年 9~13cm 的速度堆积在湖底，这进一步使得乌梁素海成为世界上沼泽化速度最快的湖泊之一（李卫平等，2008）。因此，控制乌梁素海氮、磷营养盐排放、抑制水草腐烂、减缓沼泽化进程、恢复生态功能，已经成为当前乌梁素海富营养化治理的首要任务。

表 7-2　　2008 年乌梁素海氮、磷浓度　　　　　　　（单位：mg/L）

项目	TN	TP
范围	0.56~27.94	0.12~0.57
平均值	6.11	0.16

1. 上覆水氮污染

截至 2001 年乌梁素海上覆水中 TN 含量已达 1.0~3.3mg/L，平均值为 1.78mg/L，较 1970~2002 年入湖口水质监测值（TN 平均值为 1.74mg/L）略有提升。乌梁素海上覆水中无机氮污染以 NH_3-N 为主，占无机氮总量的 69% 以上。2001 年水质监测资料显示，乌梁素海上覆水中 NH_3-N、NO_2-N、NO_3-N 三种无机氮的平均含量分别为 1.28mg/L、0.47mg/L 和 0.01mg/L。乌梁素海上覆水水质已分别达《国家地表水环境质量标准》中 TN 和 NH_3-N 的标准极限值。按照《湖泊富营养化调查规范（第二版）》的湖泊富营养化评分与分级标准，乌梁素海上覆水中 TN 浓度已达富营养化水平。

乌梁素海上覆水中氮污染源主要分布在湖泊西岸。这主要是因为，乌梁素海的补给水源主要是西岸总排干（总排入湖口上游 250m 处 TN 和 NH_3-N 浓度分别高达 9.61mg/L 和 6.42mg/L）、八排干、九排干等主要灌排渠沟输入的农田退水、工业废水和城市生活污水（三类废水对乌梁素海氮素年总负荷的贡献率分别为 50%、35% 和 15%）；而东岸农田较少，受农田退水等污染的危害也相对较小。

乌梁素海上覆水中氮污染的另一个重要来源是沉积物中的氮素释放。乌梁素海水资源的排泄途径以蒸发为主（年蒸发量为 3.6 亿 m^3），其次是退水（平均退水量 2 亿 m^3），强烈的蒸发作用所导致的浓缩效应加剧了氮素在乌梁素海水体和沉积物中的累积。相关研究表明，乌梁素海氮素的年积累量为 328.7t，大量的氮素积累致使沉积物中氮负荷逐渐增加。当点源和非点源氮负荷量减少或完全降低至富营养化水平以下时，沉积物中的氮素将会释放出来，使之成为上覆水的主要污染源。

2. 上覆水磷污染

据 2001 年水质监测资料，乌梁素海上覆水中的磷元素以可溶性总磷酸盐为主，浓度为 0.08~0.77mg/L，平均浓度 0.38mg/L。根据《国家地表水环境质量标准》中 TP 的标准极限值，乌梁素海上覆水水质已超过Ⅴ类标准。按照《湖泊富营养化调查规范（第二版）》中的湖泊富营养化评分与分级标准，乌梁素海上覆水中 TP 浓度已达富营养化水平。

乌梁素海上覆水中的磷主要来源于总排干输入。调查资料显示，每年通过总排干排入乌梁素海的各类污染物占入湖污染物总量的 90% 以上。乌梁素海所接纳的各类废水中，以城市生活污水对磷的贡献率最大，为 51.6%；其次为农田退水，为 35.2%；而工业废水占 13.2%。

7.2.2　表层沉积物中 TN、TP 的分布

一般来说，当入湖营养盐负荷量减少或完全被截污以后，由于沉积物中营养盐内负荷的存在，氮、磷等营养元素会逐步释放出来，仍可能引发水体富营养化（王永华等，2004）。因此，即使外源负荷得以控制，沉积物中氮、磷的内源负荷对乌梁素海的富营养化仍有长久深远的影响。

1. 表层沉积物中 TN 的分布特征

乌梁素海表层沉积物中 TN 含量平均值为 0.30~3.31g/kg，且具有较明显的经向和纬向分异特征，表现为随经度或纬度的增高 TN 含量减小。总体来看，乌梁素海北靠狼山南麓山前冲积平原，东接乌拉山洪积阶地，地势略高于西岸，通过地表径流（坡面径流）而从东部和北部山坡集水区汇入湖区的大气降水较西岸多，从而大气降水对东部和北部湖区水体的稀释作用较西岸强（尤其是降水期）。同时，东岸和北岸有荒漠化草原分布，农田较少，受人为扰动的影响也小，因而使得乌梁素海东部和北部湖区水体受农田退水等污染的危害也相对较小。西岸为黄河冲积平原，有大面积的人工苇田和农田分布，且自北至南有总排干、通济渠、八排干、长济渠、九排干、塔渠和十排干等主要灌渠和排水沟与湖体相连，因而使得西部湖区水体受农田退水、工业废水和生活污水以及其他人为扰动的影响强烈。监测数据显示，总排干入湖口上游 250m 处和八排干入湖渠水体中 TN 含量分别达到 9.61mg/L 和 2.53mg/L，远高于湖水中的 TN 平均含量 1.78mg/L，从而使西部湖区水体表层沉积物中 TN 含量较东岸高。乌梁素海唯一的出水口位于湖区西南端，出水口及其附近区域有大面积的芦苇和水草分布，湖区水体所携带的营养盐向此大量汇集，因而使得西南湖区 TN 浓度普遍偏高。

2. 表层沉积物中 TP 的分布特征

乌梁素海表层沉积物中 TP 水平分布差异较大，总体呈从湖区四周向湖心递减的趋势。观测表明，通过总排干由湖区西北端入湖的河套灌区农田退水、上游工业废水和生活污水，由于受到芦苇和菖蒲等大型挺水植物的阻碍，部分污水向东分流。向东分流的污水由于直接汇入湖区东北端明水区，加之南侧芦苇和菖蒲的围拦和阻碍，水动力条件相对微弱，致使该区表层沉积物中 TP 含量较高。伴随局部水动力条件变化，由总排干入湖的大部分污水向南分流，并与向东分流的污水再次汇合后继续向南流动，在湖区东部形成另一较大分布范围的高值区。湖区东北端与湖区东部高值区之间的低值区则可能与该区受山洪冲积影响严重有关。西部湖区大面积 TP 高值区的出现是总排干污水与八排干、九排干等以农田退水为主的干渠污水混合叠加的结果；而 TP 由湖区四周向湖心递减的趋势则在一定程度上体现了湖泊自身的过滤作用。

7.3　乌梁素海氮、磷营养源解析

随着乌梁素海周边地区人类经济活动的不断加剧，其水体富营养化已成为当地自然、社会和经济协调发展的严重制约因素。乌梁素海水体氮、磷营养盐的来源主要有两个，即点源污染和非点源污染（主要是农业面源）。

7.3.1　乌梁素海点源污染

乌梁素海的点污染源主要包括城市生活污水和工业废水（表 7-3）。向乌梁素海排放城市和工业废污水的只有杭锦后旗、临河市和五原县。这三个城市分别通过三排干、五排干和七排干将废、污水排入总排干，然后经由总排干输入乌梁素海。杭锦后旗有河套酒业、河套木业和飞来调味品厂等工业企业，临河市有金川啤酒厂、5303 服装厂和维信羊绒衫厂等工业企业，五原县有大名才纸业、红昌化学工业有限公司和润泽稀土有限公司等工业企业。这三个城市中只有临河市有一个污水处理厂，金川啤酒厂、5303 服装厂和城市生活污水经过污水处理厂处理后由五排干进入总排干；维信羊绒衫厂的工业废水则直接排入五排干；其他两个城市的城市生活污水和工业废水未经任何处理分别直接由三排干和七排干排入总排干，最终汇入乌梁素海。

杭锦后旗、临河市和五原县所排放的城市生活污水的体积以及污水中 TP、TN 和 COD 的量均以临河市为最，其次为五原县和杭锦后旗（表 7-3 和图 7-2）。这也与各城市的人口总数密切相关。三个城市中临河市的人口数为 18 万左右，而另两个城市则分别只有 6 万左右。因此，临河市的污水排放体积，以及污水中携带的 TP、TN 和 COD 量所占比例最大，约占 70%。杭锦后旗、临河市和五原县的工业废水排放体积及污水中 TP、TN 和 COD 排放量因工业性质的不同而不同。三个主要城市的八个工业企业中，工业废水排放体积所占比例最大的是红昌化学工业有限公司，其次为大名才纸业和飞亚调味品厂；对 TP 贡献率最大的为飞亚调味品厂，每年排放 7.1t，几乎占工业废水所携带 TP 量的 60%，其次为大名才纸业和金川啤酒厂；对 TN 贡献率最大的为红昌化学工业有限公司，每年排放 512t，约占工业废水所携带 TN 量的 70%，其次为大名才纸业和飞亚调味品厂；对于 COD 而言，大名才纸业的贡献率最大，年排放量为 2600t，超过工业废水所携带 COD 量的 50%，其次为飞亚调味品厂。

表 7-3　乌梁素海点污染源的年排放总量

类型	点源	体积/万 m³	TP/t	TN/t	COD/t
城市生活污水	杭锦后旗	148.0	11.0	87.0	810.0
	临河	493.0	37.0	220.0	2700.0
	五原	81.0	6.3	35.0	300.0
工业废水	5303 服装厂	11.0	0.3	0.4	17.0
	大名才纸业	179.0	2.2	24.0	2600.0
	飞亚调味品厂	80.8	7.1	140.0	1400.0

续表

类型	点源	体积/万 m³	TP/t	TN/t	COD/t
	河套酒业	23.3	0.4	1.0	18.0
	红昌化工	380.0	0.7	512.0	316.0
工业废水	金川啤酒厂	48.2	1.2	3.2	200.0
	润泽稀土厂	2.1	—	16.0	3.1
	维信羊绒衫厂	9.0	0.2	0.6	130.0

资料来源：刘振英，2004。

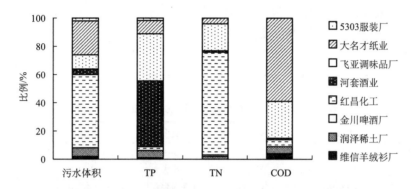

图 7-2　主要工业企业排放的污水体积、TP、TN 和 COD 的相对百分比

由以上分析不难发现，无论是工业废水的排放量，还是废水中 TP、TN 和 COD 的排放量，红昌化学工业有限公司、大名才纸业和飞亚调味品厂的贡献率均较大。因此，要降低乌梁素海的富营养化水平，减缓其沼泽化进程，必须控制这三个企业的废水排放量，提高其废水排放标准。

7.3.2　乌梁素海农业面源污染

乌梁素海农业面源污染主要来源于内蒙古河套灌区耕地系统的农药化肥流失以及农田退水补给。内蒙古河套灌区位于乌梁素海流域范围内，是中国三大灌区之一。河套灌区在提供大量商品粮的同时，由于人为氮素、磷素投入，特别是化肥和有机肥在耕地系统中的大量投入，使得乌梁素海富营养化态势日益严重。以氮素的投入支出为例，统计资料显示，长期以来，为了满足粮食生产的需要，当地人们大量增加耕地的肥料投入。小麦、玉米、甜菜、葵花等作物的氮、磷肥投入都大大超过国家耕地施肥标准（表 7-4）。2006 年，乌梁素海流域耕地系统氮素投入为 10.9 万 t，支出为 7.8 万 t，平均投入为 230.7kg/hm²，支出为 165.6kg/hm²，投入量远大于支出量，氮素盈余 3.08 万 t（表 7-5），平均盈余 65.1kg/hm²。并且，在耕地系统的氮素输入中，氮肥与家畜排泄物所占的比例最高，分别为 37.72%、33.88%，两者共占乌梁素海流域耕地氮素总输入的 73.52%；其次为灌溉、生物固氮、人粪尿、农作物残渣、降水与种子带入，所占的比例分别为 10.92%、6.50%、3.89%、2.60%、2.52% 与 1.96%。在所有投入中，与人类活动有关的输入项所占的比例达到 90.90%。在氮素的支出方面，农作物吸收所占的比例最高，为 39.67%；其次为硝化反硝化、径流流失、氨化流失与淋洗损失，所占的比例分别为 22.35%、20.01%、13.97% 与 4.00%。

表 7-4　河套灌区农民惯用施肥量

作物种类	小麦	玉米	甜菜	葵花	瓜类
磷酸氢二铵/(kg/hm²)	375	300	375	112.5	450
折合成 TP 量/(kg/hm²)	88.05	70.5	88.05	26.4	105.75
尿素/(kg/hm²)	300	300	150	150	375
折合成 TN 量/(kg/hm²)	70.75	70.75	34.95	34.95	87.45
耕地面积/万 hm²	13.54	6.69	1.08	8.96	0.99
折合成 TP 量/(t/a)	11 921.97	4 717.39	947.42	2364.21	1 054.68
折合成 TN 量/(t/a)	9 484.77	4 687.28	376.06	3 129.89	872.17

表 7-5　2006 年乌梁素海流域耕地系统氮素收支状况

收入项	收入量/t	收入比例/%	支出项	支出量/t	支出比例/%
氮肥	41 242	37.72	农作物吸收	31 131	39.67
家畜排泄物	37 049	33.88	径流流失	15 699	20.01
人粪尿	42 584	3.89	淋洗损失	3 140	4.00
生物固氮作用	7 109	6.50	氨化流失	10 963	13.97
灌溉	11 944	10.92	硝化反硝化	17 540	22.35
降水	2 844	2.60			
种子	2 139	1.96			
农作物残渣	2 757	2.52			
收支差额/t				30 871	

此外，河套灌区排水是乌梁素海重要的补给水源之一。目前，河套灌区共有农田 6900km²，为保证灌区农田的基本用水需求，每年约有 60 亿 m³ 水通过灌溉系统。河套灌溉系统有 1 条主干渠、1 条干渠、12 条分干渠、40 条支干渠、222 条斗干渠、19 700 条毛干渠；排水系统包括 1 个总排干渠、12 个排干渠、40 个支排干渠、222 个斗排干渠、22 000 个毛排水渠。每年从排水系统进入乌梁素海的水量为 7 亿～9 亿 m³。调查资料显示，河套灌区仅有部分排干用于承纳农田退水，分别为 1、2、4、6、8 和 9 排干。其中，8 和 9 排干的农田退水直接排入乌梁素海；而 1、2、4 和 6 排干的农田退水先排入总排干，后由总排干输入乌梁素海；3、5 和 7 排干则既承纳了农田退水又承纳城市生活污水和工业废水（刘振英，2004）。因此，在核算 3、5 和 7 排干中的农田面源入湖量时要扣除城市生活污水和工业废水的影响。各排干对农业面源污染入湖量的贡献率一般相差不大（表 7-6 和图 7-3）。总体而言，8、9 排干所承纳的 TN 和 TP 量最多，分别为 227.90t 和 7.64t；由 1、2 排干入湖的 COD 量最多，为 1757.77t。所有排干中来自农业面源污染的 TN、TP 和 COD 的总量分别达 1296.90t、35.53t 和 929.795t。可见，农业面源污染对乌梁素海的影响巨大，每年农田退水都会携带大量的氮、磷营养盐进入乌梁素海，使其水体富营养化

水平日益提高，湖水水质严重变坏，甚至达到劣Ⅴ类标准，加速乌梁素海沼泽化的进程，使乌梁素海失去其作为湖泊湿地所能提供的强大的自然、社会和经济效益。

表 7-6　各排干的农田面源入湖量

排干	TN/t	TP/t	COD/t
1、2	173.84	2.43	1757.77
3	173.04	4.45	1095.46
4	203.00	5.53	1320.00
5	173.50	4.96	1150.12
6	171.00	5.16	1160.00
7	175.28	5.37	1198.02
8、9	227.24	7.64	1616.58
合计	1296.90	35.53	9297.95

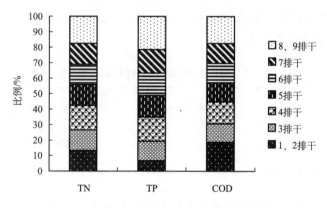

图 7-3　各排干所承纳的农业面源污染的相对百分比

7.3.3　乌梁素海点源与面源污染贡献对比

只有明确了点源与面源污染贡献的关系，才能够提出有针对性的乌梁素海湿地保护措施与方案。大量研究表明，排入乌梁素海的城市生活污水、工业废水和农田退水中，河套灌区的农田退水对 TN、TP 和 COD 的污染负荷贡献分别为 51%、35% 和 72%；城市生活污水对 TN、TP 和 COD 的污染负荷贡献分别为 16%、52% 和 1%；工业废水对 TN、TP 和 COD 的污染负荷贡献分别为 33%、13% 和 27%（图 7-4）。

河套灌区的农田退水和乌梁素海上游的工业废水对 TN 的入湖量影响最大，年入湖量分别为 1100t 和 700t（表 7-7）。这主要是因为河套灌区在农业生产过程中施用了大量氮肥；并且，乌梁素海上游地区的两大重点工业企业——红昌化工和飞亚调味品厂排放的工业废水中含有大量的 TN（二者的 TN 排放量分别占乌梁素海流域所有工业废水 TN 排放量的 73% 和 20%）。对 TP 入湖量影响最大的是城市生活污水，其次为农田退

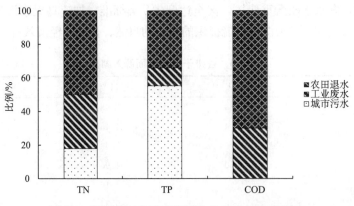

图 7-4　污染源对乌梁素海污染负荷贡献的百分比

水，贡献率分别达到 52％和 35％。城市生活污水中，临河市的市政污水中 TP 含量较高。这与临河市人口最多、大量使用洗化用品有关。因此，增加日常生活中无磷产品的使用将是减少 TP 入湖的有效途径。对 COD 入湖量影响最大的农田退水，其次是工业废水，贡献率分别达到 71％和 27％。

表 7-7　乌梁素海不同来源营养盐年总负荷　　　　　　　　　　（单位：t）

类型	TN	TP	COD
城市污水	340	47	200
工业废水	700	12	4 600
农田退水	1 100	32	12 000

综上所述，农业面源污染是乌梁素海富营养化的最大污染源。就单个污染负荷而言，TN 主要来自农田退水和工业废水，TP 来自城市生活污水（农田退水和城市污水的贡献率不大），COD 主要来自农业面源污染。因此，要保护乌梁素海湿地，使其继续发挥湿地巨大的生态功能，必须提高河套灌区的氮肥利用率，减小面源污染的危害。此外，还有个别点源（如红昌化工和飞亚调味品厂）对营养盐入湖量的影响也较大。因此，在控制面源污染排放的基础上，还需要对污染贡献率大的点源污染实施强有力的排污控制。

7.4　巴彦淖尔经济发展状况

面源污染的调控研究与经济发展息息相关。面源污染控制措施的制定取决于区域的经济发展水平。并且，面源污染从根本上来说，是由于农业生产飞速发展带来农药化肥的过量使用而引致的。农药化肥的使用不可避免地与整个研究区的产业经济发展有关。此外，工业的过快发展导致的资源过量开发，城市化的迅速扩张，也会在一定程度上对富营养化的面源污染排放带来一定的影响。因此，对湖泊流域的面源污染控制展开研究还必须首先明确流域的经济发展状况。

7.4.1　工业发展现状

2008 年，巴彦淖尔规模以上工业实现增加值 180.01 亿元。其中，四大支柱产业实现增加值 169.9 亿元，占规模以上工业增加值的 94.3%，对规模以上工业贡献率达 84.4%。

1. 农畜产品加工业

凭借"河套平原"这一著名品牌，巴彦淖尔先后引进了蒙牛、伊利、小肥羊等畜产品加工企业与中粮屯河、山东鲁花、安徽真心、浙江娃哈哈等国内知名农产品深加工龙头企业，以及国外知名企业集团——意大利大罗素公司、西班牙安哥拉斯公司、印度尼西亚 APP 纸业等，构筑起了巴彦淖尔乳、肉、绒、粮油、蔬菜瓜果、饲草料、炒货、酿酒、林苇、药材等十大农畜产品深加工系列。经过 5 年的发展，截至 2008 年，巴彦淖尔市规模以上农畜产品加工企业达到 106 个，比 2004 年增加了 36 个，实现增加值 66.2 亿元，年均增长 27.5%；销售收入超亿元的企业达到 44 个。以绿色、特色为标志的巴彦淖尔市农畜产品加工业已经当之无愧地成为巴彦淖尔市工业经济的主力军。

2. 冶金及矿山业

巴彦淖尔市重点打造以铜、锌、铅、钢铁和黄金五大行业的采选冶炼为一体的产业链条，积极发展硅铝合金、镁合金等冶炼项目。在采选矿方面，相继建成投产了一批矿山企业，如西部矿业（400 万 t 铜矿石选矿）、建新集团（130 万 t 铅锌采选）、大中矿业（400 万 t 铁矿采选）、前旗大中和后旗双利等企业近 1000 万 t 铁矿采选、300 万 t 铁精粉生产等。在冶炼方面，紫金矿业建成一期 10 万 t 锌冶炼、18 万 t 硫酸、1.5 万 t 锌基合金、8000t 锌粉的生产能力；深圳飞尚集团建成 10 万 t 铜冶炼能力；艾芬豪集团控股建成太平公司一期年产 3.6t 黄金。截至 2008 年，巴彦淖尔市规模以上冶金及矿山工业企业已达 69 个，比 2004 年增加了 17 个，实现增加值 68.4 亿元，年均增长 50.9%；销售收入超亿元的企业达到 38 个，总产值超过近几年一直居第一的农畜产品加工业。以丰富的矿山资源为后盾的采选冶炼工业已经成为巴彦淖尔市工业经济的又一主力军。

3. 电力工业

巴彦淖尔市的电力工业目前主要为火力发电，但风能发电、生物质发电等清洁能源工业也正在兴起。目前，全市总装机容量已经达到 144 万 kW，主要电厂包括乌拉山电厂和临河电厂。五原宏珠 10 万 kW 热电项目也于 2009 年投产。风电方面，鲁能、龙源、中电和富汇集团公司投资的 4 个风电项目共计 20 万 kW，目前已正式开始并网发电。2008 年，巴彦淖尔市规模以上电力工业企业达 11 个，比 2004 年增加了 5 个，实现增加值 19.2 亿元，年均增长 43.3%；销售收入超亿元的企业达到 4 个。

4. 化学工业

巴彦淖尔市的化学工业目前以煤化工、氯碱化工为主，硫酸化工和生物化工也在逐步发展壮大。目前，巴彦淖尔主要有 4 家骨干化工企业，分别为乌拉山化肥厂、内蒙古天河化工、临海化工和香港联邦制药（内蒙古）有限公司。2008 年，巴彦淖尔市规模以上化学工业企业达到 25 个，比 2004 年增加了 10 个；实现增加值 15.94 亿元，年均增长 19.5%；销售收入超亿元的企业达到 8 个。以资源为依托，在拓展现有化工产业的基础上，巴彦淖尔市还重点发展了煤化工、氯碱化工、硅化工和硫化工产业，使化学工业继农畜产品加工、冶金矿山工业和电力工业后成为支撑巴彦淖尔的第四大支柱产业。

7.4.2　农业发展现状

2008 年，巴彦淖尔市农业经济全面发展。全年农林牧渔业完成现价总产值 151.2 亿元，比上年增长 23.4%。

1. 种植业

2008 年，巴彦淖尔市农作物总播面积为 844.9 万亩[①]，比上年增加 10.1 万亩，增长 1.2%；粮食播种面积为 431.6 万亩，比上年增加 11.9 万亩，增长 2.8%。其中，小麦播种面积为 192.1 万亩，比上年增加 1.3 万亩，增长 0.7%；玉米播种面积为 219.6 万亩，比上年增加 11.3 万亩，增长 5.4%；经济作物播种面积为 385.0 万亩，比上年增加 7.7 万亩，增长 2.0%；耕地内牧草面积 28.2 万亩，比上年减少 25.2%。粮食作物、经济作物和牧草种植比例由上年的 50.3：45.2：4.5 调整为 51.1：45.6：3.3。

同年，全市粮食总产量为 215 万 t，比上年增长 10.1%。其中，小麦总产量为 71 万 t，比上年增长 2.7%；玉米总产量为 141 万 t，比上年增长 14.5%。油料总产量为 53 万 t，比上年增长 15.3%。其中，花葵总产量为 32.5 万 t，比上年增长 2.2%；油葵总产量为 20.5 万 t，比上年增长 45.1%。西瓜总产量为 25 万 t，比上年增长 0.3%；番茄总产量为 227 万 t，比上年增长 12.8%。

2. 林业

2008 年末巴彦淖尔市共完成荒山荒（沙）地造林面积 4.7 万 hm^2。其中，人工造林面积 1.3 万 hm^2，飞播造林 0.7 万 hm^2；分别完成更新造林、成林抚育和幼林抚育面积 0.1 万 hm^2、22.5 万 hm^2 和 7.4 万 hm^2。

3. 畜牧业

近年来，巴彦淖尔市畜牧业发展已经由重养殖规模逐渐向重养殖效益方向转变。2008 年，全市畜牧业产值占农业总产值的比重已达 37.5%，较上年提高 1%。牧业年度牲畜总头数为 904.2 万头（只），比上年减少 1.3 万头（只），减幅为 0.1%。其中，农区牲畜头数为 698.9 万头（只），比上年增加 3.8 万头（只）；牧区牲畜总头数为 205.4 万头（只），比上年减少 5.1 万头（只）。牧业年度羊的存栏达到 819.9 万只，比

---

① 1 亩≈0.067hm^2。

上年减少 5.3 万只。畜群、畜种结构不断优化,良种、改良种畜头数达到 876.6 万头(只),占牲畜总头数的比重为 96.9%。能繁母畜达到 530.5 万头(只),占牲畜总头数比重为 58.7%,比上年提高 2.5%。牲畜出栏速度加快。年度牲畜出栏总数为 837.1 万头(只),比上年下降 3.8%,出栏率为 107.5%,比上年增加 3.4%。养牛业发展稳定,全年奶牛总头数达到 10.8 万头。

7.5　面源污染控制的环境 CGE 模型解析

根据面源污染氮、磷营养盐减排调控与区域经济协调发展的需求,通过在 ORANI 模型中纳入面源污染氮、磷营养盐减排模块和动态模块,本章构建了一个乌梁素海流域面源污染氮、磷营养盐减排调控与区域经济均衡发展的环境 CGE 模型。该模型将乌梁素海流域所在的巴彦淖尔市经济系统作为一个整体,通过测度区域内经济系统各部门、各变量之间的相互作用,研究了发展型和强制型面源污染控制方案对巴彦淖尔市区域经济发展的不同影响。

用于乌梁素海流域面源污染控制与区域经济均衡发展分析的环境 CGE 模型遵循多部门动态模型的分析框架(图 7-5)。在模型中,氮、磷营养盐的减排行为被刻画成为一个单独的回收生产部门,即氮、磷营养盐消减部门。该部门通过向其他生产活动以及消费机构提供氮、磷营养盐的消减服务来实现部门的流通。氮、磷营养盐的削减服务价格即为边际减排成本。同一般消费商品类似,氮、磷营养盐消减服务也可以作为一种特殊的中间品投入,将其费用加入生产活动成为商品成本的一部分;而企业、政府、居民通过购买该服务来表征其对氮、磷营养盐消减的贡献。

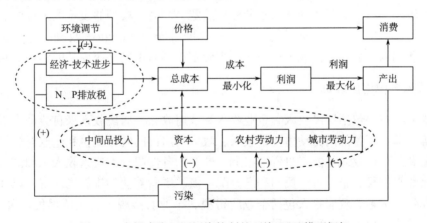

图 7-5　乌梁素海面源污染控制的环境 CGE 模型框架

7.5.1　模 型 结 构

前面已经详细讲述过环境 CGE 模型的功能模块与核心方程(主要包括生产、收入、贸易、价格、支付、污染处理以及宏观闭合等内容),此处乌梁素海流域面源污染控制与区域经济均衡发展分析的环境 CGE 模型遵循相同的模块规则建立。模型主要考虑 4 种初级要素投入——资本（K）、劳动力（L）、土地（LN）与技术要素（TE），可以分为 6 部分，分别承担生产均衡分析、收入分配均衡分析、贸易均衡分析、需求均衡分析及氮、磷营养盐消减均衡分析，并最终实现整个环境-经济系统的宏观闭合。

1. 生产均衡分析

与传统的 CGE 模型中假设活动与商品的一一对应关系不同，此处假定一种商品可以被多个活动所生产。模型的生产活动采用多层嵌套的 CES 函数来描述，即

$$\mathrm{XD}_i = \mathrm{ad}_i \left(\sum_f d_{if} X_{if}^{-r} \right)^{-1/r} \tag{7-1}$$

式中：XD_i 为部门总产出；ad_i 为规模系数；δ_i 为第 f 种投入要素的产出弹性，且满足 $\sum_f \delta_{if} = 1$；ρ 为不同要素之间的转换参数。

商品的生产价格基于出口商品、调往外区域销售的商品和本区域销售商品之间的替代弹性计算。假设劳动力市场是完全竞争市场，则工资、劳动力的供给和需求将调至充分就业的均衡状态。生产要素的收入通过初次分配成为机构账户（如居民、企业和政府等）的收入，对收入进行再分配就可以得到各机构的可支配收入。

2. 需求均衡分析

居民和政府的消费决策基于 C-D 效用函数来配置，即居民和政府按照固定比例消费每种合成商品。居民消费、政府消费、投资需求和中间产品需求构成了对 Armington 合成商品的总需求。政府对进口商品征收进口关税，对出口商品征收出口关税或提供出口补贴，活动部门的关税率均通过模型外生给定。同时，模型假设不同来源的商品是不完全替代的，即国内生产的商品与进口商品之间遵循 Armington 假设；各活动部门在进口商品和国内商品间根据成本最小化原则确定市场对不同来源商品的消费需求。

3. 收入分配均衡分析

收入方程主要包括居民收入、企业收入和政府收入。居民收入来自劳动力报酬、转移支付等，即等于各部门劳动力要素收入、政府对居民的转移支付和企业对居民的利润分配的总和。企业收入主要来自资本报酬，即等于各部门资本要素收入总和减去企业所得税、企业直接税、企业对居民的利润分配与氮、磷营养盐的排放税（费）以及企业支付的其他生产成本。政府收入包括企业所得税、企业直接税、居民所得税、关税与氮、磷营养盐的排放税以及各种间接税。

4. 贸易均衡分析

作为国家内部的一个地区级行政区，除一般的商品进出口贸易外，模型还考虑了研究区与国内其他地区间的商品贸易往来。为了区分案例区与国内其他地区之间的商品调入调出和与其他国家之间的商品进出口贸易，模型采用嵌套的 CET 函数描述可贸易商品在不同地域市场间贸易的替代关系，采用嵌套的 CES 函数描述不同地区商品在省级

行政区间最终消费的组合关系。

5. 氮、磷营养盐消减均衡分析

为了将氮、磷营养盐消减纳入均衡分析框架，此处对巴彦淖尔经济系统的结构进行了重新划分。除生产与消费部门外，模型还增设了一个氮、磷营养盐消减部门。一旦生产部门的氮、磷营养盐排放超标，生产商将基于新的成本和包含污染后果的新的生产函数调整产出水平。需求部门的居民消费也将重新作出消费选择。在氮、磷营养盐消减部门中，氮、磷营养盐消减被视为一种特殊商品，由排放者为降低其排放水平而按一定价格购买。氮、磷营养盐的消减价值即为该部门的实际产出值。氮、磷营养盐消减部门的生产方式与其他生产部门类似，价格由市场决定。

6. 宏观闭合

宏观闭合指要素和商品市场的供需均衡，主要包括各类劳动力市场、资本市场以及国内区域间调入调出商品和国外进出口商品市场的均衡。模型通过外生劳动力报酬、内生劳动力需求数量，对各类劳动力的供给和需求进行出清；资本市场通过内生资本回报率来平衡资本的供给与需求。此外，模型中还假设劳动力可以在部门间自由流动，而资本则短期内是相对固定的。国内区域间的调入调出商品和国外市场则通过各种商品内生的相对价格进行出清。

7.5.2 氮、磷减排相关方程

为了能够分析不同减排措施的影响，我们在传统环境 CGE 模型的基础上对污染处理模块进行改进，假设了一个污染治理部门——氮、磷污染治理部门，建立了社会经济活动与氮、磷营养盐排放间的联系，同时设计了征收氮、磷营养盐排放税的方式，把氮、磷营养盐的排放和治理综合在整个环境 CGE 模型框架中。环境 CGE 模型中与氮、磷营养盐减排有关的方程主要有 8 个。

$$PX_i XD_i + SUB_i = PVA_i XD_i + PX_i XD_i tc_i + XD_i \sum_j a_{j,i} P_j$$
$$+ \sum_g PETAX_{g,i} + \sum_g PACOST_{g,i} \tag{7-2}$$

$$PETAX_{g,i} = tpe_g d_{g,i} XD_i (1 - CL_g) \tag{7-3}$$

$$PACOST_{g,i} = PA_g d_{g,i} XD_i CL_g \tag{7-4}$$

$$PA_g = (X0_g / DTA0_g) / P_g \tag{7-5}$$

$$DTA_g = X_g DTA0_g / X0_g \tag{7-6}$$

$$CL_g = DTA_g / \sum_i d_{g,i} XD_i \tag{7-7}$$

$$DG_g = \sum_i d_{g,i} XD_i \tag{7-8}$$

$$DG_g = DG_g - TDA_g \tag{7-9}$$

式中：j 记录了生产环节中排放氮磷的生产部门；g 记录了为生产环节排放的氮、磷营养盐提供污染消除服务的部门；i 为以上两类部门的合计。

　　方程（7-2）旨在反映包含氮磷营养盐减排的生产部门成本核算。等式左侧是该部门的现金流入，即生产销售收入加上政府对该部门的补贴；右侧是该部门的现金流出，又进一步被分解成附加值价格实现额、间接税支付额、中间投入、氮磷营养盐排放税（费）支付额和氮磷营养盐减排成本。方程（7-3）定义了氮、磷营养盐排放税（费），该税（费）额可以表示为部门产出、氮磷营养盐的排放税（费）率、排放密度和部门减排率的函数。方程（7-4）定义了氮磷营养盐的减排成本，其又可以表示为部门产出、氮磷营养盐排放密度、部门减排率和排放价格的函数。方程（7-5）定义了氮磷营养盐的排放价格（此处将生产部门的氮磷营养盐消减成本折算成商品价格）。该方程是一个价格转换方程，采用无量纲单位计算。为消除量纲对估计结果的影响，一般将氮磷营养盐排放部门产出的初始价格设定为 1，其他生产部门的氮磷营养盐排放价格是与之相比的相对价格。方程（7-6）定义了氮磷营养盐的减排总量，采用实物单位来衡量，从价值量向实物量的转化以基期的转化比例为基准。方程（7-7）定义了氮磷营养盐的减排率，它由氮磷营养盐的减排总量除以产生总量得到。方程（7-8）定义了氮磷营养盐的产生总量，它是各部门产生量之和。方程（7-9）定义了氮磷营养盐的排放总量，即氮磷营养盐的产生总量扣除减排总量。

7.6　模型数据与方案设计

7.6.1　模型数据

1. 数据来源

　　此处我们所建立的乌梁素海面源污染控制与区域经济均衡发展分析环境 CGE 模型的数据不仅包含传统环境 CGE 模型所涵盖的数据，而且添加了关于基期氮、磷排放和富营养化治理的数据。模型的基础数据主要来源于内蒙古自治区 2002 年投入产出表（input-output table，IO 表）数据、《中国统计年鉴 2003》、《中国环境年鉴 2003》、《中国金融统计年鉴 2003》、《中国财政统计年鉴 2003》以及《内蒙古统计年鉴 2003》。

2. 数据处理

1）社会经济数据

　　2002 年内蒙古自治区 IO 表是目前能够得到的最为详细，同时也是建立在统计调查基础上（因而统计口径比较一致，计算结果比较具有说服力）的中国经济 IO 表，因而成为环境 CGE 模型的主要数据来源。为了使数据和模型结构相匹配，在展开乌梁素海面源污染控制研究前还需要对原 IO 表进行调整。其中，最重要的工作是把原 IO 表的中间投入部分进行拆分，将活动和商品账户区别开来。这主要是因为环境 CGE 模型中假设一种商品可以被多个活动所生产，同时一个活动也可以生产出多种商品，商品和活动不再是一一对应关系，商品对活动的中间投入需求以及活动的最终产出与 IO 表存在较大差别。此外，还需要将原 IO 表中的净出口项分解为进口和出口两项，以便综合考虑各种控制措施与对外贸易之间的关系。应该指出的是，受统计数据限制，本案例对 IO 表的调整都较为简化，最终形成的调整后的 IO 表和原 IO 表对应项的数值也会存在一定的差异，有些数据甚至与实际情况相悖。但这并不影响模型的初步分析。由于数据处理带来的误差可以通过进一步收集更为精细的统计数据或通过实地调查等来消弭。

环境 CGE 模型通常是建立在 ESAM 的基础上的。ESAM 作为一个内在一致的均衡数据集，是环境 CGE 模型外生变量和参数标定的基础。因此，在开展乌梁素海面源污染控制研究时，不仅要对内蒙古的 IO 表进行调整，还需要在调整后的 IO 表基础上，结合国民收入核算等信息，通过加入经济体之间的转移支付信息（如政府对居民的补贴等），来进一步构建一个巴彦淖尔市 ESAM。建立 ESAM 的一个好处是使模型的设定更加符合整个环境-经济系统的现实。例如，若已知居民的总消费是其可支配收入的函数，有了更加详细的 ESAM 数据，就可以求出居民的可支配收入总额、确定收入的来源。然而，与 IO 表的调整一样，该过程不可避免地需要对不同来源、不同统计口径的数据进行调整，这也必然会给模型模拟结果带来一定的误差。

2）基期氮、磷营养盐排放与治理相关数据

基期各部门的氮、磷营养盐的产生和排放总量可以通过查询第一次全国污染源普查所给出的部门产、排污系数，结合技术水平参数进行计算。由于我国现行的排污费征收标准是从 2003 年 7 月 1 日开始执行的，所以，利用 2002 年数据进行研究时，基期的氮、磷营养盐的排污费为零。部门生产过程中对氮、磷营养盐消减服务的投入需求可以通过产排污总量的差额和单位治理成本的乘积进行粗略估算。

3）外生弹性值的给定

为了校准模型，除了给定基准均衡数据集 ESAM 外，还需要预先设定一些重要的弹性值。这些弹性值对于模拟结果具有重要影响。然而，由于目前中国的环境、经济统计系统还不完备，尚缺乏针对我国国情的弹性系数估计文献，因此，本案例参考了其他国家的弹性估计数据对模型进行估算。具体地，主要弹性参数的取值列于表 7-8。

表 7-8　主要弹性的值

主要弹性	取值
Armington 替代弹性	2.0
资本-劳动力替代弹性*	0.5~1.79
出口需求弹性	−5
CET 转换弹性	3~10

* 不同部门替代弹性不同，具体取值参见郑玉歆和樊明太（1999）。

7.6.2　方 案 设 计

在利用环境 CGE 模型展开乌梁素海面源污染控制研究时，选取 2002 年作为基准年，主要考虑两种减排（即发展型减排和强制型减排）方案的影响。在发展型减排方案中，以全要素生产率的变动代表经济-技术水平的进步，因此，此方案也称为经济-技术进步方案。该方案假设从基年开始，在以后的 5 年内，巴彦淖尔的全要素生产率相对于基年的年增长率为 5%。在强制型减排方案中，采取征收排污税的方案（此方案也称作排污税方案）实现乌梁素海的面源污染控制，其中排污税税率通过氮、磷营养盐的减排率来体现。强制减排方案又进一步设定了 5 种不同的减排情景，即氮、磷营养盐分别减排 5%、10%、15%、20% 和 25%。

7.7　模 拟 结 果

7.7.1　经济-技术进步方案模拟结果分析

模拟结果表明，通过实施经济-技术进步减排方案，在实现乌梁素海流域氮、磷营养盐减排目标的同时，也对巴彦淖尔市的宏观经济产生了一定的影响，而且其正面影响明显大于负面影响（表 7-9）。

表 7-9　经济-技术进步方案模拟结果

时段	GDP /%	投资 /%	消费 /%	城市居民收入/%	农村居民收入/%	就业 /%	减排成本 /(元/t)	氮、磷减排率/%
第一年	0.35	0.32	−0.11	0.28	0.15	−0.21	106.4	3.97
第二年	0.53	0.64	0.07	0.51	0.32	−0.34	104.3	7.85
第三年	0.79	0.79	0.13	0.74	0.54	−0.47	101.6	11.45
第四年	0.98	0.92	0.24	0.96	0.73	−0.54	97.7	15.34
第五年	1.17	1.17	0.36	1.09	0.89	−0.78	93.4	18.88

当全社会的经济-技术进步时，巴彦淖尔 GDP 的年增长率将分别达到 0.35%、0.53%、0.79%、0.98% 和 1.17%。但是，技术进步和产业结构调整，也同时造成了劳动密集型企业的大量减少，这也同时降低了企业对于劳动力的需求，造成了失业率的上升。从表 7-9 可以看出，以后 5 年内巴彦淖尔市就业率将分别下降 0.21%、0.34%、0.47%、0.54% 和 0.78%。尽管整个社会的失业率有所上升，但居民的收入水平却有小幅提升。其中，城镇居民的实际收入水平将分别上升 0.28%、0.51%、0.74%、0.6% 和 1.09%；而农村居民的增加幅度略小，分别为 0.15%、0.32%、0.54%、0.73% 和 0.89%。究其原因，主要是由于农村居民普遍受教育程度低于城市居民，再就业能力明显偏低，农业产业结构调整带来的收益也远远小于城市制造业和服务业等产业结构调整所带来的收益。居民总体收入的上升同时也拉动了整个环境-经济系统消费

的增长，5 年内巴彦淖尔市消费水平的变化将分别达到−0.11％、0.07％、0.13％、0.24％和 0.36％。此外，从模型的模拟结果中还可以看出，GDP 和企业利润的上升，也在一定程度上拉动了投资的增长。未来 5 年的投资增长幅度分别为 0.32％、0.64％、0.79％、0.92％和 1.17％。

　　从减排成本来看，该方案减排成本较高。以后 5 年的减排成本将分别达到 106.4 元/t、104.3 元/t、101.6 元/t、97.7 元/t 和 93.4 元/t。但从其减排效果来看，该方案能够实现乌梁素海氮、磷营养盐的稳定大幅减少，以后 5 年内减排率分别达到 3.97％、7.85％、11.45％、15.34％和 18.88％。

7.7.2　排污税方案模拟结果分析

　　模拟结果表明，通过征收排污税来控制氮、磷营养盐排放实现强制型减排，会对巴彦淖尔市宏观经济造成一定程度的负面影响。但与经济-技术进步方案相比，该方案的环境效益更为突出（表 7-10）。

表 7-10　排污税方案模拟结果

氮、磷减排目标	GDP/％	投资/％	消费/％	城市居民收入/％	农村居民收入/％	就业/％	减排成本/(元/t)	氮、磷减排率/％
5％	−0.07	−0.19	−0.16	−0.18	−0.31	−0.11	56.4	4.32
10％	−0.16	−0.28	−0.33	−0.35	−0.54	−0.32	54.3	8.55
15％	−0.31	−0.41	−0.55	−0.57	−0.76	−0.61	50.6	13.43
20％	−0.55	−0.54	−0.82	−0.79	−0.98	−0.98	47.7	17.54
25％	−0.78	−0.71	−1.02	−0.95	−1.19	−1.34	43.4	21.03

　　当通过征收排污税使得氮、磷营养盐分别减排 5％、10％、15％、20％与 25％时，巴彦淖尔市 GDP 将分别下降 0.07％、0.16％、0.31％、0.55％与 0.78％。由于对企业征收排污税，导致企业生产成本上升、市场对产品的需求下降，从而造成了企业对劳动力的需求下降，进而使得市场失业率有所上升。从模拟结果来看，不同控制水平将分别导致就业水平下降 0.11％、0.32％、0.61％、0.98％与 1.34％。劳动力需求的下降带来了收入水平的下降。表 7-10 显示，城镇居民的实际收入水平将分别下降 0.18％、0.35％、0.57％、0.79％与 0.95％而农村居民的实际收入下降幅度会更大一些，分别为 0.31％、0.54％、0.76％、0.98％与 1.19％。这主要是由于导致乌梁素海富营养化的氮、磷营养物主要来源于农业面源，而农业收入又是当地居民的主要收入来源，因此对氮、磷营养盐的排放征税对农村居民收入水平的负面影响相对城市居民要略大。居民实际收入下降的直接后果就是导致消费的下降，当减排幅度分别为 5％、10％、15％、20％与 25％时，消费下降幅度将分别达到 0.16％、0.33％、0.55％、0.82％与 1.02％。此外，从模拟结果还可以看出，尽管政府将排污税收入通过减少企业所得税的形式返还给企业，但由于该方案会导致企业利润下降，因此，整个环境-经济系统总的投资水平仍然略有下降，不同减排目标控制下的下降幅度存在一定差异，分别为

0.19%、0.28%、0.41%、0.54%与 0.71%。

从减排成本来看，本方案成本相对于经济-技术进步方案要低很多。在氮、磷营养盐排放分别减少 5%、10%、15%、20%与 25%时，营养盐的减排成本分别为 56.4 元/t、54.3 元/t、50.6 元/t、47.7 元/t 和 43.3 元/t。从减排效果来看，本方案对氮、磷营养盐的减排效果要优于经济-技术进步方案。

7.7.3 两种减排方案的比较分析

从以上分析中可以看出，两种减排方案各有优缺点。单从减排效果看，两种方案都具有一定的减排效果，但它们的减排成本、减排率及其对区域经济发展的总体影响却存在一定的差异。其中，强制性减排方案的减排率要高于发展型减排方案，而且减排成本也约为发展型减排方案的一半。这说明强制性减排方案的环境效益要明显优于发展型减排方案。但从对区域经济发展的总体影响来看，发展型减排方案则要优于强制性减排方案。发展型减排方案对经济增长仍存在一定的促进效应，在方案控制下，区域 GDP、投资、消费和居民收入都有一定程度的增长；而强制性减排方案对区域经济增长则存在负面效应，导致当地 GDP、投资、消费和居民收入都有一定程度的下降。

7.8 小 结

乌梁素海是我国草型富营养化湖泊的典型代表，日趋严重的湖泊富营养化严重制约了当地社会和经济的可持续发展。研究流域氮、磷营养盐排放调控与区域经济增长之间的平衡关系，并在乌梁素海湖区寻求一条区域经济发展与环境保育协调发展的道路已成为当地水体富营养化调控的重点问题之一。本章以乌梁素海流域为研究区，基于一般均衡理论，构建了面源污染控制与区域经济均衡发展分析的环境 CGE 模型，并基于发展型减排和强制性减排两种情景设计，对乌梁素海面源污染控制的宏观经济影响进行了分析。模拟结果表明，发展型与强制性减排措施都对氮、磷营养盐的排放有一定的消减作用。但从减排效果来看，强制性减排方案的效果要优于发展型减排方案；而从对区域经济的影响来看，强制性减排方案对区域宏观经济的发展有较大的负面影响，导致 GDP、投资、消费、居民收入和就业率都有不同程度的下降。因此，在制定乌梁素海面源污染控制策略时应以发展型减排为主、强制性减排为辅。

尽管模型中部分弹性参数引用了他人研究的成果，模拟的结果尚需进一步验证，但这种尝试通过引入氮、磷营养盐的消减服务部门来分析面源氮、磷营养盐减排与区域经济发展关系的方法在相关领域的研究中具有一定的推广价值。

参 考 文 献

崔海英. 2008. 农业面源污染的成因与治理措施. 现代农业科技，11：356-358.

高超，张桃林. 1999. 农业非点源磷污染对水体富营养化的影响及对策. 湖泊科学，11 (4)：369-375.

何萍，王家冀. 1999. 非点源（NPS）污染控制与管理研究的现状、困境与挑战. 农业环境保护，18（5）：234 – 237.

黄文钰，吴延根. 1998. 中国主要湖泊水库的水环境问题与防治建议. 湖泊科学，10（3）：83 – 90.

金相灿. 1995. 中国湖泊环境. 北京：海洋出版社.

金相灿，刘鸿亮，屠清瑛，等. 1990. 中国湖泊富营养化. 北京：中国环境科学出版社.

李其林，魏朝富，王显军，等. 2008. 农业面源污染发生条件与污染机理. 土壤通报，39（1）：169 – 176.

李卫平，李畅游，史小红，等. 2008. 内蒙古乌梁素海氮、磷营养元素分布特征及地球化学环境分析. 资源调查与
　　环境，29（2）：131 – 138.

刘振英. 2004. 乌梁素海农田面源入湖量的核算研究. 内蒙古大学硕士学位论文.

秦伯强. 1998. 太湖水环境面临的主要问题，研究动态与初步进展. 湖泊科学，10（4）：1 – 9.

孙惠民，何江，吕昌伟. 2006. 乌梁素海氮污染及其空间分布格局. 地理研究，25（6）：1003 – 1012.

王永华，钱少猛，徐南妮. 2004. 巢湖东区底泥污染物分布特征及评价. 环境科学研究，7（6）：22 – 25.

郑玉歆，樊明太. 1999. 中国 CGE 模型及政策分析. 北京：社会科学文献出版社：148.

Liebig J，Gerhardt C. 1840. Traité de Chimie Organique. Fortin，Paris：Société Typographique Belge.

Likens G E. 1972. Eutrophication and aquatic ecosystems. *In*：Likens G E. Nutrients and Eutrophication：the Limit-
　　ing Nutrient Controversy. Lawrence Kansas：Allen Press：3 – 13.

Paerl H W，Fulton R S，Moisander P H，et al. 2001. Harmful freshwater algal blooms，with an emphasis on cya-
　　nobacteria. Scientific World Journal，1：76 – 113.

Smis J T，Goggin N，McDermmot J. 1998. Agricultural phosphorus and eutrophication：a symposium overview.
　　Journal of Environment Quality，27（1）：251 – 257.

Vollenweider R A，Kerekes J J. 1982. Background and summary results of the OECD cooperative programme on eu-
　　trophication. Proceedings of an International Symposium on Inland Waters and Lake Restoration，U. S. Environ-
　　mental Protection Agency，OECD Publication，Paris：26 – 36.

第8章 气候变化的影响评价

全球气候变化已经并将继续对世界各国的环境-经济系统产生深刻影响。长期以来，国际社会针对气候变化进行了艰苦谈判，以期建立全球合作机制并采取有效的行动遏制气候持续恶化。应对气候变化的策略包括适应策略和减缓策略。前者是指调整人类社会和自然系统，增强其应对气候变化的能力，如在气候变化引起干旱频发的地区，通过调整农业种植结构增强地区抗干旱能力，减缓（或降低）干旱对区域种植业的负面影响；后者是指通过制定一系列政策法规直接控制可能影响气候变化的人类活动，或采取一定的缓解措施间接减少人类活动对气候变化的影响，如通过制定实施《中华人民共和国节约能源法》（简称《节能法》）、《中华人民共和国清洁生产促进法》等控制人类活动对能源的利用，减少温室气体的排放，或通过增强碳汇来吸收大气中已有的温室气体，减缓气候变化。在两类策略中，气候变化减缓策略备受关注，目前讨论较多的是包括市场导向、技术导向、自愿参与、研究与开发等在内的与工业活动相关的减排政策；而适应策略是近年来才发展起来并逐步引起国际社会高度重视的全球气候变化应对策略，该策略提倡在控制温室气体排放的同时调整经济系统的产业结构与消费模型。现阶段，国内外许多学者已经对两类策略展开了广泛而深入的探索，形成了一系列研究成果。

一般来说，应对气候变化的行动都必将会对环境-经济系统产生一定影响。倘若决策不当，气候保护政策甚至可能阻碍社会经济发展。因此，迫切需要识别关键部门采取的温室气体减排（或碳汇吸收潜力增加的成本），评估国际履约措施和合作机制对社会经济系统的可能影响，以期制定有利于各国经济发展的全球气候变化应对策略。由于环境 CGE 模型对环境-经济系统良好的综合分析能力，能够全面、定量分析政策实施对自然环境和社会经济系统的影响，因而被越来越多地应用于气候变化影响评价研究中。本章将从气候变化与经济系统的均衡发展关系入手，讨论环境 CGE 模型在气候变化影响研究中的应用。

8.1 应 用 述 评

环境 CGE 模型是基于一般均衡理论建立的，能够刻画经济主体的生产、消费活动，并反映不同部门和市场之间的相互依赖关系。由于模型的研究主体是整个商品和要素市场，因而其所揭示的气候变化与经济发展之间的关系也比局部均衡或一般的宏观计量经济模型更为广泛深入；并且，模型涉及多个市场和机构的相互作用，因此其对微观经济结构的清晰描述以及对宏观和微观经济系统之间连接关系的明确界定，有助于解决气候保护政策与经济发展之间的协调发展问题。此外，环境 CGE 模型还可以利用比较静态或动态分析方法对任何假定的政策变化对社会经济的影响进行对比分析，从时间轴上把握气候变化与社会经济的同步稳定。

与其他用于气候变化影响研究的模型相比，环境 CGE 模型有如下优势：①模型包含多个相互作用的主体和市场（包括能源市场），并且根据研究需要，还可以对能源供给和需求进一步细化，能够细致地考虑气候变化对经济活动各部门的影响；②模型所涉及的主体行为是由基础模型的优化条件推导而来的，而非人为制定；③模型不是去优化某一经济主体的目标函数，而是确定一种均衡；④模型是基于整个环境-经济系统考察问题的，能够全面考虑模型的每个影响因素；⑤模型更多地用于政策分析，以定量估测方法模拟政策的经济和社会福利影响。

8.1.1　典型模型

近年来，一些国际组织和学者相继建立了一系列用于气候变化影响研究的环境 CGE 模型，下面我们将重点介绍几个典型模型（如 GREEN 模型、G-Cubed 模型、MS-MRT 模型、多主体环境 CGE 模型以及 TERM 模型等）的基本概况。其中，GREEN 模型（Burniaux et al.，1991；Lee et al.，1994；OECD，1998；Burniaux，2000）、G-Cubed 模型（McKibbin and Wilcoxen，1992，1998；McKibbin，2002）、MS-MRT 模型（Bernstein et al.，1999a，1999b）和澳大利亚的多主体环境 CGE 模型（Steininger，2002；Farmer and Steininger，2004）则主要用于研究温室气体（特别是 CO_2）减排的经济效益；而澳大利亚的 TERM 模型（Horridge et al.，2005；Wittwer et al.，2005；Horridge and Wittwer，2007）则主要用于研究气候变化导致的气候灾害（如干旱等）对经济发展的影响。

1. GREEN 模型

GREEN 模型是在 20 世纪 90 年代早期由经济合作与发展组织（organisation for economic co-operation and development，OECD）的经济部门在其提交的研究报告《温室气体减排与经济发展的适应性研究》中提出的。该模型通过对碳气体减排成本加以量化来估算温室气体减排对社会经济的影响（Burniaux et al.，1991）。GREEN 模型内部构建主要侧重于能源分析、部门分类以及投入-产出关系与其他一些技术参数的确定。模型设计为前向动态形式，所有生产因素均设为外生变量，新兴替代能源及其边际成本替代参数也都作为外生变量引入模型中；同时，模型还假定 GDP 增长率具有可检性。GREEN 模型能够估测不同温室气体减排政策实施下，区域经济发展状况及温室气体的排放总量。但是，GREEN 模型的许多参数在准经济评价中难以得到证实；并且，模型对参数的敏感度分析也不够；此外，GREEN 模型在长期预测中不能较好地反映能源与资本的替代性（OECD，1994）。

2. G-Cubed 模型

G-Cubed 模型是美国能源部于 1996 年提出的一种环境 CGE 模型，主要用于探索温室气体减排与人口增长以及部门生产率变化的关系（McKibbin，1997）。G-Cubed 模型是一种新古典主义增长型模型。它利用柯布-道格拉斯（Cobb-Douglas，C-D）生产函数描述经济系统的增长，促进经济增长的因素以外生变量形式给出；而各国资本储备则设定为内生变量。G-Cubed 模型能够很好地说明资本的积累过程及其引起的经济活动的相对价格变动，有助于相关部门更好地理解经济的增长过程。和其他同类型的模型相比，G-Cubed 模型最突出的特点是通过模型来估算 GDP 和其他内生变量。

3. MS-MRT 模型

MS-MRT 模型是由 Bernstein 等（1999a）在 1999 年 5 月举行的关于经济影响的 IPCC 专家会议上正式提出的，主要用于对影响气候变化的多地区多部门国际贸易行为进行模拟分析。MS-MRT 模型以 GTAP 数据集以及相对价格和理想化行为为理论基础，对工业部门描述较详细，能够较好地区分不同工业部门的贸易行为。因此，模型可以考虑不同国家之间的能源密集度、工业构成之间的差别，描绘多种国际许可贸易体制，并且可以定义由不同区域集团和与这些集团进行排放许可贸易的集团共同构成的贸易集团。

4. 澳大利亚的多主体环境 CGE 模型

多主体环境 CGE 模型由澳洲学者 Farmer 和 Steininger（2004）建立的。模型通过对碳税进行情景假设，定量化评价气候变化对各社会经济主体福利变化的影响。该模型综合了多生产部门环境 CGE 模型和迭代多主体模型的优点，采用时间序列分析方法，对所有经济主体福利的当期效用和预期效用进行分析。模型的独特之处在于其对居民账户的细分和对居民福利的量化。在利用多主体环境 CGE 模型在对气候变化的影响进行评价时，可以通过给定财政政策目标和气体减排目标，分析生产、消费和部门之间的关系，进而得出气体减排与不同人群福利间的关系。

5. 澳大利亚的 TERM 模型

TERM 模型是由澳大利亚莫纳什大学政策研究中心于 2001～2005 年开发的环境 CGE 模型（Horridge et al.，2005）。模型将每个区域作为一个独立的经济主体，能够较好地处理高度分散的区域经济与环境数据，并且同时提供一个气候变化应对政策实施影响模拟的分析方案。TERM 模型的独特之处在于涵盖了多个区域和多个部门间的贸易结构，因此能够对气候变化引发的自然灾害对不同区域社会经济的短期影响进行模拟。最初的 TERM 模型是一个比较静态分析模型，依靠区域经济的税收、技术、关税或其他外生变量的变化来实现模型的比较静态分析。但随后，经过 Wittwer 等（2005）的进一步研究，实现了模型的动态化。

8.1.2　温室气体减排的环境 CGE 模型研究

温室气体排放是全球气候变化的主要诱因，是气候变化的重要驱动因素。实施必要的减排调控政策必将对国家（或地区）的经济发展带来一定影响，如何在经济发展和温室气体减排之间寻求一个平衡点，达到既不以牺牲气候为代价来发展经济，也不以阻碍经济发展为代价来保护气候，直接关系到国家的可持续发展。

中国作为一个发展中国家，随着工业化进程的快速推进，能源需求和温室气体排放呈急剧增加趋势。为了寻求中国经济发展与温室气体减排的协调发展，越来越多的学者开始利用环境 CGE 模型对该领域展开研究。比较典型的有，Zhang（1998）和 Garbaccio 等（1999）采用不同的时间递推动态环境 CGE 模型分析了在中国限制 CO_2 排放的宏观经济影响，并计算了不同的间接税补偿方案所带来的 CO_2 减排效率的改进状况；马纲等（1999）通过环境 CGE 模型研究了碳税政策对中国经济的影响（包括对减碳成本的影响）；Huang等（1999）、Huang（2000）利用台湾动态一般均衡模型（Taiwan general equilibrium model-dynamic，简称 TAIGEM-D 模型）探讨了在台湾实行碳税政策与等比例减碳政策的成本差异；郑玉歆和马纲（2001）共同建立了一个关于中国环境-经济系统分析的静态环境CGE 模型——PRCGEM，并基于该模型模拟了中国温室气体减排与经济发展之间的关系；贺菊煌等（2002）基于中国社会经济发展与温室气体减排的特征，开发了一个用于中国温室气体减排政策分析的环境 CGE 模型——HE 模型；魏涛远和 Glomsrod（2002）利用CNAGE 模型定量分析了征收碳税对中国经济和温室气体排放的影响；王灿等（2003，2005）借助环境 CGE 模型分析了温室气体减排的经济成本、社会成本、减排效益、减排政策设计以及在中国实施碳税减排政策的经济影响等；陈文颖等（2004）应用能源-环境-经济耦合的中国 MARKAL-MACRO 模型对未来能源发展与碳排放的基准方案以及碳减排对中国能源系统的可能影响进行了研究。

8.1.3 气候灾害影响评估的环境 CGE 模型研究

伴随着温室气体排放的增加，全球气候持续变暖，这必将会对大气结构产生一定的破坏作用，进而引发气候灾害。干旱作为阻碍农业发展的最主要气候灾害，备受学术界和社会公众的关注。近半个世纪以来，尤其是 20 世纪 80 年代以后，世界范围的气候干暖化趋势愈加明显，全球旱区面积不断扩大，严重威胁到了世界粮食安全（高育峰，2003；陆文聪和黄祖辉，2004；刘颖秋，2009）。作为粮食生产与消费大国，中国大部分地区饱受干旱之苦。近年来，随着北方地区降水量的明显减少，干旱已经演变成为中国影响范围最广、发生频率最高的气候灾害（冯佩芝等，1985；李翠金，1999；王志伟和翟盘茂，2003）。特别是在大部分干旱与半干旱地区，自然降水的不足加上地下水过量开采，农牧业生产发展受到严重阻滞，生态环境日益恶化。可以说，干旱已经发展成为中国区域经济发展的制约瓶颈之一。

为了全面了解干旱与经济发展的关系，以便制定合理的干旱灾害应对措施，近年来，环境 CGE 模型开始逐渐应用于气候变化的干旱灾害研究。然而，由于数据资料限制，目前中国在该领域的研究尚处于起步阶段，研究的重点也主要集中于分析水资源的利用结构变化对经济的影响，很少有案例从气候变化的角度考虑干旱灾害对经济发展的影响。

8.2　HE 模型及其在温室气体减排中的应用

HE 模型是贺菊煌等（2002）为了研究碳税政策对中国经济发展的影响而自行设计的环境 CGE 模型。该模型假设市场是完全竞争的，各部门现有的资本存量不能在部门间流动，劳动力总量外生给定，且可在部门间流动。为了更好地研究温室气体问题，模型在保留传统环境 CGE 模型结构的基础上，将含碳能源作为初级要素引入生产函数，并假定各初级要素之间（如能源要素之间、能源要素与资本以及劳动力之间）具有常弹性替代性，中间品投入之间以及中间品投入与初级要素之间均没有替代性。下面将通过进一步完善贺菊煌的 HE 模型结构，并借鉴沈可挺（2002）在"全球温室气体减排国家战略研究"中的相关成果，对环境 CGE 模型在温室气体减排中的应用情况以及模型的局限性、建模过程中存在的缺陷加以简单介绍。

基于 HE 模型的温室气体减排研究主要涉及 4 个方面问题，即碳税政策的模型表达、减排驱动因素的模型表达、减排方案与基准方案（BaU 方案）的设计以及 CO_2 减排资源的计算。

8.2.1　碳　税　政　策

HE 模型在处理碳税政策时，假设碳税除了对 CO_2 排放部门征收外，还需要对能源的生产和进口征收。为了叙述方便，此处只考虑两种能源——煤炭（V_1）和石油天然气（V_2），则模型仅在产品的利润核算（即单位产品的净值核算）和政府总收入核算中涉及碳税政策。

1. 单位产品净值

部门生产过程中必须投入一定量的能源要素，而能源要素的燃烧会排放一定量 CO_2，生产部门的这种行为在环境 CGE 模型中可以描述为：部门活动必然会导致 CO_2 的排放和碳税的征收，并进而引起生产模块成本核算的改变。用方程的形式可以表述为

$$PEV_i = (1 - to_i)PS_i(t) - PEQ_i(t) - TSC_i(t) \tag{8-1}$$

式中：PEV_i 为 i 部门单位产品的净值；to_i 为 i 部门应缴纳的除碳税以外的其他税税率之和（主要包括产值税率和增值税率）；PS_i 为 i 部门产品的销售价格；PEQ_i 为 i 部门单位产品的要素成本（主要包括中间品和劳动力的投入、资本消耗以及综合能源消耗等）；TSC_i 为 i 部门应缴纳的由能源消耗所产生的碳税。

2. 政府收入

碳税的征收最终将流向政府账户，构成政府收入的组成部分。政府收入中涉及碳税政策的部分主要包括对生产部门征收的能源消耗所产生的碳税、对进口能源征收的碳税和国内能源开采行业缴纳的碳税。假设所有部门（包括生产部门和能源部门）采取统一的碳税率，碳税的征收与能源燃烧产生的 CO_2 排放量成正比，则有

$$TSC_i(t) = tcr \cdot [EM_1(t) \cdot VE_{i1}(t) + EM_2(t) \cdot VE_{i2}(t)] \tag{8-2}$$

$$TC(t) = tcr \cdot [EM_1(t) \cdot QE_1(t) + EM_2(t) \cdot QE_2(t)] \tag{8-3}$$

$$TMC(t) = tcr \cdot [EM_1(t) \cdot ME_1(t) + EM_2(t) \cdot ME_2(t)] \tag{8-4}$$

式中：tcr 为碳税率；EM_j 为单位 j 能源燃烧排放的 CO_2 量；VE_{ij} 为 i 部门单位产出所消耗的 j 能源量；TC 为对国内能源开采部门征收的碳税总额；QE_j 为国内 j 能源开采部门的总产出；TMC 为对进口能源征收的碳税总额；ME_j 表示 j 能源的进口总量。

8.2.2　减排驱动因素

影响碳税政策下温室气体减排的主要因素包括经济结构与技术进步因素、能源结构和效率改善因素以及大气环境质量强化因素。HE 模型在建模时通过添加相关的方程或变量，充分考虑了这三个方面因素的影响。

1. 经济结构与技术进步因素

经济结构因素在环境 CGE 模型中通常表现为生产部门的初级要素投入（即生产结构）、市场的投资分配（即投资结构）等；而技术进步因素则表现为单位产出的投入消耗（即生产活动的投入-产出系数）以及各部门的投资分配（即资本成分系数）。在 HE 模型中，可以通过生产模块的生产函数和支付模块的投资函数与投资品需求函数来体现。

1）生产函数

$$Q_i(t) = \min\{\frac{V_{3i}}{a_{3i}}, \frac{V_{4i}}{a_{4i}}, \cdots, \frac{V_{ni}}{a_{ni}}; \frac{KEL_i}{b_i}\} \tag{8-5}$$

式中：Q_i 为 i 部门的总产出；V_{ji} 为 i 部门 j 中间品投入的投入量；a_{ji} 为 i 部门单位产出所消耗的 j 中间品投入的数量，即为投入-产出系数；KEL_i 为 i 部门能源-资本-劳动力的综合投入量；b_i 为 i 部门单位产出所消耗的能源-资本-劳动力的综合投入数量。

2）投资函数与投资品需求函数

$$DK_i(t) = IS_i(t) \cdot IN(t)/PK_i(t) \tag{8-6}$$

$$IK_i(t) = \sum_{j=1}^{n} sf_{ij}(t) \cdot DK_j(t) \tag{8-7}$$

式中：DK_i 为环境-经济系统对部门 i 的投资；IN 为投资总量；IS_i 为部门 i 的投资在投资总量中所占的份额；$PK_i(t)$ 为部门 i 的投入要素价格；IK_i 为环境-经济系统对部门 i 的投资品需求；sf_{ij} 为资本成分系数。

在这些方程和变量中，KEL_i、IS_i 和 DK_j 与经济结构有关，b_i、a_{ji} 和 sf_{ij} 则主要与技术进步有关。

2. 能源结构和效率改善因素

环境 CGE 模型中可能涉及能源的函数主要包含在生产模块和支付模块。其中，生产模块是通过多层嵌套的 CES 生产函数来反映能源与其他初级要素之间的替代性，而支付模块则是通过投资函数来反映市场对于能源部门的投资需求。因此，在 HE 模型中，表达能源结构和效率改善的方程包括能源合成函数、能源-资本合成函数、能源-资本-劳动力合成函数和投资函数。

1) 能源合成函数

$$\mathrm{EN}_i(t) = A_{\mathrm{EN}_i} \big[\delta_{\mathrm{EN}_i} V_{1i}(t)^{-\rho_{\mathrm{EN}_i}} + (1-\delta_{\mathrm{EN}_i}) V_{2i}(t)^{-\rho_{\mathrm{EN}_i}} \big]^{-\frac{1}{\rho_{\mathrm{EN}_i}}} \tag{8-8}$$

式中：EN_i 为 i 部门两种能源（V_1—V_2）合成的一次能源数量；V_{1i}、V_{2i} 为 i 部门消耗的不同类型能源的数量；A_{EN} 为转换系数；δ_{EN} 为份额参数；$\rho_{\mathrm{EN}_i}=1/\sigma_{\mathrm{EN}_i}-1$，$\sigma_{\mathrm{EN}_i}$ 为 i 部门两种能源（V_1—V_2）之间的价格替代弹性。

2) 能源—资本合成函数

$$\mathrm{KE}_i(t) = A_{hi} \big[\delta_{hi} \overline{K}_i(t)^{-\rho_{hi}} + (1-\delta_{hi}) \mathrm{EN}_i(t)^{-\rho_{hi}} \big]^{-\frac{1}{\rho_{hi}}} \tag{8-9}$$

式中：KE_i 为 i 部门的能源—资本（EN-$\overline{K}$）合成量；$\overline{K}_i$ 为 i 部门的资本（$\overline{K}$）存量；A_{hi} 为转换系数；$\rho_{hi}=1/\sigma_{hi}-1$，$\sigma_{hi}$ 为 i 部门能源-资本 $EN-\overline{K}$ 之间的价格替代弹性。

3) 能源—资本—劳动力合成函数

$$\mathrm{KEL}_i(t) = A_{ui} \big[\delta_{ui} \mathrm{KE}_i(t)^{-\rho_{ui}} + (1-\delta_{ui}) L_i(t)^{-\rho_{ui}} \big]^{-\frac{1}{\rho_{ui}}} \tag{8-10}$$

式中：L_i 为 i 部门投入的劳动力（L）数量；A_{ui} 为转换系数；δ_{ui} 为份额参数；$\rho_{ui}=1/\sigma_{ui}-1$，$\sigma_{ui}$ 为 i 部门能源-资本-劳动力（KE-L）之间替代的价格弹性。

4) 投资函数

$$\mathrm{DK}_i = \mathrm{IS}_i \cdot \mathrm{IN}/\mathrm{PK}_i \tag{8-11}$$

在这些方程的变量和参数中，DK_i、$\overline{K}_i$、KE_i、EN_i、KEL_i、PK_i 和 DK_i 均与能源结构有关，A_{ui}、A_{hi}、$A_{\mathrm{EN}i}$、ρ_{ui}、ρ_{hi} 和 ρ_{EN_i} 则与能源效率有关。因此，影响温室气体减排的能源结构和效率改善因素，可以通过这些变量和参量加以表达。

3. 大气环境质量改善因素

影响大气环境质量的主要气态物质之一是 SO_2，大气环境质量改善简单而言即为控制 SO_2 的排放。大气中 SO_2 主要来源于化石燃料（特别是燃煤）的燃烧。现阶段，SO_2 的治理也是中国大气环境保护的首要问题。一般来说，CO_2 减排与 SO_2 排放控制是呈正比的。在治理 SO_2 污染（即改善大气环境质量）的同时，也会创造出 CO_2 的减排。

SO_2 排放控制的一种有效途径是征收硫税。在 HE 模型中，硫税的表达与碳税政策类似［式（8-1）～式（8-4）］：首先表现为对部门利润水平的影响，即在核算部门的单位产品净值时，需要在式（8-1）的基础上扣除硫税；这种影响又进而导致了国家税收结构的改变——增加了硫税收入［在式（8-1）～式（8-4）中增加硫税收入项］。

8.2.3 减排方案与 BaU 方案设计

贺菊煌等（2002）在构建 HE 模型并利用其对中国的碳税政策与社会经济发展的关系进行研究时，是以中国 1997 年的碳排放强度作为 BaU 方案的基准，并且假设在此后的 5 年内中国 CO_2 排放强度保持不变。沈可挺对中国温室气体减排的研究中也参考了该思路，并同时设计了 4 种减排方案：方案 1 综合考虑经济结构和技术进步因素，此方案亦可称为"经济-技术进步"方案；方案 2 对能源结构和效率改善进行设定，也即"能源改善"方案；方案 3 为大气环境质量因素进行综合分析，亦称为"硫税"方案；方案 4 为前 3 种方案选择的组合。在方案 1 和方案 2 的设计中，假设中国的经济-技术-能源状况将逐步接近美国，即假设在实施"清洁发展机制"（clean development mechanism，CDM）的条件下中国将在 20 年的时间内达到美国 1992 年的水平。

1. 经济-技术进步方案设计

经济-技术进步方案其本质是通过生产活动的投入产出结构、基本投资结构以及技术水平的变动来带动整个环境-经济系统整体发生改变。HE 模型是静态环境 CGE 模型，由于假设资本不能在部门间自由流动，因此，经济-技术进步因素的表达受到了极大限制。结合式（8-5）～式（8-7），则该方案可以通过三个参数——净产值函数中的 A_{vi}、投入-产出系数 a_{ji} 以及资本组成系数 sf_{ij} 的年际变化趋势来体现。其中，A_{vi} 是用于表征技术进步率的，它与全要素生产率的变化趋势基本一致。表 8-1 列出了主要发达国家全要素生产率的增长趋势。

表 8-1　主要发达国家全要素生产率的年增长率　　　　　　（单位:%）

时期	美国	日本	德国	法国	英国
1960～1973 年	1.6	5.8	2.6	4	2.3
1973～1979 年	−0.4	1.4	1.8	1.7	0.6
1979～1990 年	0.2	2	0.8	1.8	1.6

对比中国与主要发达国家的现时经济发展状况可以发现，在未来一段时期（5～10年）内，中国的经济发展状况将与 1960～1973 年的日本相似（略小于日本），因此，可以假设技术进步率 A_{vi} 的年增长率为 5%；而投入产出结构 a_{ij} 的年调整幅值则可以通过中国基年与美国 1992 年 IO 表的对比分析得到；sf_{ij} 的调整思路与 a_{ij} 类似。

2. 能源改善方案设计

能源改善因素主要包含两个部分内容，即能源结构改善和效率改善。这两个方面内容在 HE 模型中较难全面表达：首先，由于资本不能在部门间自由流动，能源结构变化很难实现；其次，由于尚不能全面掌握美国能源、经济的有关参数，故而难以进行确切的定位和数值调整。因此，在设计能源改善情景时需要进行适当的简化。

HE 模型的能源因素主要是通过能源合成函数的转换系数 A_{EN_i} 来表达，该系数也在一定程度上体现了能源的效益水平。由于 1980～1995 年中国能源效率的年增长率为 7%，因而可以假设基年后 5 年内（1998～2003 年）中国的能源效率 A_{EN_i} 的年增长率略小于 7%。该比率系数可以在具体应用时结合技术进步率进一步调整。

3. 硫税方案设计

硫税在 HE 模型中的处理较易实现。和碳税的处理类似，只需要在政府收入和企业生产成本中加入硫税部分即可。

4. 综合方案设计

综合方案主要包括两种设想：设想一［方案 4（1）］，同时考虑经济-技术进步因素和能源改善因素的最小参数变化，不考虑硫税政策；设想二［方案 4（2）］，同时考虑经济-技术进步因素、能源改善因素和硫税政策的最小参数变化，将 SO_2 的减控目标设为 5%。

8.2.4　CO_2 减排量计算

CO_2 减排量的计算主要包含减排资源量和减排强度的计算。具体的计算过程可以概括如下：

首先，计算不同减排方案各年的 BaU 值：

$$CE_t^j = cef^j \cdot GDP_t \tag{8-12}$$

$$cef^{bau} = \frac{CE_{1997}}{GDP_{1997}} \tag{8-13}$$

式中：t 为年份；j 为减排方案，当 $j=$ bau 时表示 BaU 方案；CE 为 CO_2 排放量；cef 为 CO_2 排放强度；GDP 表示国内总产值。

其次，根据各减排方案与相应 BaU 方案的 CO_2 排放强度，计算减排方案控制下的 CO_2 减排资源量和减排强度等。其中，减排资源量等于 BaU 方案下的 CO_2 排放量与对应方案控制下的 CO_2 排放量之差，即

$$CER_t^j = CE_t^{bau} - CE_t^j \tag{8-14}$$

式中：CE_t^j 为第 j 个减排方案在 t 年的 CO_2 排放量；CE_t^{bau} 为 BaU 方案在 t 年的 CO_2 排放量；CER_t^j 为第 j 种减排方案在 t 年的 CO_2 减排资源量。而减排强度等于 BaU 方案下的 CO_2 排放强度与对应方案控制下的 CO_2 排放强度之差，即

$$cefr_t^j = cef_t^{bau} - cef_t^j \tag{8-15}$$

$$cef_t^j = \frac{CE_t^j}{GDP_t^j} \tag{8-16}$$

式中：cef_t^j 为减排方案 j 在 t 年的 CO_2 排放强度；$cefr_t^j$ 为减排方案 j 在 t 年的 CO_2 减排强度。

8.2.5　模拟结果与分析

基于前文所述的 HE 模型对传统环境 CGE 模型关于碳税政策与减排驱动因素等的改进，以及 BaU 方案和减排方案的情景设计，沈可挺通过对中国的温室气体减排展开研究，进一步对比分析了各方案下的 CO_2 排放强度与 CO_2 减排资源量及其对中国 GDP 的影响。此处，结合沈可挺的研究成果，对中国的温室气体减排策略的制定、HE 模型的应用及模型存在的缺陷进行了分析。

1. 模拟结果

1）经济-技术进步方案

模拟结果表明（表 8-2），经济-技术进步方案在保证 GDP 年均增长率 5.19％ 的基础上对 CO_2 的减排效果较为显著。从表 8-2 中可以看出，在经济-技术进步条件下，中国近 5 年的 CO_2 排放强度将集中于 0.85 万～1.01 万 t/亿元 GDP，均小于基年 1.06 万 t/亿元 GDP 的排放强度，且呈逐年下降趋势，年均下降率约 4.16％。对比近 5 年 CO_2 排放强度的变化率可以发现，该方案对 CO_2 减排的影响呈线性分布。

表 8-2　经济-技术进步方案下的 GDP 与 CO_2 排放变化

时段	GDP 年增长率/％	CO_2 排放强度/(万 t/亿元 GDP)	CO_2 减排资源量/万 tC	减排率/％	CO_2 排放强度变化/％
基年	—	1.06	—	—	—
第 1 年	5.29	1.01	3508.80	4.17	−4.17
第 2 年	5.24	0.97	7223.29	8.16	−4.16
第 3 年	5.19	0.93	11150.36	11.98	−4.16
第 4 年	5.14	0.89	15293.98	15.63	−4.15
第 5 年	5.09	0.85	19666.93	19.13	−4.14

2）能源改善方案

模拟结果表明（表 8-3），在能源改善方案条件下，中国近 5 年的 CO_2 排放强度将减少 3.48％～3.52％，略小于经济-技术进步方案；该方案对 CO_2 排放强度的影响也基本呈线性；在该方案调整下，能够保证 GDP 年均约 0.23％ 的增幅。

表 8-3　能源改善方案下的 GDP 与 CO_2 排放变化

时段	GDP 年增长率/％	CO_2 排放强度/(万 t/亿元 GDP)	CO_2 减排资源量/万 tC	减排率/％	CO_2 排放强度变化/％
基年	—	1.06	—	—	—
第 1 年	0.25	1.02	2823.81	3.53	−3.53
第 2 年	0.24	0.98	5553.71	6.92	−3.52

续表

时段	GDP 年增长率 /%	CO_2 排放强度 /(万 t/亿元 GDP)	CO_2 减排资源量 /万 tC	减排率 /%	CO_2 排放强度 变化/%
第 3 年	0.23	0.95	8191.82	10.19	−3.51
第 4 年	0.22	0.91	10740.25	13.33	−3.50
第 5 年	0.21	0.88	13201.20	16.34	−3.48

3) 硫税方案

模拟结果表明（表 8-4），在硫税方案下，CO_2 减排资源量随 SO_2 减排比例的增大而增加，CO_2 减排率与 SO_2 减控目标成正比；该方案对 CO_2 排放强度的影响不再呈线性关系，而是随着 SO_2 减排比例的增大，其变化比率增加约 4%；硫税的征收对 GDP 的影响较小，GDP 基本相对基准水平略有降低，年降低幅度约 0.05%。

表 8-4　硫税方案下的 GDP 与 CO_2 排放变化

SO_2 减控目标 /%	GDP 年增长率 /%	CO_2 排放强度 /(万 t/亿元 GDP)	CO_2 减排资源量 /万 tC	减排率 /%	CO_2 排放强度 变化/%
0	—	1.06	—	—	—
5	−0.003	1.01	3498.45	4.38	−4.38
10	−0.025	0.96	6978.04	8.74	−4.56
15	−0.068	0.92	10436.35	13.08	−4.75
20	−0.136	0.87	13870.28	17.39	−4.96
25	−0.233	0.83	17275.98	21.69	−5.20

4) 综合方案

综合方案的计算结果如表 8-5 所示。

表 8-5　综合方案下的 GDP 与 CO_2 排放变化

综合方案	GDP 年增长率 /%	CO_2 排放强度 /(万 t/亿元 GDP)	CO_2 减排资源 /万 tC	减排率 /%	CO_2 排放强度的 变化率/%
基年	—	1.06	—	—	—
方案 4（1）	5.54	0.98	6324.58	7.51	−7.51
方案 4（2）	−5.54	0.93	9711.63	11.53	−4.35

模拟结果表明，同时考虑经济-技术进步和能源改善因素［即综合方案 4（1）］时，能够在保证 GDP 稳步增长的同时实现 CO_2 的减排（增长率约 5.54%），并且 CO_2 排放强度略低于单独考虑两种方案。从 CO_2 减排率看，［综合方案 4（1）］的减排率（7.51%）接近经济-技术进步和能源改善的减排率之和（4.17%＋3.53%＝7.70%）。这表明，经济-技术进步因素和能源改善因素的减排效果几乎是线性可加的。

同时，表 8-5 还表明同时考虑经济-技术进步、能源改善和硫税因素［即综合方案 4 （2）］时，能够保证 GDP 的稳步增长和 CO_2 排放量和排放强度的同步减少，且 CO_2 减排效果优于各方案独立考虑。考察 CO_2 减排率，［综合方案 4（2）］的减排率（11.52%）接近三个方案的减排率之和（4.17%＋3.53%＋4.38%＝12.08%）。这表明，经济-技术进步因素、能源改善因素和硫税因素的减排效果也几乎是线性可加的。

2. 结果分析

比较经济-技术进步方案和能源改善方案中的 CO_2 排放强度和 GDP 变化规律可以发现，后者的 GDP 增长速率与减排效果均不如前者。这从它们对 GDP 和 CO_2 排放强度的逐年影响可以看出，后者的 GDP 明显小于前者，并且 CO_2 排放强度变化率相差近 0.65%。到模拟方案的第 5 年，经济-技术进步方案生成的 CO_2 减排资源量比能源改善方案高出约 33.3%。究其原因，一方面在于经济-技术进步因素包含了相当部分的能源改善；另一方面与模型构建中对能源改善因素的不完善表达和保守估计有关。

比较经济-技术进步方案、能源改善方案和硫税方案中的 GDP 估算结果可以发现，前两个方案在控制 CO_2 排放的同时，也会促进经济的增长；而硫税方案在改善能源结构、控制 CO_2 排放的同时，却会导致整个社会经济系统的衰退。

3. 结论与分析

一般来说，CO_2 减排方案的选择原则应是在降低合法增排量、实现 CO_2 减排的同时通过提高生产效率推进中国经济发展。从这一选择标准来看，硫税方案的减排效果低于经济-技术进步方案而优于能源改善方案，但是对经济增长具有一定的负面效应；无论从 CO_2 减排强度还是减排资源量看，经济-技术进步方案的减排效果均显著优于能源改善方案和硫税方案；而 SO_2 减控目标下的综合减排方案的减排效果则明显优于单一因素方案。因此，从上述模拟结果来看，综合方案优于经济-技术进步方案、能源改善方案和硫税方案；虽然硫税方案的减排效果超过了能源改善方案，但是考虑到它对经济增长的制约，很难断定孰优孰劣。

从经济-技术进步方案和能源改善方案的分析中可知，如果经济增长是以消耗更多含碳量高的能源为前提，则"改善能源结构-提高能源效率"未必使 CO_2 排放量得到有效控制。因此，对 CO_2 减排这样具有复杂效应的政策制定来说，涉及的绝不仅仅是能源部门的生产。在经济发展过程中有效地控制 CO_2 排放，除了提高能效和改善能源结构外，更多的应该关注经济结构的改善。这既包括能源结构，也包括产业结构、产品结构、投资结构和消费结构等。

硫税方案与综合方案的模拟结果表明，应该协调考虑控制温室气体排放的政策与经济发展之间的关系。CO_2 减排不仅是一个环境问题，更是经济问题。

从模拟结果看，参数变化对 CO_2 排放强度的影响是线性的；单一因素的减排效果也几乎是线性可加的。这与模型的结构设定有关。模型在情景设计中假设不同能源、初级要素之间的替代弹性不随经济-技术进步、能源效率改善以及硫税政策的执行有所改变；中间品投入与部门总产出之间按照线性关系制定生产决策；未能突出部门投资结构与经济-技术进步、能源效率等的相互制约关系。这需要在进一步研究中加以改进。此外，基于 HE 模型得到的温室气体减排政策制定及其对中国经济发展影响研究的相关结论，还需要结合不同的模型研究加以验证。

8.3　TAIGEM-D 模型及其在温室气体减排中的应用

TAIGEM-D 模型是 1998 年由台湾环保主管部门、澳大利亚莫纳什大学政策研究中心（centre of policy studies，CoPS）等研究机构为综合考虑 CO_2 减排政策实施对总体经济、产业结构及能源供需等相关经济变量的影响，实现 CO_2 减排与经济的协调发展而合力构建的一个环境 CGE 模型。该模型以 ORANI 模型为基础，结合台湾经济结构和能源需求结构的特点对相关模块加以修改，并增加了能源经济的动态延伸设计。TAIGEM-D 模型的特别之处在于对能源产品和电力部门的细分，以及与模型相关联的丰富的数据结构（模型的数据库中包括了 CO_2 排放量、台电公司各发电机组发电量和其他能源产品的热值含量等在内的经济-能源-环境数据）。本节将重点介绍 TAIGEM-D 模型的基本结构及其数据基础，并以 Huang 等（2000）对台湾温室气体减排的研究为例，阐释该模型的优势及其在温室气体减排研究中的适用性。

一般来说，TAIGEM-D 模型对台湾温室气体减排的研究可以通过三个步骤来实现：第一，利用 TAIGEM-D 模型预测出台湾 CO_2 排放的基线数据；第二，将模型预测得到的基线数据与其他模型模拟结果进行对比，检验模型的正确性；第三，基于预测得到的 CO_2 排放基线进行情景假设，进一步模拟计算不同能源政策实施对 CO_2 减排的影响。

8.3.1　TAIGEM-D 模型特点

TAIGEM-D 模型属于单国（或单区域）动态环境 CGE 模型，以 IO 表与国民经济核算为基础，通过动态机制的引入和价格的内生求解，实现对不同政策影响下的未来总体经济（GDP）、部门产出、初级要素供求以及 CO_2 排放等环境-经济变量的预测。此外，不同于结构的经济分析模型，TAIGEM-D 模型还可用于预测环境-经济系统有关变量的成长路径。如模型可用于模拟分析温室气体减排措施的施行对未来经济体系成长路径的影响。

1. 模型结构

1）动态机制

根据 Dixon 和 Parmenter（1996）的研究，环境 CGE 模型的动态机制可以分为 4 类：①投资是外生给定的递归模型；②投资是内生决定的递归模型，即第 $t+1$ 期的投资与资本累积是由第 $t+2$ 期的预期报酬率来决定，而预期报酬率则是由第 $t+1$ 期的资本实际报酬与成本决定；③非递归的跨期模型；④优化投资行为的非递归跨期模型。TAIGEM-D

模型的动态变化是通过第二类动态机制实现的。由于生产行为动态机制的设定以及对所涉及的产业投资、资本存量变动和预期投资报酬率等的假设，TAIGEM-D 模型的 CO_2 基线预测可以通过产业部门生产投资行为的动态机制来实现。TAIGEM-D 在求解时以基准年的 IO 表数据作为第一年模拟期初的初始值，然后借由第一年外生变量变动下的内生变量影响计算，得到第二年的初始值，以此类推，得到未来各年的模拟结果。

2）非电力生产部门

TAIGEM-D 模型的产业部门区分为非电力部门和电力部门。对于非电力部门，模型综合考虑了煤、煤制品、煤油、汽油、燃料油、柴油、炼油气、燃气、天然气以及电力 10 种能源要素投入，采用基于多层嵌套 CES 生产函数来描述其生产结构。

3）电力生产部门

为凸显电力部门在温室气体减排中的重要性，TAIGEM-D 模型引进了技术配套（technology bundle）法来刻画其生产结构。技术配套法的引进使得 TAIGEM-D 模型一方面保留了电力部门、能源部门与非电力部门之间的互动反馈关系，另一方面也真实地反映了电力生产技术之间的可替代性。

TAIGEM-D 模型将电力生产技术按照不同的发电机组及不同的燃料投入分为 10 种：水力发电、火力发电-汽力机组-燃油、火力发电-汽力机组-燃煤、火力发电-汽力机组-燃气、火力发电-复循环机组-燃油、火力发电-复循环机组-燃气、火力发电-气窝轮机组-燃油、火力发电-气窝轮机组-燃气、火力发电-柴油机机组以及核能发电等。各发电机组产出的电力全部输送至输配电部门进行统一销售。在技术配套法中，电力部门的总产出（即输配电部门的产出）为各电力生产技术产出的 CRESH（constant ratios of elasticities of substitution，homothetic）函数[1]，而各电力生产技术的要素投入与其电力产出之间的关系用 Leontief 生产函数表示。因此，当各电力生产技术间的相对成本发生变动时，输配电部门可相应地根据成本最小化原则调整电力生产技术的组合[2]。

2. 数据基础

TAIGEM-D 模型的基本数据来源于台湾行政主管部门编制的 1994 年台湾 150 部门

---

[1]　CRESH 函数为 CES 函数的一般化形态，其函数形式为 $\sum_{i=1}^{n}[X_i/Z]^{h_i}Q_i/h_i = \alpha$，式中：$Z$ 为总产出，X_i 为要素投入量，Q_i、h_i 及 α 为参数，其中，$0 \neq h_i < 1$，$Q_i > 0$，且 $\sum_{i=1}^{n}Q_i = 1$。若 $h_i = h$，则上述函数形式便成为 CES 函数。CRESH 函数与 CES 函数的不同之处在于：在 CES 函数中，任意两种要素间的替代弹性均相同；而在 CRESH 函数中，要素 1 与要素 2 间的替代弹性不同于要素 2 与要素 3 间的替代弹性。有关 CRESH 函数之详细介绍请参阅 Hanoch（1971）。

[2]　若要处理未来电力生产新技术，如汽电共生、新的再生能源（如风力发电、太阳能发电）以及核电扩张的限制性等新能源、新技术的使用和研发（如 CO_2 回收再处理）以及核能政策的评估，则需要更为详细的数据（如价格、成本与产值等）作为支撑。只有将 IO 表进行拆解，才能进一步将这些数据纳入到 TAIGEM-D 模型相关的数据库中。

IO 表[①]以及各产业部门的资本存量、资本折旧历史值与预测值等的时间序列数据。在 TAIGEM-D 模型中，各产业部门的 CO_2 排放系数需要首先经政府气候变迁专家小组取得各能源级别的碳排放系数；然后将模型数据库中的各产业部门能源使用的价值量数据转换为热量值数据，再乘以能源级别的碳排放系数即可加总得到各产业部门的 CO_2 排放总量；最后将各产业部门的 CO_2 排放总量除以产业产值得到。

3. 情景设定

TAIGEM-D 模型在台湾 CO_2 基线预测及减排中的研究主要考虑了两种不同的 GDP 增长情景：①将 GDP 增长率设为内生，而将 GDP 恒等式中主要变量视为外生；②将 GDP 增长率设为外生，参考环保署模型整合会议中提供的经济增长率预测值。

8.3.2　TAIGEM-D 模型的 CO_2 排放基线预测

基线或称参考情景（reference case），是指国家（或地区）在给定人口、技术与经济增长率等外生变量，且不考虑温室气体减排政策实施的情况下，对相关内生经济变量增长率的预测（Huang et al.，2000）。为了制定合适的温室气体减排策略（包括能源、产业及环境等方面的策略），建立可靠的 CO_2 排放基线数据是最根本且最重要的工作之一。本节将以 Huang 等（2000）的研究为例，重点介绍 TAIGEM-D 模型确定 CO_2 排放基线的过程。

进行 CO_2 排放基线预测的首要前提是确定管制基准年、减量基准年以及减量时程。目前，台湾 CO_2 排放基线预测研究一般将管制基准年设定为 1990 年、减量基准年设定为 2000 年，而减量时程则定于 2020 年。由于 Huang 等（1999）的研究是以台湾 1994 年 150 部门 IO 表数据为基期展开的，因此，管制的基准年定于 1995 年，减量基准年和减量时程的设定与其他研究一致。在确定了基准年和减量时程后，首先要解决的是封闭准则的设定。

1. 基线预测封闭准则的设定

1）历史模拟

根据基准年和减量时程的设计，TAIGEM-D 模型的历史模拟阶段是 1995～1998 年，在该阶段需要引用历史数据对封闭准则进行模拟。由于 1995～1998 年消费、投资、政府消费、出口、汇率及劳动雇用量等变量的增长率均可由台湾行政主管部门出版的《国民经济动向统计季报》中得到，为提高模型的模拟精度，TAIGEM-D 模型选择将这些经济变量设为外生。

2）修正阶段

1999 年是修正阶段，需要根据经济变量增长率数据是否可得来修改模型的外生变

---

① 需要根据研究主题的需求集结或针对某些特定的产品及产业予以细分。

量设定。修正阶段的外生变量选择与历史模拟时期类似，但需要注意两方面问题：①历史模拟中将劳动力总量设为外生，而基线预测时还未取得 1999 年的就业人口年增长率数据，因此需要把 1999 年模拟中的劳动力总量设为内生，由实质工资的内生调整及模型中其他变量间的互动来决定。②1995～1998 年的历史模拟是以综合物价指数为标准，而 1999 年的模拟则是以消费者物价指数（consumer price index，CPI）为基准。

3）基线预测

2000～2020 年是基线预测阶段。该阶段处理的关键是将历史模拟中的内、外生变量进行互换，对未来的 CO_2 排放基线进行预测，即需要将 GDP 恒等式中在历史模拟时期设定为外生的消费、投资、政府消费、出口及进口等变量均改设为由模型内生决定。

2. CO_2 排放基线预测结果

TAIGEM-D 模型的基线预测结果表明，将 GDP 增长率设为内生时，预测得到的 2020 年台湾 CO_2 排放量为 4.81 亿 t，化石能量燃烧排放的 CO_2 量为 4.55 亿 t；反之，若将 GDP 增长率设为外生，即参考环保署模型整合会议中所提供的经济增长率预测值来设定 GDP 的外生增长率，所预测得到的 2020 年台湾 CO_2 排放量为 5.40 亿 t，化石能量燃烧产生的 CO_2 排放量为 5.16 亿 t。

3. CO_2 排放基线预测结果比较

目前，应用较为广泛的 CO_2 排放基线预测模型主要包括：投入产出模型，环境 CGE 模型，线性与非线性规划模型，多目标规划模型，计量模型，融合能源与总体经济模型。Huang 等（1999）在进行 CO_2 排放基线预测时，还选取了 MARKAL 模型[①]、MARKAL-MACRO 模型[②]、TAIGEM 能源需求模型[③]和状态空间预测法[④]的模拟结果与其进行对比，检验了 TAIGEM-D 模型预测结果的准确性及其在温室气体减排研究中的适用性。

---

　　① MARKAL 模型属于动态线性规划模型。该模型以参考能源系统为基础，能够较为完整地描述能源系统的开采、加工、转换、分配以及最终使用过程。MARKAL 模型通过给定的能源需求和污染物排放量限制条件，结合供能成本约束实现对 CO_2 排放基线的预测。

　　② MARKAL-MACRO 模型属于动态非线性规划模型。该模型是在耦合宏观经济模型 MACRO 和 MARKAL 模型的基础上形成的，模型的目标函数是规划期内消费的总贴现效用最大（效用函数采用对数形式）。通过集成新古典主义宏观经济学增长理论以及参考能源系统的生产决策过程，MARKAL-MACRO 模型不仅能够考虑城市化与工业化对宏观经济与能源消费的影响，预测未来社会的能源消费；而且能够进一步考虑能源效率与结构的改变，对 CO_2 排放量与排放基线进行测算。

　　③ TAIGEM 能源需求模型是由 TAIGEM-D 模型开发团队研发的、能够综合考虑技术配套（Technology Bundle）与能源替代机制的环境 CGE 模型。该模型以 ORANI 模型为基础，结合台湾总体经济、产业结构及能源供需特质，通过自上而下与自下而上法结合的模型构建方法形成。模型的基本结构和 TAIGEM-D 模型类似。

　　④ 状态空间预测（state space）模型是一种结构化模型，属于计量模型范畴。该模型建立了可观测变量和系统内部之间的关系，通过估计各种不同的状态向量达到分析和预测的目的，具有良好的统计性质，可以对模型同时进行估计、预测和检验，保证了模型预测的精度和可信性。状态空间预测模型是 CO_2 排放基线预测的一种有效方法。该方法综合考虑了 15 种能源要素，其中包括煤、石油和天然气 3 种初级能源以及 12 种经由初级能源炼制或转换而产生的次级能源。

1）与 MARKAL 模型和 MARKAL-MACRO 模型的比较

将 TAIGEM-D 模型的 CO_2 排放基线预测结果与 MARKAL 模型和 MARKAL-MACRO 模型的结果进行比较，可以看出，TAIGEM-D 模型与 MARKAL 模型的模拟结果具有较多的共同点。这主要是因为两个模型的基准情景是基于共同的假设建立的。在这一系列基本假设条件下，MARKAL 模型预测的 2020 年我国化石能源燃烧所产生的 CO_2 排放量为 4.64 亿 t，TAIGEM-D 模型预测的排放量为 5.16 亿 t。而 MARKAL-MACRO 模型基于 BaU 情景及高、中、低经济增长率 4 种情景模拟得到的 2020 年台湾省的 CO_2 排放基线分别为：BaU 情景下为 5.60 亿 t，高经济增长率情景下为 6.50 亿 t，中经济增长率情景下为 5.57 亿 t，低经济增长率情景下为 4.70 亿 t。

2）与 TAIGEM 能源需求模型和状态空间预测法的比较

将 TAIGEM-D 模型在 GDP 增长率内生设定情景下的预测结果与 TAIGEM 能源需求模型和状态空间预测法的模拟结果进行对比容易发现，TAIGEM-D 模型预测得到的 2020 年化石能源燃烧的 CO_2 排放基线为 4.55 亿 t，TAIGEM 能源需求模型所预测结果为 4.00 亿 t，而利用状态空间预测法仅能预测到 2015 年，且其预测结果为 3.28 亿 t。不同模型预测结果存在差异性的原因在于，TAIGEM 能源需求模型和状态空间预测法在对 CO_2 排放量基线进行预测时并未将石灰石制造过程中排放的 CO_2 计算在内，因此其预测值相对 TAIGEM-D 模型略低。但总体来看，三个模型的估计结果较为一致。因此，利用 TAIGEM-D 模型对 CO_2 的排放量基线进行预测，其结果具有相当高的可靠性。这同时也间接反映了 TAIGEM-D 模型理论基础与整体架构的可靠性以及在温室气体减排领域研究的适用性。

8.3.3　基于 TAIGEM-D 模型的温室气体减排

降低温室气体排放的首要工作在于减少能源使用、节约能源，即通过能源的减少实现 CO_2 的减排效果。以全国能源会议结论之一——至 2020 年累积节能 28％作为情景设定，Huang 等（2000）进一步采用 TAIGEM-D 模型对 CO_2 的未来排放量进行了预测。

在 0 核四基准下，若自 2001 年起开始以"提升能源使用效率"为手段来节约能源，则要于 2020 年达到累积节能 28％，平均年能源密集度下降率约为 1.4％。研究结果表明，截至 2020 年可实现 CO_2 减排约 21％。

8.3.4　TAIGEM-D 模型的发展方向

TAIGEM-D 模型除了可用于 CO_2 排放基线预测、温室气体减排研究外，还可用于对未来能源需求的走势及其对总体经济变化的影响分析。为了使 TAIGEM-D 模型的模拟结果更加精确，未来还需要从 4 个方面对该模型进行改进，包括 IO 表的更新、替代弹性值的估计、纳入其他温室气体和减排情景设计等。

1. IO 表的更新

数据库的质量在很大程度上决定了模型的模拟精度。在 TAIGEM-D 模型中，数据库的更新与维护是进行历史模拟、基线预测、结果仿真以及政策探索的重要保证。目前环境 CGE 模型所采用的 IO 表多为 1994 年的资料，台湾行政主管部门已经在 2000 年出版了台湾省 1996 年 IO 表，因而有必要对模型的数据库进行更新。在 TAIGEM-D 模型的投入产出数据库更新后，将可更进一步提高 CO_2 排放基线和 CO_2 减排量的预测精度。

2. 替代弹性值的估计

目前，TAIGEM-D 模型对于要素间替代弹性的估计尚存在大的发展空间。一般来说，TAIGEM-D 模型弹性值的估计可以从以下几个方面进行加强：①估计数据的更新与弹性重估计；②主要产品进口替代弹性的估计；③不同部门资本、劳动力与能源要素间替代弹性的估计；④不同机构账户对不同来源产品的需求弹性估计等。

3. 纳入其他温室气体

《京都议定书》中指出工业国以个别或共同方式将人为排放的 6 种温室气体 CO_2、CH_4、N_2O、SF_6、全氟碳化合物和氢氟碳化合物全部纳入管制。除探讨 CO_2 减排的政策模拟情景分析外，还需进一步搜集 CH_4、N_2O 等温室气体的数据，将其加入到 TAIGEM-D 模型数据库中，使模型对于温室气体减排的估计更加精确。

4. 减排情景的设计

除节约能源的情景外，还需对其他相关减排情景进行模拟分析（如提升燃气、燃煤或燃油机组的发电热效率、征收碳税以及取消能源价格补贴等），以提供不同情景下的温室气体减排模拟结果比较分析，有助于决策者制定适用的减排策略。

8.4　华北地区干旱影响评估

我国是一个气象灾害多发的国家，干旱对我国国民经济发展影响巨大。我国干旱灾害持续时间长、影响范围广。多年的统计资料显示，干旱影响面积占全国气象灾害影响面积的 50%。对干旱展开研究具有十分重要的现实意义。

华北地区覆盖河北、山西、山东、内蒙古、河南、北京、天津五省两市，占我国国土总面积的 1/5、全国耕地面积的 1/3，是中国主要的商品粮基地，同时也是我国干旱灾害最为严重的区域之一（国家防汛抗旱总指挥部办公室，1997；马柱国，2007；阮新等，2008）。山东省、河南省与河北省耕地资源丰富，光热条件好，是我国重要的农业经济区和粮、棉、油产区；而内蒙古自治区则是我国主要的畜牧业基地之一（丁希滨等，1992；张强和肖风劲，2004）。长期以来，干旱，特别是春旱，一直是影响华北地区农业生产的重要因素。尤其是 20 世纪末与 21 世纪初的严重干旱,对华北地区的农业生产造成了极大的威胁(表 8-6),使这一地区乃至全国的经济、生态及人民生活受到严重影响。

表 8-6　1995~2007 年华北地区历年旱灾影响统计表

年份	受灾面积 /万 hm²	成灾面积 /万 hm²	绝收面积 /万 hm²	粮食作物因旱 减产量/万 t
1995	752.9	289.2	41.6	660.8
1996	850.9	262.7	28.2	680.1
1997	1439.8	922.1	154.2	1774.5
1998	496.2	153.7	29.6	428.4
1999	1514.7	831.5	236.8	1959.7
2000	1415.2	899.2	265.0	1933.9
2001	1265.2	838.1	227.6	1740.7
2002	1105.5	684.1	166.9	1455.3
2003	598.5	325.1	80.9	716.2
2004	372.3	221.1	69.7	537.4
2005	474.2	222.2	70.9	591.0
2006	560.5	362.7	54.4	734.7
2007	733.5	437.2	171.6	1170.8

资料来源:《中国统计年鉴》与《中国农业年鉴》。

华北地区的干旱极大地制约了当地农业生产的发展,并在一定程度上影响我国农产品的供给与整个市场经济的稳定。因此,分析这一地区干旱对农业经济的影响,对未来可能出现的干旱灾情进行预测,为制定干旱灾害的预防措施提供科学依据,具有十分重要的意义。环境 CGE 模型作为环境-经济系统的分析工具,能够紧密联系环境变化与经济发展,因而特别适合用来进行干旱的经济影响评估分析。

8.4.1　数据基础

用于华北地区干旱影响评估的环境 CGE 模型其基本数据来源于 2008 年国家统计数据。在构建环境 CGE 模型前,需要通过收集华北地区的环境、经济统计数据建立适合于模型研究的 ESAM。由于本研究的重点在于探索华北地区干旱对全国农业经济和农产品市场价格的影响,在建立 ESAM 时将活动账户细分为 9 个部门,包括 8 个农业部门(水稻种植、小麦种植、玉米种植、豆类种植以及猪的饲养、奶牛的饲养、肉牛的饲养和家禽的饲养)和 1 个其他国民经济活动部门;对应地将商品账户也分为 9 类,分别为稻米、小麦、玉米、豆类和猪肉、牛奶、牛肉、蛋类以及其他产品等;将初级要素账户分为 3 类,即资本、劳动力和土地。其中,农业生产的中间品投入与要素投入取自国家统计局农村调查数据;农产品消费、政府采购、进出口贸易等来自国家统计数据;干旱灾害数据由科技部、国家减灾委提供的调查数据汇集而成(表 8-7)。

表 8-7　本研究涉及的初始变量及数据个数

变量	含义	数据个数
Xp_i	家庭对第 i 种产品的需求量	9
Xg_i	政府对第 i 种产品的需求量	9
Xv_i	投资对第 i 种产品的需求量	9
F_{hj}	第 j 种产品生产过程中投入的第 h 种要素的量	27
Y_j	第 j 种产品生产过程中的增加值	9
X_{ij}	第 j 种产品生产过程中对中间投入品 i 的需求量	81
Z_j	第 j 种产品的国内生产量	9
FF_h	第 h 种要素的总量	3
E_i	第 i 种产品的出口数量	9
M_i	第 i 种产品的进口数量	9
Td	直接税	1
Q_i	第 i 种综合产品的市场供给量	9
S	家庭储蓄总量	1
Sg	政府储蓄总量	1
Sf	国外储蓄总量	1
Pwe_i	第 i 种产品的出口价格（外币表示）	9
Pwm_i	第 i 种产品的进口价格（外币表示）	9
T_j	间接税	9
Tm_j	关税	9

注：i、j 表示水稻、小麦、玉米、豆类、猪肉、牛肉、蛋类和奶制品 8 种农产品和 1 种其他产品；h 表示资本、劳动力和土地三种要素。

8.4.2　模 型 结 构

　　环境 CGE 模型具有均衡性与系统性特点。在进行干旱影响评估时，干旱冲击可以通过影响各种产品的供需与替代关系来实现对整个农产品市场价格的调整。由于本研究并不涉及对干旱机理及旱情减缓政策的分析，因此，在构建模型时，还需要在传统环境CGE 模型的基础上对模型结构有所改进，仅保留生产模块、收入模块、贸易与价格模块、支付模块以及市场均衡和宏观闭合模块。

　　生产模块选用 C-D 生产函数和 Leontief 生产函数嵌套来描述部门的生产情况。其中，增加值的形成采用 C-D 生产函数形式，其他国民经济活动的产出采用 Leontief 生产函数。由于土地要素的生产力与干旱密切相关，因此，在处理生产模块时，模型还引入了一个变量表示灾损率。生产模块的方程具体形式表述如下。

1. 活动的产出

$$Z_j = \min\left\{ \frac{X_{1j}}{ax_{1j}}, \frac{X_{2j}}{ax_{2j}}, \cdots, \frac{X_{ij}}{ax_{ij}}, \frac{Y_j}{ay_j} \right\} \tag{8-17}$$

式中：Z_j 为部门的最终产品产量；X_{ij} 为中间品 i 的投入量；Y_j 为增加值的投入量；

ax_{ij} 与 ay_j 分别为中间品投入和增加值的消耗系数。

当生产达到最优化时，部门的最终产出和中间品的投入需求可以表示为

$$Z_j = \frac{Y_j}{ay_j} \tag{8-18}$$

$$X_{ij} = ax_{ij}Z_j \tag{8-19}$$

2. 增加值的形成

$$Y_j = (1 - a_j)b_j \prod_h F_{hj}^{\beta_{hj}} \tag{8-20}$$

式中：a_j 为灾损率；b_j 为规模参数；F_{hj} 为投入的第 h 种初级要素的数量。

当产品的生产达到最优时，各要素的需求函数为

$$F_{hj} = Y_j \left(\frac{\beta_{hj} Py_j}{r_h} \right) \tag{8-21}$$

式中：Py_j 为增加值的价格；r_h 为初级要素的价格。

模型其他模块的构建方式与传统环境 CGE 模块一致。模型以效用最大化为目标函数进行求解，即

$$\max UU = \prod_i Xp_i^{g_i} \tag{8-22}$$

式中：Xp_i 为家庭消费的商品 i 的量。

当旱灾发生时，部门的生产活动首先受到冲击，进而引起机构（包括居民、政府和企业）收入、市场贸易与价格、消费活动以及市场均衡的变动。整个环境-经济系统在该冲击的作用下，重新调整机构的收入和消费分配，改变产品价格，最终实现新的均衡。

8.4.3　情景设计

由 1995～2007 年旱灾对粮食生产影响的统计数据可以看出，华北地区因旱灾损失的水稻数量占全国水稻总产量的比例均在 0.13%～0.43%，损失的小麦数量占全国小麦总产量的比例为 1.88%～9.60%，损失的玉米数量占全国玉米总产量的比例为 1.41%～7.74%，损失的豆类数量占全国豆类总产量的比例为 0.82%～3.84%（表 8-8）。

表 8-8　1995～2007 年华北地区粮食因旱损失量占全国产量的比例　　（单位：%）

年份	水稻	小麦	玉米	豆类
1995	0.16	3.16	2.53	1.37
1996	0.15	2.98	2.33	1.41
1997	0.39	7.24	7.04	3.62
1998	0.09	1.88	1.41	0.82
1999	0.43	8.49	6.52	3.84
2000	0.43	9.60	7.74	3.78
2001	0.30	9.00	6.78	3.35

续表

年份	水稻	小麦	玉米	豆类
2002	0.34	7.57	5.42	2.40
2003	0.15	4.05	2.74	1.11
2004	0.13	2.76	1.85	0.91
2005	0.13	2.80	1.99	0.85
2006	0.17	3.09	2.28	1.14
2007	0.26	4.87	3.65	1.92

资料来源：《中国统计年鉴》与《中国农业年鉴》。

　　为分析华北地区干旱对全国农产品价格的影响，本研究设定了轻度干旱、中度干旱与重度干旱三种情景。轻度干旱情景假设华北地区因旱灾损失的粮食数量占全国粮食总产量的比例为 1995～2007 年的最低值，中度干旱情景假设该比例为 1995～2007 年的平均值，重度干旱情景假设其为 1995～2007 年的最高值（表 8-9）。例如，小麦的损失比例在轻度干旱情景下为 1.88%，中度干旱情景下为 5.19%，重度干旱情景下为 9.60%。

表 8-9　不同情景下华北地区因旱损失粮食数量占全国粮食总产量的比例　　（单位：%）

粮食作物	轻度干旱情景	中度干旱情景	重度干旱情景
水稻	0.13	0.24	0.43
小麦	1.88	5.19	9.60
玉米	1.41	4.02	7.74
豆类	0.82	2.04	3.84

8.4.4　模拟结果分析

1. 模拟结果

　　基于环境 CGE 模型，本研究模拟了华北地区处于轻度、中度和重度干旱三种情景下，全国农产品价格的变化。研究结果表明，不同程度干旱的发生将导致农产品价格不同幅度的上涨。其中，重度干旱情景下农产品价格平均上涨幅度最大，中度干旱情景次之，轻度干旱情景下的农产品价格上涨幅度最小。

　　轻度干旱情景下，我国的水稻、小麦、牛肉的价格相对于不发生灾害时上涨了 0.67%，而玉米、猪肉、蛋类与奶制品的价格上升了 0.56%，豆类价格上涨了 0.57%（表 8-10）。上述结果表明，虽然华北地区不是水稻的主产区，当地干旱对全国水稻产量的影响并不大，但水稻作为小麦的主要替代品，当小麦的产量遭受损失时，会导致水稻的需求增加，从而引发水稻价格的上涨。豆类、玉米与小麦相比价格上涨较小，这主要是因为华北地区的豆类与玉米产量相对较少，分别占全国总产量的 4.5% 和 2.0% 左右，华北地区干旱对全国尺度的两类作物价格的影响主要通过消费需求变化来实现，影响相对较小。猪肉、蛋类与奶制品的价格也发生相应幅度的上涨，主要是由于上述三种农产品的生产主要以玉米为饲料，玉米价格的上涨，导致了三种产品的生产成本增加。而牛肉价格的较大幅度上涨则是由于华北地区拥有我国肉牛业发展最为迅速的地带——中原农区，同时拥有牛肉产量最大的省份——内蒙古自治区，在我国牛肉市场占有举足轻重的地位，干旱发生导致的牛肉生产成本上涨，给全国牛肉市场带来较大影响。

表 8-10　华北地区旱灾对全国农产品市场价格变动的影响

主要农产品	轻度干旱情景	中度干旱情景	重度干旱情景
水稻	100.67	101.78	103.57
小麦	100.67	101.89	103.56
玉米	100.56	101.79	103.57
豆类	100.57	101.72	103.56
猪肉	100.56	101.78	103.56
牛肉	100.67	101.91	103.59
蛋类	100.56	101.79	103.47
奶制品	100.56	101.79	103.46

注：华北地区不发生旱灾时的全国农产品市场价格指数为 100。

中度干旱情景下，我国的玉米、猪肉、蛋类与奶制品较不发生干旱，价格上涨的幅度为 1.78%～1.79%，小麦价格上涨 1.89%，略高于水稻价格涨幅（水稻价格上涨 1.78%）；豆类价格的上涨幅度最小，但也达到 1.72%；牛肉价格的上涨幅度最大，达 1.91%。干旱对玉米产量的影响间接地传递给了猪肉、蛋类和奶制品，导致后三种农产品价格同步上调。而小麦与水稻的价格变化幅度差异也在中度干旱情景下充分体现出来。并且，相对于轻度干旱情景而言，牛肉价格的上涨幅度明显高于其他农产品，充分证明华北地区在全国牛肉市场的地位。

重度干旱情景下，我国的水稻、小麦、玉米、豆类和猪肉价格相对于不发生灾害时上涨了 3.56%～3.57%；牛肉价格的涨幅仍属最大，为 3.59%，但与水稻、小麦、玉米、豆类、猪肉之间的涨幅差距缩小；而蛋类和奶制品的涨幅较小，分别为 3.47% 和 3.46%。上述结果表明，严重的干旱削弱了对牛肉、蛋类和奶制品的市场消费需求，而转变为对水稻、小麦、玉米、豆类和猪肉 5 种最基本农产品的需求。

2. 结论与分析

开展了华北地区干旱对我国农产品价格影响的评价研究。通过刻画农产品的供给、需求及供需均衡关系，构建了区域干旱影响评估的环境 CGE 模型，并基于该模型以华北地区为案例区，模拟了轻度、中度和重度三种干旱情景下的华北地区干旱引起的全国主要农产品市场价格的变化，定量分析了华北地区的干旱对我国主要农产品市场价格的影响。研究结果表明，华北地区干旱将导致我国主要农产品价格的全面上涨。其中，轻度、中度和重度干旱情景下的农产品价格较不发生干旱时分别平均上涨 0.60%、1.81% 和 3.54%。此处所得到的结论可以为科学评估干旱对我国农产品市场的影响、制订防灾减灾规划，保障华北地区农业增产、农民增收，确保国家粮食安全及社会经济的可持续发展提供了一定的决策参考信息。

　　由于构建的区域干旱影响评估环境 CGE 模型并不涉及社会经济的所有部门,因而能够很好地表达不同农业部门之间的联动作用机制,在解释旱灾对国家尺度的农产品价格影响时也能突显出其机理性。然而,当关注干旱对农业部门以外的其他经济行为的影响时,该模型便不再适用。

8.5　小　　结

　　本章阐述了环境 CGE 模型在气候变化影响研究中的应用。随着世界经济的发展以及全球气候问题的凸显,许多环境 CGE 模型开始逐渐用于估计温室气体的排放、分析减碳政策的影响以及估算气候灾害的社会经济效应。本章首先评述了当前用于气候变化影响研究的典型环境 CGE 模型,进而详细阐述了 HE 模型与 TAIGEM-D 模型在温室气体减排中的应用以及环境 CGE 模型在华北地区干旱影响评估中的应用。

　　气候变化必将带来社会经济系统的改变。倘若决策不当,气候保护政策可能对社会经济系统带来负面效应,气候灾害也将导致更为严重的社会经济损失。环境 CGE 模型对环境-经济系统良好的综合分析能力,能够全面、定量分析应对气候变化的政策实施对社会、经济和生态系统的影响,评估气候灾害导致的社会经济损失。本章对环境 CGE 模型在气候变化影响研究中的应用也同时表明,通过一系列的情景假设与对比分析,环境 CGE 模型能够为应对气候变化提供政策分析的工具,为决策部门提供有效的参考信息。随着在数据获取、参数估计与情景设计等方面的改进,环境 CGE 模型必将得到更广泛的应用。

参 考 文 献

陈文颖, 高鹏飞, 何建坤. 2004. 用 MARKAL-MACRO 模型研究碳减排对中国能源系统的影响. 清华大学学报
　　(自然科学版), 44 (3): 342-346.
丁希滨, 肖培强, 宋民. 1992. 自然灾害对山东省主要农作物的危害及防治对策. 中国减灾, 2 (3): 37-39.
冯佩芝, 李翠金, 李小泉, 等. 1985. 中国主要气象灾害分析 (1951~1980). 北京: 气象出版社.
高育峰. 2003. 干旱对农业生产的影响及应对策略. 水土保持研究, 10 (1): 90-91.
国家防汛抗旱总指挥部办公室. 1997. 中国水旱灾害. 北京: 中国水利水电出版社.
贺菊煌, 沈可挺, 徐嵩龄. 2002. 碳税与二氧化碳减排的 CGE 模型. 数量经济技术经济研究, 10: 39-47.
李翠金. 1999. 华北异常干旱气候事件及其农业影响评估模式的研究. 灾害学, 14 (1): 65-69.
刘颖秋. 2009. 干旱灾害对我国社会经济影响研究. 北京: 中国水利水电出版社.
陆文聪, 黄祖辉. 2004. 中国粮食供求变化趋势预测: 基于区域化市场均衡模型. 经济研究, 8: 94-104.
马纲, 郑玉歆, 樊明太. 1999. 征收碳税、实行 CO_2 减排对中国经济影响的分析. 北京: 社会科学文献出版社.
马柱国. 2007. 华北干旱化趋势及转折性变化与太平洋年代际振荡的关系. 科学通报, 52 (10): 1199-1206.
阮新, 刘学锋, 李元华. 2008. 河北省近 40 年干旱变化特征分析. 干旱区资源与环境, 22 (1): 50-53.
沈可挺. 2002. CGE 模型在全球温室气体减排中国国家战略研究中的应用分析. 中国社会科学院硕士学位论文.
王灿, 陈吉宁, 邹骥. 2003. 可计算一般均衡模型理论及其在气候变化研究中的应用. 上海环境科学, 22 (3): 206-212.
王灿, 陈吉宁, 邹骥. 2005. 基于 CGE 模型的 CO_2 减排对中国经济的影响. 清华大学学报 (自然科学版), 45

(12)：1621－1624.

王志伟，翟盘茂. 2003. 中国北方近 50 年干旱变化特征. 地理学报，58（增刊）：61－68.

魏涛远，Glomsrod S. 2002. 征收碳税对中国经济与温室气体排放的影响. 世界经济与政治，8：47－49.

张强，肖风劲. 2004. 2004 年全国干旱灾害及其影响. 中国减灾，4：38－40.

郑玉歆，马纲. 2001. 环保目标对经济发展影响一般均衡分析. 见：郑玉歆. 环境影响的经济分析——理论、方法与实践. 北京：社会科学文献出版社.

Bernstein P M, Montgomery W D, Rutherford T F. 1999a. Global impacts of the Kyoto agreement：results from the MS-MRT model. Resource and Energy Economics, 21 (3-4)：375－413.

Bernstein P M, Montgomery W D, Rutherford T F. 1999b. Trade impacts of climate policy：the MS-MRT model. Energy and Resource Economics, 21：375－413.

Burniaux J M, Martin J P, Nicoletti G, et al. 1991. GREEN-A multi-region dynamic general equilibrium model for quantifying the costs of curbing CO_2 emissions：a technical manual. OECD Economics Department Working Papers 104, OECD, Economics Department.

Burniaux J M. 2000. A multi-gas assessment of the Kyoto Protocol. OECD Economics Department Working Papers 270, OECD, Economics Department.

Dixon P B, Parmenter B R 1996. Computable general equilibrium modelling for policy analysis and forecasting. *In*：Anmman H M, Kendrick D A, Rust J. Handbook of Computational Economics. Amsterdam：Elsevier：3－85.

Farmer K, Steininger K W. 2004. Reducing CO_2-emissions under fiscal retrenchment：a multi- Cohort CGE-model for Austria. Environmental and resource Economics, 13 (3)：309－340.

Garbaccio R F, Ho M S, Jorgenson D W. 1999. Controlling carbon emissions in China. Environment and Development Economics, 4：493－518.

Hanoch G. 1971. CRESH production functions. Econometrica, 39 (5)：695－712.

Horridge M, Madden J, Wittwer G. 2005. The impact of the 2002-2003 drought on Australia. Journal of Policy Modeling, 27：285－308.

Horridge M, Wittwer G. 2007. The economic impacts of a construction project，using SinoTERM, a multi-regional CGE model of China. General Working Paper No. G-164, Centre of Policy Studies and the Impact Project.

Huang C H, Hsu S H, Li P C, et al. 1999. The Cost-Benefit Analysis for Greenhouse Gas Abatement：the Construction of AIGEM and its Economy-wide Assessment for Abatement Strategies. EPA Commission Research Project No. EPA-88-FA31, Environmental Protection Administration, Taipei.

Huang C H, Li P C, Lin H H, et al. 2000. Baseline Forecasting for Carbon Dioxide Emissions with TAIGEM-D. International Conference on Global Economic Transformation after the Asian Economic Crisis, Hong Kong.

Lee H, Martins O J, van der Mensbrugghe D. 1994. The OECD GREEN model：an updated overview. OECD Economics Department Technical Paper No. 97, OECD, Development Centre.

Liang C Y, Jorgenson D W. 2003. Effect of energy tax on CO_2 emissions and economic development in Taiwan. 1999~2020. In：Chang C C, Mendelsohn R, Shaw D (eds). Global Warming and the Asian Pacific. Massachusetts：Edward Elgar Publishing.

McKibbin W J, Wilcoxen P J. 1992. G-Cubed：a dynamic multi-sector general equilibrium growth model of the global economy. Brookings Discussion Papers in International Economics, No. 98, Brookings Institution.

McKibbin W J, Wilcoxen P J. 1998. The theoretical and empirical structure of the G-Cubed model. Economic Modelling, 16 (1)：123－148.

McKibbin W J. 1997. Issues in global climate change：insights from the G-Cubed multi-country model，the challenge for Australia on global climate change. National Academies Forum, 52－62.

McKibbin W J. 2002. Greenhouse abatement policy：insights from the G-cubed multi-country model. Australian Journal of Agricultural and Resource Economics, 42 (1)：99－113.

OECD. 1994. GREEN：the user manual，mimeo. Paris：Development Centre, OECD.

OECD. 1998. Economic modelling of climate change. OECD Workshop Report，Paris，France.

Steininger K W. 2002. Environmentally counterproductive support measures in transport：a CGE analysis for Austria. *In*：Bayar A，Dramais A. The 2002 World Congress of Environmental and Resource Economists. Brussels：Proceedings of the EcoMod Conference Policy Modeling for European and Global Issues.

Wittwer G，Vere D T，Jones R E，et al. 2005. Dynamic general equilibrium analysis of improved weed management in Australia's winter cropping systems. Australian Journal of Agricultural and Resource Economics，49（4）：363－377.

Zhang Z X. 1998. Macroeconomic effects of CO_2 emission limits：a computable general equilibrium analysis for China. Policy Modeling，20（2）：213－250.

第9章 水资源利用调控研究

水是基础性的自然资源和战略性的经济资源,是自然界不可或缺的控制因素之一。水环境是人类生存和发展的基础,几乎所有的生产、消费活动都直接或间接地与水问题密切相关。水问题是环境-经济复杂系统的重要组成部分,也是我国未来社会经济发展的制约因素之一。水问题涉及的内容非常广泛,主要包括水资源、水环境与水政策三个方面。本章将从水资源问题入手,详细介绍环境 CGE 模型在中国水问题研究方面的应用。

9.1 中国水资源现状与危机

9.1.1 中国水资源现状

中国是一个干旱缺水严重的国家。虽然我国多年平均水资源拥有量为 27742 亿 m^3,淡水资源总量仅次于巴西、俄罗斯、加拿大、美国和印度尼西亚,居世界第六位,但由于我国国土辽阔、人口众多,按人口统计,人均水资源占有量仅 2200m^3,不及世界人均占有水平的 1/4,居世界第 109 位,是全球 13 个水资源匮乏的国家之一(丘林和吕素冰,2007)。扣除难以利用的洪水径流和散布在偏远地区的地下水资源,中国现实可利用的淡水资源量更少,人均可利用量仅 900m^3,且分布极不均衡,各地水资源量相差悬殊。中国的水资源大体呈"由东南沿海向西北内陆递减"分布。其中,70%的水资源分布在长江流域以南,而当地的耕地面积仅占全国的 38%;30%分布在长江以北;而 9%的分布在北方黄河、淮河、海河、辽河以供给全国 42%的耕地。截至目前,全国 600 多座城市中已有 400 多个存在供水不足问题,其中缺水比较严重的城市高达 114 个,全国城市缺水总量 60 亿 m^3。此外,监测数据显示,目前中国多数城市地下水还受到一定程度的污染,且呈逐年加重趋势。日趋严重的水污染不仅降低了水体的使用功能,更进一步加剧了我国的水资源短缺现状。

9.1.2 中国水资源危机

中国的水资源危机是水资源赋存不足造成的资源危机,更是常年开发利用不合理造成的治理危机(姜文来,1998;吴季松,2000;刘昌明和陈志恺,2001;陈助锋,2003)。现阶段,中国较为典型的水资源危机主要包括水资源利用效率低、土地利用变化引起的水资源破坏严重、地下水资源开采过量以及其他水资源浪费严重等。

1. 水资源的利用效率问题

中国是农业大国，农业用水量占总用水量的 70％以上。长期以来，由于技术、管理水平的落后，以及传统灌水技术的沿用，中国农业用水浪费十分严重。统计资料显示，中国农业水资源利用率仅为 40％～50％，其中，灌溉用水有效利用系数仅在 0.43 左右，和发达国家相比差距甚远。目前，中国 2/3 的灌溉面积灌水方式十分粗放，不少地区种植业仍采用大水漫灌的方式，用水定额高达 150m³/(hm²·a)。如西北地区的用水定额达 165m³/(hm²·a)，最大可达 325m³/(hm²·a)；东北地区的用水定额达 120m³/(hm²·a)，而采用喷灌技术为 30～31.5m³/(hm²·a)，采用滴灌技术仅为 20.4m³/(hm²·a)。并且，长期以来中国农业灌排工程老化失修严重，水利工程产权制度和供水管理体制改革相对滞后，还没有形成合理的水价机制，这些都直接或间接造成了中国农业用水的严重浪费。

此外，中国工业用水重复利用率低，仅为 20％～40％。在中国的工业活动过程中，单位产品用水定额高，工业万元产值用水量高达 91m³，是发达国家的 10 倍以上（陈梦筱，2006）。因此，虽然中国国民生产总值仅为美国的 1/14、日本的 1/5.6，但取水量却超过美国和日本，为 5000 亿 m³，是美国的 1.08 倍、日本的 5.6 倍。

2. 土地利用变化的引起水资源问题

中国人多地少，为了解决全国范围的温饱问题，20 世纪中叶我国就提出了 "以粮为纲" 的口号，大力发展粮食生产，实行 "围湖造田" 政策，造成了全国湖泊面积的锐减。历史数据显示，全国被开采的湖泊至少有 2000 万亩（合计 133 万 hm² 以上），减少蓄洪容量约 350 亿 m³。湖泊面积的萎缩、蓄洪能力的减少，使得大量的水资源以洪水水害形式流入大海，加剧了干旱时期的水资源短缺。

此外，河流中上游地区的林地对涵养水源也有着极为重要的作用。人类的大肆开发还造成了森林植被的大量破坏，降低了林地质量，导致土地涵养水源能力锐减，水土流失现象十分严重。严重的水土流失加剧了干旱的发展，增加了水资源需求。另外，大量泥沙进入水体，对水质造成极为严重的不良影响，增加了工业、生活用水的困难。

3. 地下水资源的开采问题

地下水开采过量以及开发分布的不均匀性也是导致中国水资源危机的主要原因之一（陆渝蓉，1999；谢新民和张海庆，2003；方红远，2004）。中国地下水资源总量 8700 亿 m³ 左右，其中 1800 亿 m³ 分布在平原地区，该地区是中国用水集中的区域，也是地下水资源开发强度较高的区域。统计资料显示，中国海河流域地下水资源的开发利用率为 90％，辽河流域约为 60％，而珠江、长江流域地下水资源的开发利用率仅有百分之几（姜文来，1998；吴季松，2000；刘昌明和陈志恺，2001）。

在北方地区，因地表水量供给不足，造成地下水开采过量。据统计，中国北方 10 个省、自治区和直辖市，由于地下水过量开采，地下水形成降落漏斗 50 余个，漏斗面

积约为 3.00 万 km²；而全国范围内已经形成地下水超采区高达 164 个，超采面积 18.2
万 m²，其中严重超采面积占 42.6%。部分地区已经出现地面沉降、地下水位下降与海
水入侵等问题。例如，辽宁、山东和河北等省的一些沿海城市与地区，地下含水层受海
水入侵面积在 1500m² 以上；北京、天津、上海和西安等 20 多个城市出现局部范围地
面沉陷、地面坍塌，这不仅导致高层建筑的倾斜，而且加重了城市防洪、防潮、排涝的
负担；西北内陆一些地区因地下水位不断下降，荒漠化及沙化面积逐年扩大，已影响其
城乡供水、城市建设和人民生存（丘林和吕素冰，2007）。

4. 水资源浪费的其他问题

城市供水管网和卫生设备的漏水严重、高耗水行业生产管理水平低下、居民节水意
志薄弱、水资源管理制度不够健全等都是中国水资源浪费的重要原因。现阶段，中国城
市供水管网的漏水量约占供水总量的 10% 左右；并且，中国产业结构不合理，高耗水
量行业发展集中，生产管理水平低下，生产用水浪费严重；再加上人们思想认识模糊，
缺乏危机感，节水意识差，城市生活、家庭用水浪费普遍；缺少全局控制机制，违反了
生态发展规律，出现掠夺式开发、浪费式利用、混乱式管理；水的重复利用率低，相关
法律、制度不健全等，都是中国水资源危机出现的原因（Thmas and Syme，1998；程
乖梅和何士华，2006）。

水资源紧张和水资源危机严重阻碍了中国社会经济的发展，给人们的生活带来很大
影响。随着社会经济的高速发展，中国水资源需求量将愈来愈大，预计到 2030 年①左
右将出现用水高峰。倘若不能及时采取有效措施控制中国水资源利用现状，中国将面临
更严重的水资源危机。现阶段，水资源研究的重点主要集中于在水资源利用与经济发展
之间寻求一个平衡点，解决水资源利用与经济发展的供需矛盾，在实现经济增长的同时
能够保证水资源开采与利用的可持续发展。

9.2　水资源问题研究述评

水资源问题研究的重点在于，从不同尺度出发，建立反映水资源的多元性、非线
性、动态性和多重反馈特征的政策模型，实现对水资源供求量的估算和动态变化过程的
预测。环境 CGE 模型作为环境与经济政策综合分析的有利工具，无疑是实现该研究的
重要手段。环境 CGE 模型的一个显著特点就是能够涵盖整个经济系统的各个环节，通
过将水资源问题作为控制因素加入模型中，实现对水资源政策控制下的社会经济活动综
合研究。环境 CGE 模型对水资源问题的研究涉及多个方面，如水资源价格、水资源优
化配置、水资源市场和水权交易以及水资源政策等，其研究尺度可以小到一个县级流
域，大到全球。在水资源问题的环境 CGE 模型的研究中，可以将水资源作为一种生产
要素、约束条件或者直接作为一个部门纳入模型中，考察特定的水资源问题与资源环境
和社会经济系统之间的相互作用关系。

---

① 据人口学专家推测，2030 年可能成为中国人口的拐点，届时中国人口数量将达到 15 亿峰值。

国内学者对环境 CGE 模型在水资源方面的应用研究始于 20 世纪 90 年代，如沈大军等（1999）、马明（2001）、夏军和黄浩（2006）等。目前，该领域的研究尚处于初期探索阶段，但随着我国水资源研究的不断深入，以及水资源市场的逐渐完善、水资源统计数据的日益详实，该领域对环境 CGE 模型的需求呈上升趋势。

环境 CGE 模型的水资源问题研究大致可以分为 5 类：水资源价格、水资源优化配置、水资源市场和水权交易、水政策决策以及其他相关方面的研究。但实际上，水资源价格、水资源市场和水政策等问题密切相关，并没有明显的界限，分类仅仅是为了叙述的方便。

9.2.1　水资源价格

水资源价格研究是当前水资源研究的前沿和热点问题之一。水资源作为一种商品，具有一定的价值。水资源价格通常是指从经营者手中购买单位体积的水资源应付出的货币额。它在一定程度上反映了水资源商品的生产补偿成本和合理收益要求。并且，水资源作为一种初级要素投入，与其他要素之间存在一定的替代弹性，水资源价格还可以起到调节整个环境-经济系统水资源供需矛盾的价格杠杆作用。环境 CGE 模型作为一种特殊的环境-经济系统均衡分析工具，能够很好地处理水资源生产活动、水资源商品、水资源要素与水资源价格之间的关系。通过价格机制的调节作用，环境 CGE 模型还能够很好地调节水资源供需与经济发展之间的矛盾。

Decaluwe 等（1999）针对摩洛哥人口增长、城市化以及水量地区分配不均问题，利用环境 CGE 模型研究了不同的水价政策对农业及其他部门的影响。模型包含南北两个地区，其中北部地区拥有摩洛哥 90.8% 的地表水和 64.4% 的地下水。模型中，水资源管理部门负责水资源的生产、分配和销售，考虑具有不同生产技术的地表水和地下水，水资源供给采用 Weibull 函数描述。模型没有包含饮用水分配部门，这意味着无论水资源如何生产，均不经过特殊处理就直接进入消费。

沈大军等（1999）应用环境 CGE 模型计算了邯郸市水资源的边际价格。由于数据限制，该研究并未将水资源作为一种初级要素或一个单独部门纳入模型中直接计算水价，而是基于宏观经济的生产活动需要占用水资源的原理来建立模型，通过供水量的变化估算 GDP 的变化，并结合 GDP 变化中水资源变化贡献率的确定，推算出水资源的边际价格。该方法只需在环境 CGE 模型中加入水资源约束条件，操作较为简单。这种"外挂"的处理方式，在数据缺乏的情况下，不失为一种好的替代方法。

Smajgl 等（2006）基于一个概念性环境 CGE 模型框架，结合虚构的、但与区域相似的数据，研究了澳大利亚水价改革对某灌区农户的甘蔗种植和制糖工业的影响。模型把灌区划分为三个子区域，假设每个子区域包含三类农户，即仅利用地表水的农户、仅利用地下水的农户以及两者都用的农户。模型综合考虑了三种初级要素投入，即资本、劳动力和水资源，并采用嵌套的 CES 函数描述不同初级要素之间的替代效应。考虑到澳大利亚地下水位受海水影响较大，模型还包含了地下水位的上、下限作为模型的约束条件。

　　Velázquez 等（2007）采用静态环境 CGE 模型研究了提高西班牙安达卢西亚地区农业部门水价对水资源保护、利用效率和再分配的影响。模型假设部门用水量与部门的总产出成正比，比例系数反映了不同部门用水的集约程度，水费视为公共部门的收入。

　　水资源价格问题研究的环境 CGE 模型还有很多，典型的如 Dixon（1990）、Berck 等（1991）和 Berrittella 等（2005，2007）。另外，有关水资源价格问题的环境 CGE 模型研究综述还可以参考 Johansson 等（2002）和 Johansson（2005）。

9.2.2　水资源优化配置

　　与一般的水资源优化配置模型不同，环境 CGE 模型是从经济学的相关理论出发，考虑整个环境-经济系统中不同主体和水资源市场、经济市场之间的相互作用和反馈关系，是综合研究水资源优化配置的有力工具。

　　Seung 等（1997）在比较了农业用水转移研究的 SAM 模型和环境 CGE 模型后认为，SAM 模型过高估计了农业部门的产出和要素收入，而环境 CGE 模型则更适合于此类问题的研究。基于该结论，Seung 等（1998，2000）采用县级动态环境 CGE 模型研究了美国西部丘吉尔县农业用水转向湿地用水对经济的影响。该模型包含 3 个农业部门与 5 个非农业部门。其中，农业部门的初级要素投入包括资本、劳动力、土地和水；非农业部门的初级要素投入仅仅包括资本和劳动力。居民区分为高、中、低收入三类。模型假设农业用水的转移伴随着相应比例土地的废弃，而湿地用水量的增加则导致了湿地观鸟、野营等旅游消费需求的上升，旅游消费需求属于外生变量。研究结果显示，农业用水向湿地用水的转移将引起农业部门产出的减少以及非农业部门产出的增加；非农业部门收入和水权收入的增加不能平衡由于用水转移导致的农业产出的减少；整个社会经济系统的总产出水平降低，同时，居民收入和社会福利也有一定程度的降低。

　　Hatano 和 Okuda（2006）用包含 8 个省的多区域环境 CGE 模型研究了中国黄河流域的水资源分配问题。模型将每个省划分为 11 个部门（包括一个农业部门），把水资源作为一种初级要素纳入模型结构中，并假设其与资本、劳动力之间没有替代性，以固定比例进入生产函数。此外，模型还同时考虑了水权交易的影响。水权交易主要通过居民供水和部门需水进行描述。居民在水资源市场上出售水权获得收入，部门在水资源市场上购买水权获得水资源，区域各部门和居民的用水总量等于需水总量。该模型同时还设置了两种情景：一是在当前用水效率不变的条件下，基于水权交易对水资源进行分配，不考虑对用水技术的投资改造；二是在农业部门用水效率提高情况下，基于水权交易对水资源进行分配，同时考虑了对用水效率低的地区进行投资和技术改造的影响。

　　Muller（2006）用动态环境 CGE 模型进行中期模拟，研究了乌兹别克斯坦的棉花市场改革对水资源和土地分配的影响。模型中，土地与水作为初级要素，与资本和劳动力一起进入生产函数。结合水文模型研究以及不同的土地利用类型分析，模型估算了棉花、水稻和小麦等作物的单位面积需水量，并考虑了影响区域需水量估计的三种因素——地区（10 个）、作物类型（6 种）、水文类型（3 种）对水资源和土地分配的影响。

Feng 等（2007）将中国分为北京和国内其他地区两部分，并把北京作为南水北调的主要受水地区，用环境 CGE 模型研究了南水北调对中国经济的影响。模型包含 36 个部门，根据用水的密集程度区分农业、高密集型工业产业、中密集型工业产业、低密集型工业产业和服务业等五种用水类型，将水质分为高、中、低三种，分别应用于服务业和居民、工业、农业，并假定部分服务业排放的废水和居民的尾水经过处理后可用于工业，部分工业尾水经处理后可用于农业。中央政府是水资源的所有者，生产部门由于活动过程的水资源投入需要向中央政府支付一定的水费，不考虑调水成本。模拟结果表明，实施南水北调工程，截至 2010 年北京市居民收入年增长率将达 215%～411%，并且当地的水生态环境也会得到一定程度改善；至 2020 年，居民收入的增长以及北京市水环境的改善会进一步加强，工程的长期效益较为可观。

9.2.3　水资源市场与水权交易

水资源市场与水权交易以"水权人"为主体。环境 CGE 模型对于水权人没有严格的限制，模型规定水权人既可以是水使用者协会、水区、自来水公司、地方自治团体等，也可以是个人。凡是水权人均有资格进行水权交易，水资源市场与水权交易所发挥的功能是使水权成为一项具有市场价值的流动性资源。透过市场机制，水权交易诱使用水效率低的水权人考虑用水的机会成本而节约用水，并把部分水权转让给用水边际效益大的用水人，使新增或潜在用水人有机会取得所需水资源，从而实现整个社会水资源利用效率的提高。建立水资源市场机制，进行水权交易是水资源管理的一种新模式，是提高用水效率和效益的重要手段之一，对于该领域的研究国外已经存在很多成功的案例可供借鉴。

摩洛哥是一个缺水型农业国家，区域内农业占整个社会经济的比重较大。农业劳动力占总劳动力的 40% 左右，农业对 GDP 的贡献约为 15%，区域农业用水占用水总量的 85% 左右（Roe et al.，2005）。利用环境 CGE 模型对该地区水资源市场和水权交易与社会经济发展的关系进行研究，对于缓解当地的农业用水紧张、维护国家的粮食安全、促进区域的环境-经济协调发展具有十分重要的意义。Diao 等（2002）在假设不同地区水资源供给利用具有异质性的条件下，采用静态环境 CGE 模型研究了建立水资源市场对摩洛哥经济的影响。模型将水资源作为一种初级要素引入，共包含了 7 个地区和 88 个部门，通过假设农户作为唯一的水权人来构建水资源市场。继 Diao 等的研究之后，Diao 和 Roeb（2003）构建了一个动态环境 CGE 模型，并基于该模型研究了建立水资源市场对摩洛哥国民经济的长期动态影响。模型考虑资本、劳动力、土地和水等 4 种初级要素，包含了 20 个部门（其中 12 个是农业部门，包括 6 种灌溉作物和对应的 6 种雨养型作物），并将水资源的影子价格表示为部门产出价格、工资率和水量配额的函数。在水资源市场建立前，假设水资源管理部门对农户实行单一的补贴性水价，其与影子价格的差值视为政府对农户的补贴。

除了以上所提到的摩洛哥的水资源市场和水权交易研究外，Gomez 等（2004）还基于环境 CGE 模型研究了西班牙巴利阿里群岛的水权交易（主要是农业和城市部门之间的交易）。模型考虑了包括灌溉型农业、非灌溉型农业、畜牧业以及旅游业等在内的

10 个部门，以及包含资本、劳动力、土地、淡水和海水在内的 5 种初级要素，并假设了 3 类水资源市场，即有水资源市场、无水资源市场以及不同缺水程度（相对于基期 5%～55% 的缺水）市场。对于有水资源市场，模型还假设处于该市场条件下的水资源可以自由交易，直至其在农业和饮用水生产部门的边际生产率相等才能最终实现水资源市场的均衡。

Berrittella 等（2007）认为水资源短缺的一个解决方案是增加生产过程中水资源消耗量大的商品的进口数量，从而减少整个生产活动的用水总量。他们将单位商品的用水量作为部门用水的一个关键参数，并假设水资源是一种不具有替代性的初级要素，构建了一个环境 CGE 模型对用水供给约束下的全球虚拟水权交易进行了研究。该模型综合考虑了农业和畜牧业用水，并把农业用水中的作物需水量定义为从播种到收获的蒸发蒸腾量（包括地表水和土壤水），假设该蒸发蒸腾量的大小取决于地区和作物类型；畜牧业用水中的牲畜需水量定义为生命期的喂养和饮用水量。由于涉及范围广，资料缺乏，该模型在设计上较为粗糙。例如，模型没有区分雨养型农业和灌溉型农业，而经验表明，在水资源问题的环境 CGE 模型研究中，根据水资源的获取途径区分土地类型极为重要，土地类型的差异会给结果带来较大的影响（Hertel，1999）。模型在这方面的缺陷有待于在今后的进一步研究工作中加以改进。

9.2.4　水资源与政策决策

鉴于环境 CGE 模型是基于一般均衡的经济理论建立的，而一般均衡理论是政策分析的有利工具，因而，水资源领域的政策决策分析可以通过环境 CGE 模型来实现。一般来说，在构建水资源政策决策分析环境 CGE 模型时，需要严格区分研究单元的政策导向，即区分是基于用水量限制的政策导向，还是基于水价的政策导向。当政策导向是限制用水量时，用水量是外生变量，水价是内生变量；而当政策导向是基于水价时，水价就变为外生变量，用水量变为内生变量（Smajgl et al.，2006）。水资源政策决策的环境 CGE 模型研究是近年来才发展起来的，目前，该领域的研究尚处于初级阶段。

Horridge 等（1993）采用流量数据，结合由气候引起的供水变动以及冬夏季节和供水高峰、低峰期分析，通过构建环境 CGE 模型研究了墨尔本市的城市水资源管理部门水价及其投资决策问题。模型在假设水资源管理部门是通过水价设定和税费征收来影响居民经济行为的基础上，针对水资源管理部门设定了三种行为方式，寻求了兼顾水价、投资和消费的最佳政策组合。

Mukherjee（1995）用静态环境 CGE 模型，模拟了南非德兰士瓦省一个 500 万 hm² 流域的水资源管理和土地改革政策。模型把水资源与土地作为初级要素参与生产活动，并假设土地和水资源之间没有替代关系，两者通过线性组合形成土地-水的要素组合。

Lofgren（1996）通过构建动态环境 CGE 模型对水资源与政策决策问题进行了研究。模型综合考虑了 4 种初级要素——资本、劳动力、土地和水资源。其中，土地和水资源以线性形式合成为土地-水要素组合，并与资本和劳动力一起进入 CES 生产函数。该动态模型包含 22 个部门，其中 12 个是农业部门，对应于冬、夏和多年生三类作物，并假设只有农业部门使用土地-水要素组合，其他部门只使用资本和劳动力要素，居民拥有土地和水资源，且农业土地供给总量保持不变，即土地新开垦量等于非农业部门的土地占用量。

Goodman（2000）利用环境 CGE 模型比较分析了科罗拉多东南部地区为应对水资源匮乏暂拟的两种策略（提高水库储量与调水）对当地经济发展的适应性。模型综合考虑了资本、劳动力、土地和水资源 4 种初级要素，以及灌溉农业、非灌溉农业、工业和商业四个部门，并假设水资源要素直接进入生产和消费函数，水资源要素与其他要素之间具有一定的替代性，水资源不需要进行特殊处理即可立即使用或储存，各部门的年供水量需要根据气候、交易成本等具体设定。

Azdan（2001）利用静态环境 CGE 模型模拟了印度尼西亚雅加达市的水资源政策改革。模型包括 5 类居民、7 个部门（其中有两个是水资源生产部门，包括水资源管理部门和非水资源管理部门），并假设地下水作为初级要素之一，与资本和劳动力一起进入生产函数。

Kraybill 等（2002）采用环境 CGE 模型研究了取消灌溉用水水价补贴对多米尼加共和国社会经济系统的影响。模型包含了劳动力、资本、土地和地表水 4 种初级要素，且假设所有要素的供给是固定的。水资源生产作为一个独立的部门进行活动，其产出的水资源仅供国内使用，忽略水资源市场的出口贸易。

Roe 等（2005）研究了摩洛哥的宏观经济政策（如取消贸易保护）与微观尺度的水资源改革（如水资源分配方法改革、兴建水库等）之间的相互影响。他们采用了"自上而下"的建模方法，通过在传统 CGE 模型的基础上嵌入一个农户模型实现了环境 CGE 模型的构建。其中，农户模型主要用于生产决策，传统 CGE 模型用于描述部门间的相互作用。模拟结果表明，水资源的生产效率受贸易改革和农户水资源配置的影响，取消贸易保护对水资源生产效率的冲击较大。

Letsoalo 等（2005）采用静态环境 CGE 模型研究了国家尺度的南非水费政策及其社会效应。模型设定水税收入等于部门用水量和水税率的乘积，并假设水税率为外生变量，用水变化为内生变量，水税收入作为政府收入的一部分。

9.2.5　其他应用研究

水资源问题的其他应用研究主要涉及水资源短缺、水资源的可持续发展以及水患等方面。比较典型的，如马明（2001）利用环境 CGE 模型研究了水资源短缺以及水环境污染对中国经济的影响。模型主要考虑了资本、劳动力和水资源 3 种初级要素，以及包括农业、轻工业和重工业在内的 8 个产业部门以及一个水环境污染治理部门。各部门用水量采用间接方法进行估计，即结合水资源价值量综合核算法大致估算各部门的用水量。Kumar 和 Young（1996）描述了一个基于水资源可持续发展分析构建的概念性环境 CGE 模型，并介绍了包含不同供水类型的水资源 ESAM 的构建方法。Chou 等（2001）基于 ORANI 模型，考虑了公共水、地表水和地下水的污染问题。他们通过将地表水和地下水作为初级要素，用 CES 函数进行组合，并在模型中增加一个提供公共水的供水公司部门，说明了征收水权费对环境质量的改善作用。Kojima（2005）利用动态环境 CGE 模型研究了面向可持续发展的摩洛哥水资源政策。Rose 和 Liao（2005）用环境 CGE 模型研究了地震导致的供水中断对美国波特兰市经济的影响。

9.3　黑河中游干旱区水资源利用调控研究

水资源利用的价值属性及水资源本身的稀缺性，决定了水资源利用过程中的竞争性。1992 年在柏林召开的"21 世纪水资源与环境发展"的国际会议上，与会代表一致认为，水资源不仅是自然资源，更重要的是一种经济物品。既然是经济物品，那么水资源的配置使用应该遵从市场原则（常云昆，2001）。然而，多年来，人们在面对水资源短缺问题总是求助于工程技术手段。越来越多的研究表明，工程技术手段固然重要，但水资源管理不善也是导致水资源短缺问题的重要原因之一。

黑河流域是我国西北地区第二大内陆河，古称黑水，亦名张掖河，位于河西走廊中部，介于 98°～101°30′E，38°～42°N 之间，西起嘉峪关，东至山丹定羌庙，北部与内蒙古相邻。黑河发源于祁连山区南部的青海省，北流进入甘肃省境内，自上游至下游居延海，分别流经青海省的祁连县，甘肃省的肃南县、山丹、民乐、张掖、临泽、高台和金塔县（市）。为研究问题的方便，此处选取用水矛盾突出的中游干旱区作为研究区。黑河中游地区以莺落峡和正义峡为界可以看做是一个相对独立的子流域系统，行政上包括甘州区、临泽、高台、山丹和民乐 5 个县（区），是甘肃省最重要的商品粮基地和"西菜东运"基地之一，同时也是黑河流域水资源利用程度最高、利用量最大的地区。黑河中游干旱区属灌溉型农业经济区，区域内河道长 185km，面积 2.56 万 km²，全区有效灌溉面积 25.2 万 hm²，其中农田灌溉面积 21.2 万 hm²，林草灌溉面积 4.06 万 hm²（牛云等，2003）。可以说，中游地区水资源的合理开发利用关系到整个流域生态环境的安危。

缺水是黑河中游地区人们生存和发展最严峻的环境问题，水资源已经成为当地环境-经济协调发展的主要限制因子。近年来，由于人口增长、经济发展，黑河中游地区对水资源的需求量急剧增加。尤其是 20 世纪 60 年代以来，伴随着进入下游的水资源量减少，河湖干涸、林木死亡、草场退化、沙尘暴肆虐等生态环境问题加剧，黑河中游地区水资源矛盾更加突出（赵文智和程国栋，2008）。在黑河中游地区展开水资源利用调控研究，合理安排水资源的利用结构，无疑会为流域经济发展模式的选择、水利工程设施的建设等提供更多的科学依据。

为了保证黑河中游干旱区水资源利用调控措施执行的可行性和有效性，必须首先了解当前各部门用水量的变化对当地经济和社会的影响。源于 Waralas 一般均衡理论的环境 CGE 模型非常适合模拟市场经济体制下各项政策实施的宏观效应（经济效应与环境效应），已经发展成为一种规范的政策分析工具，广泛应用于贸易、税收、收入分配、环境以及能源开发利用等领域。而动态环境 CGE 模型在给定的动态变化机制作用下，还可以进一步预测环境、经济政策的未来影响，有助于有关部门制定更长远、现实可行的规划政策，因而特别适合于黑河中游干旱区水资源利用问题的研究。此处，为了根本上解决黑河流域干旱区的水资源调控问题，引入了动态环境 CGE 模型作为水资源利用研究的工具，通过对黑河中游干旱区 2005 年工、农业生产的边际水价进行计算，探讨了水资源供给变化对社会经济的影响。这些研究结果同时还可以为决策部门的水资源调配政策制定提供一定的科学依据。

9.3.1　水资源在动态环境 CGE 模型中的处理

在水资源利用的环境 CGE 模型研究中，最理想的方法是将水资源以商品或生产要素的形式纳入模型中，直接计算各部门用水的相对价格，并据此估算出部门用水的经济效益。然而，在黑河中游干旱区，水资源并非完全是商品，政府对水资源的分配调控作用较大，水资源的优化配置也不是由水价来决定的。如果将水资源作为商品或初级要素纳入模型，通过价格机制实现对水资源的优化配置，这样未必能真正反映水资源在部门间的分配。为保证所选模型方法的现实可行，目前较为实际的做法是以水定产法，即将部门供水作为生产活动的必要约束纳入到模型中。据此，假设部门用水量是部门用水系数（单位产出的用水量）和部门产出的乘积，通过改变水资源的供给量，就可实现对不同水资源供给情景下经济运行情况的模拟，并可由此研究水资源供给变化的宏观影响（部门产出、社会就业和 GDP 的变化）。这种方法无需修改原有的两要素（即劳动力和资本）ESAM，只需要在传统环境 CGE 模型的基础上增加水资源控制模块即可，操作较为方便，且与实际情况更加吻合。

9.3.2　动态环境 CGE 模型的模块与改进

用于黑河中游干旱区水资源利用调控研究的动态环境 CGE 模型的建立过程可以分为两步：①对传统环境 CGE 模型加以改进建立适合于水资源问题研究的静态环境 CGE 模型，模型保留传统环境 CGE 模型关于收入、贸易与价格以及支付方程的描述，对生产、污染处理以及市场均衡和宏观闭合方程进行明确（或加以改进），并在此基础上添加水资源相关方程，针对黑河中游干旱区水资源供给的特点，形成有针对性的环境 CGE 模型结构；②结合黑河中游干旱区的社会经济和环境系统的发展状况，在上述模型的基础上增加动态变化机制，建立适合于黑河中游干旱区水资源利用调控研究的动态环境 CGE 模型。

1. 水资源利用调控研究的静态环境 CGE 模型

1）生产模块

在处理生产模块时，基于规模报酬不变假设，采用了双层嵌套的 CES 生产函数描述生产者的生产行为，其结构如图 9-1 所示。

第一层上，总产出是中间合成投入与增加值的 Leontief 生产函数［式（9-1）］；第二层上，作为市场价格的接受者，生产者将根据成本最小化原则，在资源约束条件下选

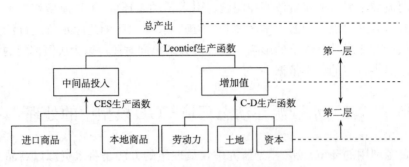

图 9-1　部门生产结构示意图

择最优投入构成决策 [式 (9-2)]。按照 Armington 假设，每种商品的中间品投入都可表示为该类进口商品与本地商品的 CES 生产函数 [式 (9-3)]，增加值则由劳动力、资本和土地等初级要素投入的 C-D 生产函数表示 [式 (9-4)]。

$$X_i = \min\left[\frac{VA_i(L_i, K_i, LN_i)}{a_{0i}}, \frac{V_{1i}}{a_{1i}}, \cdots, \frac{V_{ji}}{a_{ji}}\right] \tag{9-1}$$

$$\min \sum_j (VM_{ji} \times PMO_i + VR_{ji} \times PR_i) + L_i \times PL_i + K_i \times PK_i + LN_i \times PLN_i \tag{9-2}$$

$$\text{s. t. } V_{ji} = CES(VM_{ji}, VR_{ji}) \tag{9-3}$$

$$VA_i = \varphi_i \times L_i^{\alpha_i} \times K_i^{\beta_i} \times LN_i^{\xi_i} \tag{9-4}$$

式中：X_i 为部门 i 的总产出；VA_i 为部门 i 的增加值；V_{ji} 为部门 i 对商品 j 的中间品投入需求；a_{0i} 为部门 i 对增加值的需求系数；a_{ji} 为部门 i 对商品 j 的直接消耗系数；VR_{ji} 和 VM_{ji} 分别为商品 j 对部门 i 的本地商品与进口商品中间投入；L_i 和 PL_i 分别为部门 i 所需劳动力的数量与报酬系数；K_i 和 PK_i 分别为部门 i 所需资本的数量与回报率；LN_i 和 PLN_i 分别为部门 i 所需土地的数量与回报率；φ_i 为要素投入的效益参数；α_i、β_i 和 ξ_i 分别为 C-D 生产函数中部门 i 的劳动力、资本和土地的弹性系数。

2）宏观闭合规则

在设计模型的宏观闭合规则时，鉴于本研究的目标之一即为探索黑河中游地区水资源供给对部门就业的影响，因而选取凯恩斯闭合规则。假设劳动力市场不均衡，各部门的劳动力数量可以根据自身需求进行自由调节。在一般均衡条件下，商品、资本和土地市场的最优供给和最优需求达到平衡，劳动力市场在失业率调节下也达到广义的供需均衡。用方程形式可以表述如下

$$X_i - E_i = \sum_j (V_{ij} - VM_{ij}) + \sum_s (Q_i^s - QM_i^s) \tag{9-5}$$

$$L_i = \alpha_i \left(PX_i - \sum_j a_{ji}P_j - ibtax_i PX_i\right) X_i / PL_i \tag{9-6}$$

$$K_i = \beta_i \left(PX_i - \sum_j a_{ji}P_j - ibtax_i PX_i\right) X_i / PK_i \tag{9-7}$$

$$LN_i = \xi_i \left(PX_i - \sum_j a_{ji}P_j - ibtax_i PX_i\right) X_i / PLN_i \tag{9-8}$$

式（9-5）给出了商品市场供需平衡的数学表达式，即部门的区域内商品销售等于该部门的区域内商品需求。其中，E_i 为商品 i 的出口数量；Q_i^S 为机构 S 对商品 i 的消费需求；QM_i^S 为机构 S 对进口商品 i 的消费需求。式（9-6）～式（9-8）分别给出了劳动力、资本和土地市场供需平衡的数学表达式，括号内表达式表示劳动力、资本和土地的总回报率。其中，$ibtax_i$ 为部门 i 的间接税率。

3）水资源模块

根据前面所提到的"以水定产法"，部门用水量 WD_i 可以看做是部门用水系数 wat_i 与部门产出的乘积［式（9-9）］。

$$WD_i = wat_i X_i \qquad (9-9)$$

$$WD_{农} \leqslant WSO_{农} \qquad (9-10)$$

$$WD_{总} \leqslant WSO_{总} \qquad (9-11)$$

式（9-10）和式（9-11）分别表示了农业和总生产用水量要小于各自的初始供水量。其中，WSO 表示初始供水量。

2. 环境 CGE 模型动态机制设定

干旱区的水资源利用情况与土地利用变化密切相关，不同的土地利用类型决定了用水结构的明显差异。对干旱区的土地利用方式和强度进行分析，在了解黑河中游干旱区土地利用变化的基础上，通过跨尺度模型的综合应用，可以实现对水资源利用格局的准确认识，从而为明确土地利用变化导致的水资源需求量变化、为因地制宜采取各种措施提高水资源利用率，并通过调控土地利用行为减少人类活动对当地水资源匮乏的影响提供基础，同时也为当地有序开发水土资源、合理规划土地利用途径与方式提供决策参考信息。用于黑河中游干旱区水资源问题研究的环境 CGE 模型的动态机制是基于土地利用变化实现的，即通过对土地系统动态模拟（dynamic land system，DLS）模型，将得到的土地利用结构变化作为环境 CGE 模型的输入参数，实现对研究区水资源利用结构的动态模拟。

DLS 模型是以区域用地结构变化模拟和栅格尺度用地类型分布驱动机理分析为主要手段，从宏观和微观两个层面出发，系统地探测、表征土地利用变化的时空过程，实现区域土地利用变化动态模拟。在土地利用系统中，区域用地结构与其他各系统子因素之间在不同尺度上存在着千丝万缕的联系。概括地讲，这种联系具有机理性、反馈性、复杂性和系统性的特点（图 9-2），具体体现为：①以地貌、气候、土壤和植被为代表的自然控制因子在较长时间尺度上对区域土地利用变化有主导控制作用，决定着区域水平土地利用变化的方向与强度；②以人口变化、经济发展、技术进步和制度变迁为代表的社会经济驱动因子与区域用地结构相互影响，并在较短的时间尺度上对区域土地利用变化起着决定性作用；③自然控制因子和社会经济驱动因子之间存在着各种各样的非线性关系，这些非线性关系往往掩盖土地利用变化的真正原因。

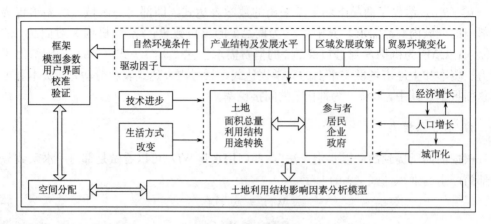

图 9-2　DLS 模型框架

3. 动态环境 CGE 模型与静态模型的耦合反馈机制

在应用动态环境 CGE 模型研究水资源问题的过程中，土地和水资源分别作为初级要素与生产限制条件置入模型中，通过核算不同用地类型的单位面积用水量及其经济效益，分析在环境-经济系统效用最大化的前提下，实现土地利用变化对生产与生态用水的调节，谋求通过改变土地利用方式和强度来保障水资源系统和经济系统的耦合稳定性。动态环境 CGE 模型与静态模型间的反馈机制如图 9-3 所示。通过该耦合机制可以实现对各种土地利用情景影响产业用水、用地需求的定量分析。

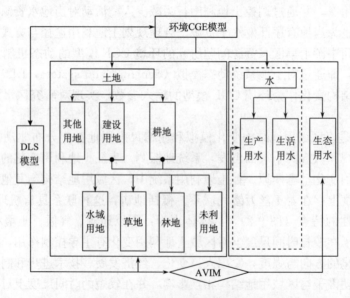

图 9-3　动态环境 CGE 模型与静态模型的耦合反馈机制

9.3.3　黑河中游干旱区实证分析

1. 数据支持和参数值确定

模型所需要的数据主要来源于描述黑河中游地区收支情况的 2005 年 ESAM（表 9-1）以及各产业部门的用水情况（表 9-2），通过该方法得到的数据也可称为模型的基年数据。

表 9-1　黑河流域中游地区 2005 年 ESAM 表　　　　　　（单位：万元）

	活动	商品	劳动	资本	土地	居民	企业	政府	资本形成	其他地区	总产出
生产		49084									49084
商品	27215					12401		2062	8542	7610	57830
劳动	13153										13153
资本	6440										6440
土地	20										20
居民			13153	134	20	58	4977	2146		2018	22427
企业				6327							6327
政府	2256					8493	38	2259		1855	6466
资本形成						1475	1312		2137	3188	15130
世界其他地区		8745							4451		14672
总产出	49084	57830	13153	6440	20	22427	6327	6466	15130	14672	191549

表 9-2　2005 年黑河中游地区各部门用水量　　　　　（单位：万 m³）

	种植业	牧业	其他农业	工业	建筑业	服务业	总计
地表水量	163858.57	2776.61	45565.18	4733.51	7.30	589.00	217530.17
地下水量	20864.64	0	0	3179.49	12.60	0	24056.73
总用水量	184723.21	2776.61	45565.18	7953.00	19.90	589.00	241626.90

资料来源：黄河水利委员会黑河流域管理局，水资源开发利用现状及供需形势分析；甘肃省水利厅，甘肃 2000 年水资源公报；张掖市环保局，张掖市 2000 年环境统计综合报表。

动态环境 CGE 模型中的大部分参数是通过 ESAM 中的基年数据校准获得，其他参数（如生产函数中的替代弹性和效用函数中的转换弹性）需要多年相关统计数据经由计量经济学方法估计得到。本模型在确定这些弹性参数时，由于所能收集到的时序数据有限，因而参考了 Auerbach 和 Kotlikoff（1987）的弹性参数值。

2. 模型的计算和分析

1）边际水价及其结果分析

表 9-3 与表 9-4 分别给出了农业与工业供水变化对其他部门用水量以及地区 GDP 的影响，同时还给出了与之对应的农业和工业供水对地区 GDP 的边际贡献率变化情况。

研究结果表明，农业和工业用水量减少会带来地区 GDP 的相应减少。这主要是因为部门的生产活动是在水资源条件限制下进行的，用水量的减少将直接影响到部门生产能力的提高，进而影响到部门总产出，引起地区 GDP 的减少。同时，农业和工业供水对地区 GDP 的边际贡献率随供水减少量的增加基本保持不变。究其原因，尽管水资源是生产活动不可或缺的初级要素投入，但水资源供给对 GDP 的负面影响可以通过提高技术进步率来弥补。

表 9-3　农业供水变化对其他部门用水以及地区 GDP 的影响

模拟次数	农业供水量 /亿 m³	工业用水量 /亿 m³	建筑业用水量 /亿 m³	服务业用水量 /亿 m³	地区 GDP /亿元	边际贡献率 /(元/m³)
0	23.30650	0.79530	0.00199	0.05890	218.42800	
1	23.29650	0.79527	0.00199	0.05890	218.40480	2.32
2	23.28650	0.79523	0.00199	0.05889	218.38160	2.32
3	23.27650	0.79518	0.00199	0.05889	218.35840	2.32
4	23.26650	0.79515	0.00199	0.05889	218.33520	2.32
5	23.25650	0.79511	0.00199	0.05889	218.30910	2.61

注：表 9-3 仅列出了前 5 次模拟结果，其中 0 代表均衡状态。表 9-4 与此表类似。

表 9-4　工业供水变化对其他部门用水以及地区 GDP 的影响

模拟次数	农业供水量 /亿 m³	工业用水量 /亿 m³	建筑业用水量 /亿 m³	服务业用水量 /亿 m³	地区 GDP /亿元	边际贡献率 /(元/m³)
0	0.79530	23.30650	0.00199	0.05890	218.42800	
1	0.79430	23.30576	0.00199	0.05890	218.40770	20.3
2	0.79330	23.30500	0.00199	0.05890	218.39030	17.4
3	0.79230	23.30426	0.00199	0.05889	218.37000	20.3
4	0.79130	23.30351	0.00199	0.05889	218.34970	20.3
5	0.79030	23.30276	0.00199	0.05889	218.32940	20.3

由于水资源是作为部门产出的必要约束条件纳入模型的，所以基于动态环境 CGE 模型是无法直接计算得到水价，而是得到边际水价，即各部门（本研究中特指农业或工业）单位产出用水量变动所导致的 GDP 变化[①]。模拟结果显示，黑河中游地区 2005 年农业和工业生产的边际水价分别为 2.32 元/m³ 和 20.3 元/m³，说明农业与工业供水对地区 GDP 的边际贡献率之比为 1∶8.75。较低的农业边际水价反映了干旱区水资源利用率偏低的（如存在蒸发强烈、渗漏损失严重以及使用效率低下等）问题，因而提高农业用水效率是解决干旱区水资源短缺的关键所在。相对较高的工业边际水价表明，由农业用水转向工业用水是提高水资源利用效率、缓解水资源短缺的一个有效措施。

2）供水变化对就业的影响分析

黑河流域中游地区的劳动力资源丰富，单位劳动力的报酬受市场变动的影响较小。

---

① 由于改变现状条件下的供水量最能直观体现供水变化对当前生产活动带来的冲击作用，因此可以采用模拟计算的边际贡献率作为边际水价。

因此，可以近似地将各部门劳动力的报酬系数设为固定值，假设劳动力报酬与整个环境-经济系统的波动无关，供水变化对就业的影响表现为各部门劳动力数量的变化。表 9-5 列出了农业和工业供水变化对部门就业的影响。

研究结果表明，黑河中游地区每减少 50 万 m³ 农业供水时，整个环境-经济系统劳动力的数量会减少 87 个，其中农业部门减少 61 个（包括种植业减少 52 个、牧业增加 3 个、其他农业减少 12 个）、工业部门减少 9 个、建筑业部门减少 6 个、服务业部门减少 12 个。由于种植业是劳动力密集产业，农业供水变化对其劳动力数量的影响最大，该部门减少的劳动力数量超过劳动力变化总量的一半，就业变化率达 0.0050%；牧业是农林产业中与水资源关联程度最小的行业，当农业供水量减少时，种植业减少的劳动力资源可能部分向该部门转移，可能引起牧业劳动力数量略增（增加 3 人）；不过，影响最大的却是其他农业部门（涵盖林业、渔业等），就业率下降约 0.0109%，引起这种现象的原因可能在于，尽管该部门与水资源的直接关联程度远小于种植业，但由于其基期就业人数总量相对较小，农业用水变化的扰动影响相对较大。

表 9-5　工农业供水变化对部门就业的影响

基年部门劳动力分配 /万人		减少农业供水		减少工业供水	
		就业变化量/人	就业变化率/%	就业变化量/人	就业变化率/%
种植业	104.7885	−52	−0.0050	−192	−0.0183
牧业	21.5442	3	0.0013	26	0.0121
其他农业	10.6269	−12	−0.0109	−29	−0.0273
农业合计	136.9596	−61	−0.0045	−195	−0.0142
工业	23.5476	−9	−0.0037	−331	−0.1406
建筑业	18.4374	−6	−0.0031	−105	−0.0567
服务业	30.0806	−12	−0.0039	−99	−0.0328
总计	208.4446	−87	−0.0042	−729	−0.0350

注：本表数据源于工农业供水平均减少 50 万 m³ 时的情景模拟，并且为四舍五入后的近似计算结果，因而表中的一些数据不能完全对应，表 9-10 中的情景模拟和计算方法与本表相同。

对于工业供水变化来说，区域每减少 50 万 m³ 供水量时，整个社会经济市场劳动力总量就会减少 729 个，其中农业 195 个（包括种植业减少 192 个、牧业增加 26 个、其他农业减少 29 个）、工业 331 个、建筑业 105 个、服务业 99 个。通过对就业变化量和变化率的分析不难发现，工业供水减少对本部门就业的影响最大，就业率降低了 0.1406%，而对其他部门的影响都小于 0.1000%。以上分析表明，无论是农业供水变化还是工业供水变化，对本部门就业的直接影响均远大于对其他部门的间接影响。

3）供水变化的部门产出影响分析

在对供水变化的部门产出影响进行分析时，我们通常假设部门用水量为部门产出和用水系数的乘积。在设定部门用水系数后，部门供水量的变化将直接影响到部门总产出。这里同样分别考虑了工、农业供水变化时各部门产出价值量的变化。研究结果表明（表 9-6），黑河中游地区每减少 50 万 m³ 的农业供水，就会使得社会产出减少 190.0370

万元，其中农业减少 103.1240 万元、工业减少 35.3510 万元、建筑业减少 21.6050 万元、服务业减少 29.9570 万元；而每减少 50 万 m^3 的工业供水，就会使得社会总产出减少 1531.0260 万元，其中工业减少 728.9440 万元、农业减少 279.0090 万元、建筑业减少 274.0210 万元、服务业减少 249.0520 万元。结合各部门产出变化率的分析可以发现，工、农业供水变化对部门产出的影响和供水对 GDP 的边际贡献率是一致的，均为8.75：1。若要提高水资源利用效率，需要采取措施进一步调整用水结构。

表 9-6　工农业供水变化对部门产出的影响

	基年部门总产出/亿元	减少农业供水		减少工业供水	
		产出变化量/万元	产出变化率/%	产出变化量/万元	产出变化率/%
种植业	91.8430	−104.8350	−0.0114	−293.3350	−0.0319
牧业	30.7400	3.7990	0.0012	31.5230	0.0103
其他农业	10.3240	−2.0880	−0.0020	−17.1970	−0.0167
农业合计	132.9070	−103.1240	−0.0078	−279.0090	−0.0210
工业	149.6690	−35.3510	−0.0024	−728.9440	−0.0487
建筑业	78.9670	−21.6050	−0.0027	−274.0210	−0.0347
服务业	128.7020	−29.9570	−0.0023	−249.0520	−0.0194
总计	490.2450	−190.0370	−0.0039	−1531.0260	−0.0312

此外，从表 9-6 中还可以发现，与劳动力就业变化方向相同，当工、农业供水减少时，牧业部门的总产出都会呈现增加趋势，分别增加 0.0012% 和 0.0103%。这也同时表明，在水资源短缺的情况下，应该选择将调控的重点放在牧业生产的进一步发展上。也就是说，在干旱区对畜牧产品进行深加工是实现用水结构优化的保证，是实现产业结构调整和转变的有效措施。这也从侧面证明了退耕还林还草、发展牧业是一项适宜的政策选择。

9.4　小　　结

水资源是环境-经济系统的重要组成部分之一，也是制约我国未来社会经济发展的关键因素。水资源问题研究的内容非常广泛，涉及水资源价格、水资源配置、水资源市场和水权交易以及其他水资源问题等。环境 CGE 模型作为联系环境与经济系统的重要模型工具，能够针对不同的水资源问题及其与社会经济系统的相互作用关系进行研究，不仅可以对水资源、水环境和水政策等问题设计特定的情景分析，而且还可以对不同政策的组合进行模拟，有助于有关部门制定最佳的政策组合，对水资源实行有效管理。

本章通过在传统环境 CGE 模型的基础上加入动态变化机制，引入了动态环境 CGE 模型，并结合"以水定产"的水资源处理方法，以黑河中游地区为案例区，展开了水资源供给变化的未来经济影响预测分析。尽管目前在水资源问题的环境 CGE 模型研究中已经形成了许多成功案例，并取得了一系列研究成果，但从总体上看，该领域的研究目前还处于探索阶段，具体的应用不是很多，国内的应用更是有限。展开水资源问题的环境 CGE 模型研究需要克服三方面问题：一是水资源问题与社会经济系统之间的关系在模型的设定上还不成熟，而模型的设定对模拟结果具有决定作用；二是数据获取的困难，现有的关于水资源问题的统计数据不满足构建环境 CGE 模型的需要；三是发展中国家一般是非完全竞争的市场，应用时须针对具体情况重新设计合适的环境 CGE 模型结构。但另一方面，我国的经济体制正处在向市场经济快速转变的时期，市场体系在不断发育和完善为应用环境 CGE 模型研究相关的水资源问题创造了良好的条件。随着水资源和水环境核算方法的发展和完善，环境 CGE 模型在水资源问题研究上的应用前景会愈加广泛和深入。

<h1 style="text-align:center">参 考 文 献</h1>

常云昆. 2001. 黄河断流与黄河水权制度研究. 北京：中国社会科学出版社.

陈梦筱. 2006. 我国水资源现状与管理对策. 经济论坛，9：61-62.

陈助锋. 2003. 承载力：从静态到动态的转变. 中国人口·资源与环境，1：13-16.

程乖梅，何士华. 2006. 水资源可持续利用评价方法研究进展. 水资源与水工程学报，17 (1)：52-56.

方红远. 2004. 区域水资源合理配置中的水量调控理论. 郑州：黄河水利出版社.

姜文来. 1998. 水资源价值论. 北京：科学出版社出版.

刘昌明，陈志恺. 2001. 中国水资源现状评价和供需发展趋势分析. 北京：中国水利水电出版社.

陆渝蓉. 1999. 地球水环境学. 南京：南京大学出版社.

马明. 2001. 基于 CGE 模型的水资源短缺对国民经济的影响研究. 中国科学院地理科学与资源研究所博士学位论文.

牛云，马力，武开拓. 2003. 黑河流域中游地区水资源问题研究. 甘肃科技纵横，32 (5)：57-58.

丘林，吕素冰. 2007. 中国水资源现状及发展趋向浅析. 黑龙江水利科技，35 (6)：94-95.

沈大军，梁瑞驹，王浩，等. 1999. 水价理论与实践. 北京：科学出版社.

吴季松. 2000. 水资源及其管理的研究及应用：以水资源的可持续利用保障可持续发展. 北京：中国水利水电出版社.

夏军，黄浩. 2006. 海河流域水污染及水资源短缺对经济发展的影响. 资源科学，28 (2)：2-7.

谢新民，张海庆. 2003. 水资源评价及可持续利用规划理论与实践. 郑州：黄河水利出版社.

赵文智，程国栋. 2008. 生态水文研究前沿问题及生态水文观测试验. 地球科学进展，23 (7)：671-674.

Auerbach J A, Kotlikoff L J. 1987. Dynamic Fiscal Policy. Cambridge：Cambridge University Press.

Azdan M. 2001. Water policy reform in Jakarta, Indonesia：a CGE analysis. Unpublished doctoral thesis. Department of Agricultural, Environmental and Development Economics：Ohio State University.

Berck P, Robinson S, Goldman G. 1991. The use of computable general equilibrium models to assess water policies. Working Paper NO. 545, Department of Agriculture and Resource Economics, Division of Agriculture and Natural Resources, University of California.

Berrittella M, Hoekstra A Y, Rehdanz K, et al. 2007. The economic impact of restricted water supply：a computable general equilibrium analysis. Water Research, 41 (8)：1799-1813.

Berrittella M, Rehdanz K, Roson R, et al. 2005. The economic impact of water pricing：a computable general equilibrium analysis. Working Paper FNU-96, Unit Sustainability and Global Change, Hamburg University, Hamburg, Germany.

Chou C, Hsu S H, Huang C H, et al. 2001. Water right fee and green tax reform：a computable general equilibrium approach. The Fourth Aunnual Conference on Global Economic Analysis, Purdue University.

Decaluwe B, Patry A, Savard L. 1999. When water is no longer heaven sent: comparative pricing analysis in an AGE model. Cahiers de recherche 9908, Université Laval, Département d'économique.

Diao X, Roe T, Doukkali R. 2002. Economy-wide benefits from establishing water user-right markets in a spatially heterogeneous agricultural economy. Discussion Paper No. 103. International Food Policy Research Institute.

Diao X, Roeb T. 2003. Can a water market avert the "double-whammy" of trade reform and lead to a "win-win" outcome. Journal of Environmental Economics and Management, 45 (3): 708 – 723.

Dixon P B. 1990. A general equilibrium approach to public utility pricing: determining prices for a water authority. Journal of Policy Modeling, 12 (4): 745 – 767.

Feng S, Li L X, Duan Z G, et al. 2007. Assessing the impacts of South-to-North water transfer project with decision support systems. Decision Support Systems, 42 (4): 1989-2003.

Goodman D J. 2000. More reservoirs or transfers. A computable general equilibrium analysis of projected water shortages in the Arkansas Riner Basin. Journal of Agricultural and Resource Economics, 25 (2): 698 – 713.

Gómez C M, Tirado D, Rey-Maquieira J. 2004. Water exchanges versus water works: Insights from a computable general equilibrium model for the Balearic Islands. Water Resources Research, 42: 10501 – 10511.

Hatano T, Okuda T. 2006. Water resource allocation in the Yellow River Basin, China applying a CGE model. Intermediate Input-Output Conference, Sendai, Japan.

Hertel T W. 1999. Applied general equilibrium analysis of agricutural and resource policies. Staff Paper 99-2, Department of Agricultural Economics, Purdue University.

Horridge J M, Dixon P B, Rimmer M T. 1993. Water pricing and investment in Melbourne: General equilibrium analysis with uncertain streamflow. Preliminary Working Paper No. IP-63, Centre of Policy Studies, Monash University and Impact Project, Monash University.

Johansson R C, Tsurb Y, Roec T L, et al. 2002. Pricing irrigation water: a review of theory and practice. Water Policy, 4: 173 – 199.

Johansson R C. 2005. Micro and macro-level approaches for assessing the value if irrigation water. World Bank Policy Research Working Paper 3778.

Kojima S. 2005. Water policy analysis towards sustainable dvelopment: a dynamic CGE approach. Eco-environmental Model, Istanbul, Turkey.

Kraybill D, Díaz-Rodríguez I, Southgate D. 2002. A computable general equilibrium analysis of rice market and liberalization and water price rationalization in the Dominican Republic. Fourteenth International Conference on Input-Output Techniques. Universite du Quebec, Montreal, Canada.

Kumar R, Young C. 1996. Economic policies for sustainable water use in Thailand. CREED Working Paper Series No. 4, International Institute for Environment and Development, Institute for Environmental Studies, Amsterdam, London.

Letsoalo A, Blignaut J, De Wet T, et al. 2005. Double dividends of additional water consumption charges in South Africa. Poverty Reduction and Environmental Management (PREM), Environmental Studies (IVM), Vrije University, Netherlands.

Lofgren H. 1996. The cost of managing with less: cuting water subsidies and supplies in Egypt's agriculture. Discussion Paper No. 7, International Food Policy Research Institute.

Mukherjee N I. 1995. A watershed computable general equilibrium model: Olifants river catchment, Transvaal, South Africa. The Johns Hopkins University, Baltimore Maryland.

Muller M. 2006. A general equilibrium approach to modeling water and land use reforms in Uzbekistan. Faculty of Agriculture, University of Bonn.

Roe T, Dinar A, Tsur Y, et al. 2005. Feedback links between economy-wide and farm-level policies: with application to irrigation water management in Morocco. Journal of Policy Modeling, 27: 905 – 928.

Rose A, Liao Y S. 2005. Modeling regional economic reslilence to disasters: a computable general equilibrium analysis of water management in Morocco. Journal of Policy Modeling, 27: 905 - 928.

Seung C K, Harris T R, Englin J, et al. 2000. Impact of water reallocation: a combined computable general equilibrium and recreation demand model approach. The Annals of Reginal Science, 34 (4): 473 - 487.

Seung C K, Harris T R, MacDiarmid T R, et al. 1998. Economic impacte of water reallocation: a CGE analysis for Walker river Basin of Nevada and California. The Journal of Regional Analysis and Policy, 28 (2): 13 - 34.

Seung C K, Harris T R, MacDiarmid T R. 1997. Economic impact of surface water reallocation: a comparison of supply-determined SAM and CGE models. The Journal of Regional Analysis and Policy, 27 (2): 55 - 76.

Smajgl A, Greiner R, Mayocchi C. 2006. Estimating the implications of water reform for irrigators in a sugar growing region. Environmental Montiing&Software, 21 (9): 1360 - 1367.

Thmas J F, Syme G J. 1998. Estimating residential price elasticity of demand for water: a contingent valuation approach. Water Resources Research, 24 (11): 1847 - 1857.

Velázquez E, Cardente M A, Hewings G J D. 2007. Water price and water reallocation in Andalusia: a computable general equilibrium model. Working Papers Series, 04, Universidad Pablo de Olavide, Department of Economics.

第 10 章　总结与讨论

10.1　总　　结

一般来说，一个完整的模型体系主要包含三部分内容，即模型的发展历程、构建求解以及应用实现。环境 CGE 模型本质上是一类应用于资源环境领域的 CGE 模型。由于该模型是近年来才兴起的，尚未形成完整的理论体系。为系统、全面地介绍该模型，本书从环境经济学的基本概念入手，引出了环境 CGE 模型的形成与发展过程，并描述了环境 CGE 模型的功能结构和数据基础，详细介绍了典型环境 CGE 模型的核心方程、相关参数的估计与模型的求解实现，最后结合湖泊富营养化控制、气候变化以及水资源管理三个热门研究领域对环境 CGE 模型的具体应用给予了说明。

10.1.1　发　展　历　程

在对环境 CGE 模型的发展历程进行阐述时，本书首先介绍了环境经济学的基本概念（经济、区域经济与环境、区域环境以及处于热点研究领域的水环境、富营养化、环境价值、环境-经济协调发展等），以助于读者首先建立起对环境经济学的基本认识（1.1 节）。

为了凸显环境 CGE 模型理论体系建立的必要性和重大意义，本书进一步概述了环境-经济协调发展定量评价方法、CGE 模型、环境 CGE 模型的研究进展以及环境 CGE 模型的开创性成果（1.2 节）。通过对环境-经济协调发展定量评价模型的比较分析，明确了环境 CGE 模型在环境-经济综合研究中的优势地位。环境 CGE 模型是在 CGE 模型的基础上对环境问题进一步明确、提炼的结果，其本质上仍属于 CGE 模型。CGE 模型的起源、发展以及应用分析是环境 CGE 模型形成的基础。

此外，环境 CGE 模型的发展历程概述还应该包括对现有模型局限性的分析以及对未来发展趋势的介绍（1.3 节）。通过该部分内容介绍能够从整体上给读者提供一个环境 CGE 模型的发展趋势和前景展望。

10.1.2　构　建　求　解

模型的构建求解是环境 CGE 模型理论体系的重要组成部分。环境 CGE 模型的构建求解主要从以下几方面展开：第一，明确环境 CGE 模型的基本原理（第 2 章）；第二，构建模型的基本框架结构——功能结构与数据结构（第 3 章）；第三，完善模型框架涉及的关键方程，对模型相关参数进行估计（第 4 章）；第四，探索模型的求解算法，结合计算机模拟技术及相关的软件平台，实现对模型的求解（第 5 章）。

1. 模型原理

模型的构建必然基于一定的理论基础。本书由浅入深，首先从一般均衡理论的形成发展以及模型对环境要素的处理入手（2.1 节），概述了环境 CGE 模型的理论基础；随后，详细介绍了环境 CGE 模型的基本原理，讲述了环境 CGE 模型所涉及的经济系统的一般均衡过程的推导及其关键条件，同时阐明了模型对环境-经济系统相互作用关系的描述以及生产者和消费者对污染控制的反应特征（2.2 节）；最后，给出了环境 CGE 模型适用于环境—经济均衡分析的条件和思路（2.3 节），总结了环境 CGE 模型适用的关键应用领域（2.4 节）。

环境 CGE 模型通过继承 CGE 模型的一般均衡理论，将环境-经济系统作为分析研究的对象。一般均衡理论的探讨通常包括三部分内容，即交易的均衡、生产的均衡以及交易与生产之间的均衡。所谓交易均衡是基于效用最大化的均衡状态，在该均衡机制的驱动下，任意两种商品的边际替代率都相等；生产均衡是在既定的技术条件下，通过确定各投入要素的配置比例，使得生产者获得最大利润的均衡状态，满足该均衡的最基本条件是所有要素的边际技术替代率保持一致；而交易与生产之间的均衡则是需要达到消费者效用和生产者利润的同时最优，亦即消费者对各商品的主观边际替代率与生产技术方面的商品边际转换率恰好相等。

同传统的 CGE 模型相比，环境 CGE 模型的独特之处在于其对环境-经济系统相互作用关系的描述。众所周知，环境与经济系统之间存在着复杂的作用方式。经济系统不仅从环境中获取一定量的资源以满足生产需求，还将污染物排入环境造成环境污染。生产者和消费者的最优化行为与污染控制密切相关。对于生产者来说，在一定的环境标准下，生产过程排放的污染物数量越多，其应当承担的环境治理责任也越大，这必将会影响生产成本，对生产者的最优化行为带来一定的负面影响；而对于消费者来说，消费过程产生的污染物排放也必定需要承担相应的环境责任，换个角度来说，消费者作为要素的持有者，还将从别的消费者和生产者那里得到一定的环境补偿。环境 CGE 模型通常通过 4 种方法来处理环境-经济系统的复杂关系：①对涉及环境变量的生产部门进行单独处理；②引入新的方程来刻画与环境相关的问题；③通过改进生产或消费函数将环境变量引入模型中；④改造或扩展模型的数据基础。

鉴于环境 CGE 模型的一般均衡分析特性以及对环境-经济系统复杂关系的精确描述，其在环境政策分析方面具有一定优势，应用领域较为广泛。以往关于环境政策的社会成本分析往往只考虑该项政策的执行成本，而忽视了由于环境政策所导致的经济主体行为变化，同时也忽视了消费者的反应。而环境 CGE 模型可以模拟不同环境政策与其他政策间的相互作用关系，适用于环境-经济系统的协调发展研究。目前，环境 CGE 模型在气候变化政策分析、污染控制政策分析、贸易自由化政策分析和土地利用变化与效应分析等领域成果显著。

2. 基本框架结构

理论结合合理的基本假设和完整的框架结构是环境 CGE 模型实现的基本保障。环境 CGE 模型的基本假设主要是指经济学关于生产、消费、贸易的相关规定，其框架结构包括功能结构（3.1 节）和数据结构（3.2～3.4 节）两部分。

环境 CGE 模型通过对社会经济系统的生产、贸易、收入和消费活动以及资源环境系统的环境保护和污染处理政策的综合描述以及对环境与经济系统之间相互作用关系的分析，构建了全面的、适用于环境经济政策分析以及环境保育与经济协调发展分析的模型框架。模型的功能模块主要包括生产模块、收入模块、贸易与价格模块、支付模块、污染处理模块以及市场均衡和宏观闭合模块等。

本书在给出了环境 CGE 模型功能结构的同时，还对模型的数据结构及关键数据的处理方法进行了详细介绍。环境 CGE 模型的数据基础即为加入资源环境账户的社会核算矩阵——ESAM。ESAM 的编制方法主要包括自上而下法和自下而上法。在我国现阶段，由于统计能力限制，采用自上而下法更为可行。基于自上而下法的 ESAM 编制过程可以概括为（3.3 节）：第一，集成 IO 表与自然资源以及环境保护相关的数据，建立环境经济 IO 表；第二，构建账户高度集结的宏观 ESAM；第三，细化宏观 ESAM 相关的账户结构，构建细化的 ESAM；第四，采用适当方法（如 RAS 方法、CE 方法等）平衡细化后的 ESAM。除了纳入较为详细的社会经济数据（如生产活动的投入产出数据、国民经济核算数据等）以外，ESAM 中还涉及到较多与资源环境相关的账户的核算。一般来说，ESAM 所涉及的资源环境核算信息是指资源价值核算与环境污染价值核算。其中，资源价值核算主要包括土地价值核算、水资源价值核算以及林木价值核算等；环境污染核算亦即环境污染成本核算，主要由环境退化成本和污染治理成本两部分组成。通过对以上相关内容的描述，本书详细描绘了环境 CGE 模型的基本构建思路。

3. 构建与估计

环境 CGE 模型的构建过程从本质上来看也是区分内生变量和外生变量的过程。在模型构建之前需要首先了解其所涉及的几个基本概念：内生变量、外生变量、初始禀赋以及方程系数标定等（4.1 节）。

常用的环境 CGE 模型构建方法包括自上而下法、自下而上法以及混合型模型构建方法（4.2 节）。混合型模型构建方法综合了自上而下法和自下而上法的优点，能够较好地弥补单一方法（自上而下法或自下而上法）建模时的缺陷，因而应用最为广泛。基于混合型模型构建方法的环境 CGE 模型构建流程通常包含以下几个方面的内容：①问题的界定和分析；②对涉及的相关理论以及需要的基本数据进行分析；③构建模型，编制相应的基本数据集，初始化参数；④编写程序进行计算机实现；⑤政策模拟分析；⑥敏感性检验；⑦结果解释（4.3 节）。结合模型的构建方法和流程分析，本书重点介绍了环境 CGE 模型的核心方程（4.4 节）。

目前，环境 CGE 模型已经在世界各国得到了广泛应用，其庞杂的参数估计是模型分析流程中至关重要的一步。常用的环境 CGE 模型参数估计方法有校准法和计量经济学方法（4.5 节），其中校准法主要用于对模型的各种份额参数、税率参数、弹性因子以及居民商品的边际消费倾向估计；而计量经济学方法则用于对生产和贸易过程涉及的关键方程——CES/CET 函数的替代弹性、转换弹性和各种供给需求弹性进行估计。需要特别注意的是，弹性值的估计（4.6 节）通常要求尽量采用同一套数据展开。可选用的弹性值估计方法主要包括 Taylor 级数线性化方法、Bayesian 方法和 GME 方法。一般来说，通过计量经济学方法估算的各弹性参数的值还需要与经典统计方法的估计结果或相关文献资料中的数据资料进行对比后进一步确定合适的取值。

4. 模型求解

环境 CGE 模型的求解实现主要是采用非线性方程线性化方法将模型转化为线性方程组，然后再借助相应的软件（如 GAMS、GEMPACK 等）进行求解。广义的环境 CGE 模型求解实现包括求解策略（5.1 节）、求解算法（5.2 节）以及求解技术（5.3 节）三方面内容。随着计算机技术的发展，形成了越来越多的环境 CGE 模型求解算法。本书重点介绍了环境 CGE 模型中的几种常规求解算法——不动点算法、Tatonnement 算法和 Jacobian 算法以及目前流行的 CGE 模型求解工具软件 GAMS 中的 MINOS 求解器、GEMPACK 中的线性多步求解算法和新近发展起来的 SAA 算法与 GA 算法。由于环境 CGE 模型的假设带有较强的主观性，基于这些假设建立的模型的模拟结果的可信度仍需进一步探讨。鉴于，模型的大部分弹性参数需要采用统计或计量经济学方法进行估算，参数估计的精度会严重影响到模型的模拟结果。因此，在模型求解完成后，对模型关键参数展开敏感性分析也是环境 CGE 模型不可或缺的一部分（5.5 节）。

10.1.3　应 用 实 现

环境 CGE 模型的应用研究也是本书的重点内容之一。现阶段，环境 CGE 模型较为热门的应用领域主要包括湖泊富营养化控制（第 6 章和第 7 章）、气候变化（第 8 章）以及水资源配置（第 9 章）等。

1. 水环境保护

为了全面了解环境 CGE 模型的具体应用，本书第 6 章、第 7 章结合流域环境容量计算，分别研究了鄱阳湖流域氮磷排放调控与经济增长的关系以及乌梁素海面源污染与水质（富营养化）调控的关系，并得到了以下的结论：

（1）在鄱阳湖流域设计的基于不同水质目标的氮、磷营养盐排放调控方案对江西省及国内其他地区经济增长的影响各不相同。其中，通过调控种植业、畜牧业的产量，会在保持水质Ⅱ类标准的情况下，使得其他产业产量（或产值）均有所提高；通过对种植业、畜牧业的减产幅度进行调整，并对采矿业和制造业的生产采取一定的控制，会在保持水质Ⅱ类标准的情况下，造成江西省 GDP 下跌幅度较大，建筑业及其他产业产量或产值有一定幅度上升，而服务业产值略有衰减；而在保持水质Ⅲ类标准的情况下，调整种植业和畜牧业或调整种植业、畜牧业、采矿业和制造业，对区域产业产量（或产值）

的影响与前面两个方案类似,但对江西省 GDP 影响较小,分别为 0.84% 与 1.55%,同时造成了相邻东部发达地区各省 GDP 的轻微下跌,幅度在 0.001% 左右。

(2) 为了协调鄱阳湖流域经济增长与水体富营养化控制的均衡发展,可以选用以满足用水要求的Ⅲ类水质为控制目标、采取仅对氮、磷营养盐高排放产业,如种植业、畜牧业等,实施减排调控来实现源头控制的调控方案。

(3) 在乌梁素海流域设计的两种面源污染控制方案——经济-技术进步方案和排污税方案对经济增长的影响也各不相同。在经济-技术进步方案提高全要素生产率,年增长 5% 下,氮、磷营养盐减排对巴彦淖尔市宏观经济的正面影响明显大于负面影响;在排污税方案中,通过征收排污税来控制氮、磷营养盐排放实现强制型减排,会对巴彦淖尔市宏观经济造成一定程度的负面影响,但和经济-技术进步方案相比,该方案的环境效益较为突出。

(4) 乌梁素海流域农田面源污染控制最重要的措施就是实施经济-技术进步方案,如推广平衡施肥技术,同时加强水肥管理,控水灌溉,减少田面水的排出等。

2. 气候变化

比较常用的气候变化研究环境 CGE 模型主要包括 GREEN 模型、G-Cubed 模型、MS-MRT 模型、澳大利亚的多主体 CGE 模型、TAIGEM 模型以及常用于干旱政策研究的 TERM 模型等。本书分别对这些模型的特点和基本结构进行了简单介绍。

目前我国应用较为广泛的气候变化研究环境 CGE 模型包括贺菊煌等(2002)自主开发的 HE 模型和由台湾环保主管部门、澳大利亚 Monash 大学政策研究中心等联合推出的 TAIGEM-D 模型。本书分别以沈可挺(2002)和 Huang 等(2000)的研究成果为例,重点介绍两类模型的结构及其在中国温室气体减排中的应用。沈可挺在 HE 模型的应用研究中设置了 4 种减排方案对中国 CO_2 排放进行控制,分别为经济-技术进步方案、能源改善方案、硫税方案以及三种方案的组合。模拟结果表明,能源改善方案的减排效果不如经济-技术进步方案。这主要是因为经济-技术进步因素包含了相当部分的能源改善因素。此外,模拟结果还显示,经济-技术进步方案在控制 CO_2 排放的同时,会促进经济的增长;而硫税方案在改善能源结构、控制 CO_2 排放的同时,却会导致经济的总产出下降。黄宗煌在利用 TAIGEM-D 模型对台湾温室气体减排政策进行研究时,主要通过三个步骤来实现:首先利用 TAIGEM-D 模型预测出台湾 CO_2 排放的基线数据;然后将模型预测得到的基线预测数据与其他类似模型的计算结果进行对比,检验模型的正确性;第三,基于预测得到的 CO_2 排放基线数据进行情景假设,进一步模拟计算相关的能源政策实施对 CO_2 减排的影响。

最后,本书还基于编者的建模经验,自主设计了一个用于华北地区干旱研究的环境 CGE 模型,对干旱造成的经济发展影响进行了细致分析。环境 CGE 模型在气候变化引起的干旱影响环境研究领域的应用是最近几年兴起的,它摒弃了传统的从水资源角度考虑干旱影响的分析方法,直接从干旱灾害的损害程度出发,重点研究干旱对社会经济系统(如农产品价格)的直接和间接影响。研究结果表明,华北地区干旱将导致我国农产品价格的全面上涨。其中轻度、中度和重度灾害情景下的农产品价格较不发生干旱时分别平均上涨 0.60%、1.81% 和 3.54%。该模型的构建及相关案例研究成果的形成不仅为科学评估气候变化引起的灾害（如干旱）对我国农产品市场的影响、制订防灾减灾规划提供了数据基础，而且为保障华北地区农业增产、农民增收，确保国家粮食安全及社会经济的可持续发展提供了一定的决策参考信息。

3. 水资源利用调控

水资源利用调控领域的环境 CGE 模型研究主要集中于水资源价格、水资源配置、水资源市场和水权交易、水资源政策及其他水资源问题。为了对该领域的环境 CGE 模型及其应用实现进行必要介绍，本书还基于黑河中游干旱区的水资源调整与经济的均衡发展关系研究设计了一个动态环境 CGE 模型。该动态模型在保留传统环境 CGE 模型关于收入模块、贸易与价格模块以及支付模块方程描述的基础上，对生产模块、污染处理模块以及市场均衡和宏观闭合模块的有关方程加以改进，并在此基础上添加了水资源模块，针对黑河中游干旱区水资源供给的特点，形成了有针对性的模型结构。同时，模型还耦合了 DLS 模型和 AVIM 模型来实现环境 CGE 模型的动态演化。通过对供水变化的就业影响、部门产出影响进行分析，揭示出水资源供给变化对社会经济的影响。鉴于黑河中游干旱区是我国用水矛盾最为突出的区域，基于动态环境 CGE 模型对其水资源保护政策以及经济发展政策的未来影响展开预测分析，势必会对我国的水资源利用结构安排、流域经济发展模式制定以及水利工程建设提供定量化的科学依据。黑河中游干旱区的案例研究结果表明，工、农业供水的变化必将对黑河中游地区的 GDP 增长、地区就业以及部门产出带来一定影响。从 GDP 的增长方面来看，用水量的减少会同时导致 GDP 的减少，但供水量对 GDP 的边际贡献率并不会随之改变；工业供水对地区 GDP 的边际贡献率是农业供水的 8.75 倍，因而可以通过提高农业用水效率来解决干旱区的水资源短缺问题。从地区就业的角度来看，当农业供水量减少时，会带来种植业和其他农业部门（涵盖林业和渔业等）劳动力数量的大幅减少，而牧业劳动力数量却有少量增加；工业供水量减少对本部门就业影响最大。从部门产出方面来看，工、农业供水变化对部门产出的影响与供水对 GDP 的边际贡献率是一致的，均为 8.75∶1.00，这表明若要提高水资源利用效率，还需要采取措施进一步调整用水结构；与劳动力就业变化方向相同，当工、农业供水减少时，牧业部门的总产出总会呈小幅增加趋势，这表明在水资源短缺的情况下，我们应该选择将调控的重点放在牧业生产的发展上。这些结论也从侧面证明了退耕还林还草、发展牧业政策的适宜性，为有关部门的水资源调配决策制定提供一定的科学依据。

10.2　讨　　论

尽管环境 CGE 模型的研究已经不乏成功案例，但在构建和应用环境 CGE 模型时，还需要注意以下几个关键问题：

首先，环境 CGE 模型是否适用于所要研究的问题。环境 CGE 模型的一个基本特点是与所研究问题的性质和所构建模型的规模无关，模型涵盖了整个环境-经济系统。在利用环境 CGE 模型展开研究时，需要首先明确所研究的问题是否与环境-经济系统的相互作用有关，所研究的主体是否满足一般均衡理论关于市场、价格等的假设。

其次，模型类型的选择。环境 CGE 模型根据研究问题、模型规模或者宏观闭合规则的不同具有不同的模型结构。环境 CGE 模型构建和应用的一个重要前提就是确定模型的类型。在经济模型中，模型的基本假设对模拟结果的确定具有决定性作用，它在一定程度上决定着模型的结构。因此，要结合所研究对象的具体情况和特殊背景，选择构建合适的模型。另外，是选择构建大规模多用途的环境 CGE 模型，还是建立小规模、有针对性的环境 CGE 模型，也是环境 CGE 模型应用研究中的常见问题。大规模多用途环境 CGE 模型在用于特定问题的研究时，对相关细节的处理往往是"点到为止"，比较简单、粗略；而小规模环境 CGE 模型与大型模型相比缺乏一定的可信度（Shoven and Whalley，1992）。因此，针对具体问题需要根据研究目标的设定构建有针对性的环境 CGE 模型。特别地，在对小规模环境 CGE 模型展开分析时还要特别注意模型的可信度、敏感性分析。

第三，模型的基本数据结构——ESAM 的构建。ESAM 是国民经济核算体系的一个综合性数据分析框架，主要涵盖资源与环境核算的相关信息，用在环境 CGE 模型研究中能够为现实社会经济问题的分析与评价提供一定的科学依据。编制 ESAM 的主要目的是期望从中获得有关资源环境损耗与补偿的信息，并通过 ESAM 的内在平衡机制建立起资源、环境与社会经济账户之间的联系，从而在建模分析时能够通盘考虑外部变化和政策变动的环境、经济影响（高颖和李善同，2008；Xie，1995；Xie and Saltzman，1996）。ESAM 作为"资源-经济-环境"综合框架下的一类 SAM，其核算体系的原理和基本思想并不复杂，但矩阵的编制需要大量的数据支持（高颖和雷明，2007），是一项复杂而艰巨的工作。一般来说，在实际编制 ESAM 的过程中，一方面需要充分利用现有数据进行合理估算，另一方面也有必要开展专项统计调查。此外，还可以通过合理假定简化模型来减少数据收集的工作量。

第四，关键参数的设定。在环境 CGE 模型结构和函数形式确定的情况下，模型的解是由其参数确定的（黄卫来和张子刚，1997）。环境 CGE 模型受批评最多的即为其参数的确定方法（包括弹性值等外生参数的设定和获取其他参数的"校准"方法）（Harrison et al.，1993；庞军和傅莎，2002）。研究者在选取环境 CGE 模型的关键参数时，必须持谨慎态度。如果有较长时间序列的统计数据可用，则应尽可能运用计量经济学方法进行估计。并且，关键外生参数的设定还需要结合研究区的实际经济运行状况及政策背景，同时兼顾两个或多个参数之间的相互作用（黄英娜和王学军，2002）。

第五，关键参数的敏感性分析。鉴于环境 CGE 模型在弹性值估计等方面受到的诸多质疑，在进行结果解释前，还需要对模型的关键参数（如弹性值等）进行敏感性分析。目前，应用最为广泛的敏感性分析方法是数值模拟，如蒙特卡洛模拟方法（Abler et al.，1999）和高斯积分法（Arndt and Person，1996；DeVuyst and Preckel，1997）。感兴趣的研究者也可以考虑开发一个针对环境 CGE 模型敏感性分析的通用软件，实现敏感性分析的自动化。

第六，模型计算结果的解释。模型是现实在一定程度上的抽象，任何经济模型对现实经济系统的描述都是不同程度的近似，不能等同于现实（Zhang，1998）。所以，模型的作用在于预测当某些参数沿特定方向变动之后所产生的各种变化趋势，模拟结果也只能告诉研究者变量变动的趋势和程度，而不是具体的数值。所以，对环境 CGE 模型模拟结果的分析可以从定性方面去解释，即定量结果定性解释。

目前，环境 CGE 模型已经广泛应用于社会经济研究的各个领域和层次，其应用研究从最初的富营养化控制（邓祥征等，2010；吴锋等，2010）以及气候变化（Burniaux and Martin，1996；Farmer and Steininger，2004；Zhang，1998）、水资源利用（Azdan，2001；Horridge et al.，1993）等，迅速向其他资源环境相关领域深入和扩展。从最初的静态到动态，从单国/区域到多国/区域，从完全竞争到不完全竞争，从对部门、居民类型、环境要素以及污染物治理门类等的粗略划分到详细描述，环境 CGE 模型的应用深度不断加强、应用范围不断扩展、处理的问题不断细化。值得说明的是，环境 CGE 模型的真正价值在于它对环境—经济政策分析与评估的巨大贡献。现阶段，环境 CGE 模型对资源可持续利用和环境可持续发展的重要指导作用显示了其诱人的发展前景。然而，我们也看到，和其他的经济模型一样，环境 CGE 模型也并不是一种完美的工具。虽然它们能够刻画以往其他模型所不能描述的许多政策特征，但同时也需要进一步发展与完善。

参 考 文 献

邓祥征，吴锋，席北斗，等. 2010. 鄱阳湖流域经济发展与氮、磷减排调控关系的均衡分析. 中国环境科学，30（增刊）：92-96.

高颖，雷明. 2007. 资源-经济-环境综合框架下的 SAM 构建. 统计研究，24（9）：17-22.

高颖，李善同. 2008. 含有资源与环境账户的 CGE 模型的构建. 中国人口·资源与环境，18（3）：20-23.

贺菊煌，沈可挺，徐嵩龄. 2002. 碳税与二氧化碳减排的 CGE 模型. 数量经济技术经济研究，10：39-47.

黄卫来，张子刚. 1997. CGE 模型参数的标定与结果的稳健性. 数量经济技术经济研究，12：45-48.

黄英娜，王学军. 2002. 环境 CGE 模型的发展及特征分析. 中国人口·资源与环境，12（2）：34-38.

庞军，傅莎. 2002. 环境经济一般均衡分析：模型、方法及应用. 北京：经济科学出版社.

吴锋，邓祥征，林英志. 2010. 基于环境 CGE 模型的鄱阳湖流域氮磷排放调控方案及影响模拟. 地球信息科学学报，12（1）：26-33.

Abler D G，Rodríguez A G，shortle J S. 1999. Parameter uncertainty in CGE modeling of the enviromental impacts of economic policies. Environmental and resource Economics，14（2）：75-94.

Arndt C，Pearson K R. 1996. How to carry out systematic sensitivity analysis via Gaussian quadrature and GEMPACK. GTAP Technical Paper No. 3. Center for Global Trade Analysis，Purdue University.

Azdan M D. 2001. Water policy reform in Jakarta，Indonesia：a CGE analysis. The Ohio State Univerity.

Burniaux J M，Martin J P. 1996. GREEN：a multi-sector，multi-region general equilibrium model for quantifying the costs of curbing CO_2 emissions：a technical manual. OECD Working Paper，Paris.

DeVuyst E A，Preckel P V. 1997. Sensitivity analysis revisited-a quadrature-based approach. Journal of Policy Modeling，19（2）：175-185.

Farmer K，Steininger K W. 2004. Reducing CO_2-emissions under fiscal retrenchment：a multi-Cohort CGE-model for Austria. Environmental and resource Economics，13（3）：309-340.

Harrison G W，Jones R，Kimball L J，et al. 1993. How robust is applied general equilibrium analysis. Journal of

Policy Modeling, 15 (1): 99 - 115.

Horridge J M, Dixon P B, Rimmer M T. 1993. Water pricing and investment in Melbourne: general equilibrium analysis with uncertain streamflow. Centre of Policy Studies/IMPACT Centre Working Papers ip-63, Monash University.

Huang C H, Li P C, Lin H H, et al. 2000. Baseline Forecasting for Carbon Dioxide Emissions with TAIGEM-D. International Conference on Global Economic Transformation after the Asian Economic Crisis, Hong Kong.

Shoven J, Whalley J. 1992. Applying General Equilibrium. New York: Cambridge University Press.

Xie J, Saltzman S. 1996. Environmental policy analysis: an environmental computable general equilibrium approach for developing countries. Journal of Policy Modeling, 22 (4): 453 - 489.

Xie J. 1995. Environmental policy analysis: an environment computable general equilibrium model for China. Ph. D Dissentain, Comell University.

Zhang Z X. 1998. Macroeconomic effects of CO_2 emission limits: a computable general equilibrium analysis for China. Journal of Policy Modeling, 20 (2): 213 - 250.

附录一 RAS 法的 EXCEL 求解代码

```
'1 案例，RAS 程序代码 EXCEL 的规划求解过程。
'RAS Macro
'Sheets("Sheet1") . Select
'==========定义相应的数组和变量==========
Static rn As Integer' 行
Static cn As Integer' 列
rn＝2
cn＝3
ReDim G(rn, cn)
ReDim A(rn, cn)
ReDim Row(rn)
ReDim Col(cn)
Dim ba As Double
ba＝1
```

'2 从 Excel 工作薄 "Sheet1" 的对应区域导入初始矩阵 A0、给定的矩阵行和向量 ROW 与列和向量 COL 以及中间矩阵 A00；

```
'=========导入行和、初始矩阵和中间矩阵=========
For i＝1 To rn
    Row(i) ＝Sheets("Sheet1") . Cells(i+1, cn+3) . Value   'cn＋3 是给定的列和
    For j ＝1 To cn
        G(i, j) ＝Cells(i+1, j+1) . Value
        A(i, j) ＝G(i, j)
    Next j
Next i
'==============导入列和==============
For j ＝1 To cn
    Col(j) ＝Sheets("Sheet1") . Cells(rn+3, j+1)   'rn＋3 给定的行和
Next j
```

'3 检查给定的列和向量 COL 的各元素之和与给定的行和向量 ROW 的各元素之和是一致，如果不一致的话，则需要按比例来调整所给定的列和向量 COL；

```
'==========检查行和与列和是否一致==========
rsum＝0
```

```
csum＝0
For i ＝1 To rn
    rsum＝rsum＋Row(i)
Next i
For j ＝1 To cn
    csum＝csum＋Col(j)
Next j
====如果行和与列和不一致，则按比例调整列和向量的元素值====
If csum＜＞rsum Then
    ba＝rsum/csum
    For j ＝1 To cn
        Col(j) ＝Col(j) ＊ba
    Next j
End If
'4 开始 RAS 矩阵迭代过程；
'===============RAS 迭代===============
    iter＝0
Top：
    iter＝iter＋1
    rdismax＝0
    cdismax＝0
'5 利用列相乘 s 右乘中间矩阵 A00，并计算所得矩阵的列和与给定的列和 COL 之
间的差距；
'==========利用列乘数右乘中间矩阵==========
For j ＝1 To cn
    csum＝0
    For i ＝1 To rn
        csum＝csum＋A(i, j)
    Next i
    If(Abs(csum)＞0) Then
        csum＝Col(j)/csum
    Else
        csum＝0
    End If
    For i ＝1 To rn
        A(i, j) ＝A(i, j) ＊csum
    Next i
=========计算矩阵的列和与给定的列和之间的差距=========
```

```
            dis=Abs(csum-1)
        If(dis>cdismax) Then
            cdismax=dis：
            cdis=csum-1：
            jmax=j
        End If
    Next j
```
'6 利用行乘数 r 左乘中间矩阵 A00，并计算所得矩阵的行和与给定的行和 ROW 之间的差距；
```
        '=========利用行乘数左乘中间矩阵=========
    For i =1 To rn
        rsum=0
        For j =1 To cn
            rsum=rsum+A(i，j)
        Next j
        If(Abs(rsum)>0) Then
            rsum=Row(i)/rsum
            Else：rsum=0
        End If
        For j =1 To cn
            A(i，j) =A(i，j) * rsum
    =========计算矩阵的行和与给定的行和之间的差距=========
        dis=Abs(rsum-1)
        If(dis>rdismax) Then
            rdismax=dis：
            rdis=rsum-1：
            imax=i
        End If
    Continue：Next i
```
'7 判断上述迭代过程是否收敛，并设定迭代终止的条件，包括两方面的内容：

'（1）迭代次数不能为无穷大，在本例中设定为不超过 50 000 次；

'（2）结果矩阵的行和与列和同相对应的给定的和与列和之间的差距必须足够小，在本例中设定的误差精度为 0. 000 001；
```
        '=============判断迭代是否收敛=============
    If(cdismax>rdismax) Then
        dismax=cdismax
        Else：dismax=rdismax
    End If
```

```
'==============设置迭代终止的条件===========
If(iter<50000 And dismax>0.000001) Then
GoTo Top
End If
If(dismax>0.000001) Then
    Beep
End If
Cells(rn+5, 1) =ba
```

'8 记录迭代所得到的最终结果矩阵，并将结构导出到 Excel 工作薄 "Sheet1" 中的相应区域。

```
'===========记录最终的结果矩阵===========
For i=1 To rn
    For j=1 To cn
        If Row(i) =0 Then
            Cells(i+rn+5, j+1) .Value=0
            Else: Cells(i+rn+5, j+1) .Value=A(i, j) * ba
        End If
    Next j
Next i
BeepWorksheets("Sheet1") .Activate
```

附录二 简单 CGE 模型的 GAMS 求解程序

```
1 * ─────────────────────────────────────── *
2 * This is a sample of GAMS program for the ECGE model.
3 * ─────────────────────────────────────── *
4 option limcol=0, limrow=0;
5 $ offsymxref offsymlist
6
7 * definition of sets for suffix───────────────────
8 Set      u    ESAM entry       /BRD, WIN, CAP, LAB, HOH/
9          i(u) goods            /BRD, WIN/
10         h(u) factor           /CAP, LAB/;
11 alias(u, v), (i, j), (h, k);
12 * ─────────────────────────────────────── *
13
14 * loading data───────────────────────
15 Table  ESAM(u, v)        social accounting matrix
16     BRD  WIN  CAP  LAB  HOH
17 BRD              15
18 WIN              35
19 CAP    5    20
20 LAB    10   15
21 HOH              25   25
22 ;
23 * ─────────────────────────────────────── *
24
25 * loading the initial values───────────────
26 Parameter    Xp0(i)    household consumption of the i-th good
27              F0(h, j)  the h-th factor input by the j-th firm
28              Z0(j)     output of the j-th good
29              FF(h)     factor endowment of the h-th factor
30 ;
31 Xp0(i) =ESAM(i, "HOH");
32 F0(h, j) =ESAM(h, j);
```

```
33 Z0(j) =sum(h, F0 (h, j));
34 FF(h) =ESAM("HOH", h);
35 display Xp0, F0, Z0, FF;
36
37 * calibration------------------------------
38 Parameters
39     alpha(i)       share parameter in utility function
40     beta(h, j)    share parameter in production function
41     b(j)          scale parameter in production function
42 ;
43 alpha(i) =Xp0(i)/sum(j, Xp0(j));
44 beta(h, j) =F0(h, j)/sum(k, F0(k, j));
45 b(j) =Z0(j)/prod(h, F0(h, j) ** beta(h, j));
46 display alpha, beta, b;
47 * --------------------------------------------------------
48
49 * defining model system------------------------------
50 Variable     Xp(i)       household consumption of the i-th good
51               F(h, j)     the h-th factor input by the j-th firm
52               Z(j)        output of the j-th good
53               pd(i)       demand price of the i-th good
54               ps(i)       supply price of the i-th good
55               r(h)        the h-th factor price
56
57               UU          utility [fictitious]
58 ;
59
60 Equation     eqXp(i)     household demand function
61               eqF(h, j)   factor demand function
62               eqZ(j)      price equation
63               eqpd(i)     good market clearing condition
64               eqps(i)     production function
65               eqr(h)      factor market clearing condition
66
67               obj         utility function [fictitious]
68 ;
69
70 eqXp(i) ..  Xp(i) =e=lpha(i) * sum(h, r(h) * FF(h))/pd(i);
```

```
71 eqF(h, j) .. F(h, j) =e= beta(h, j) * ps(j) * Z(j)/r(h);
72 eqps(j) ..    Z(j) =e= b(j) * prod(h, F(h, j) ** beta(h, j));
73 eqZ(j) ..     pd(j) =e= ps(j);
74 eqpd(j) ..    Xp(j) =e= Z(j);
75 eqr(h) ..     sum(j, F(h, j)) =e= FF(h);
76
77 obj..         UU =e= prod(i, Xp(i) ** alpha(i));
78 * --------------------------------------------------------------
79
80 * initializing variables--------------------------------
81 Xp.l(i) = Xp0(i);
88 F.l(h, j) = F0(h, j);
83 Z.l(j) = Z0(j);
84 pd.l(i) = 1;
85 ps.l(i) = 1;
86 r.l(h) = 1;
87 * --------------------------------------------------------------
88
89 * setting lower bounds to avoid division by zero-------------------
90 Xp.lo(i) = 0.001;
91 F.lo(h, j) = 0.001;
92 Z.lo(j) = 0.001;
93 pd.lo(i) = 0.001;
94 ps.lo(i) = 0.001;
95 r.lo(h) = 0.001;
96 * --------------------------------------------------------------
97 r.fx("LAB") = 1;
98
99 * defining and solving the model------------------------
100 model Chapter05 /all/;
101 solve Chapter05 maximizing UU using nlp;
102 * --------------------------------------------------------------
103 * end of model------------------------------
104 * --------------------------------------------------------------
```

致　谢

　　本书是基于作者多项研究成果而撰写的著作。研究过程中的数据采集与处理、系统开发与集成、资料收集与调研等方面得到了国家水体污染控制与治理科技重大专项（2009ZX07106—001）、国家重点基础研究计划项目（2010CB950904）、国家自然科学基金项目（70873118、40801231、41071343），国家科技支撑项目（2008BAK50B06、2008BAC43B01、2008BAC44B04）的经费支持。项目组成员吴红、吴锋、林英志等为本书的撰写提供了文献整理、插图绘制、模型参数订正等多方面帮助，特致谢意。

　　最后，作者要特别感谢科学出版社文杨、赵冰两位编辑的辛苦工作，他们耐心地技术支持和认真地编辑帮助保障了本书的及时出版。

邓祥征

2011 年 3 月